湖南省主要农作物推荐施肥手册

湖南省土壤肥料工作站　编著

U0239212

中国农业出版社

《湖南省主要农作物推荐施肥手册》

编 委 会

编委会主任：李志纯

编委会副主任：谢卫国　涂先德

编委会委员：（按姓氏笔画为序）

李志纯　刘如清　危长宽

钟武云　涂先德　高幼林

黄铁平　谢卫国　彭福茂

蒋　平

主　　编：黄铁平

副　主　编：夏海鳌

主要编写人员：（按姓氏笔画为序）

王培秋　毛卫华　毛政国

冯晓华　付雄球　刘如清

阳小民　危长宽　任可爱

江　浩　李向阳　吴远帆

杨　琳　杨瑞林　陈月恒

陈淑兰　陈道云　何文选

何勉先　周芳庆　罗剑锋

赵应中　赵继华　聂　军

高永桂　康六生　夏海鳌

黄铁平　管建新　魏才斌

前　言

肥料是粮食的"粮食"，"有收无收在于种，收多收少在于肥"。但肥料也是一把"双刃剑"，科学合理施用不仅促进农业增产，改善农产品品质，而且改良土壤、培肥地力，促进作物持续高产稳产；反之，不仅浪费肥料资源，增加生产成本，降低农业效益，而且造成作物生理失调，抗性下降，产量降低，地力衰退，环境污染，直接影响农产品质量安全和农业生态安全。我国人多地少，耕地复种指数高，人口承载压力大，协调作物高产与环境保护的矛盾任重道远。

湖南作为国家重要的商品粮棉油麻和果蔬生产基地，既是农业大省，也是肥料施用大省，耕地和农作物亩均化肥施肥量大大高于全国平均水平，调肥增产、节本增效的潜力巨大。从2005年开始，在中央财政测土配方施肥补贴项目支持下，全省坚持科学施肥与耕地质量建设相结合，高产与高效相统一，牢固树立"增产施肥、经济施肥和环保施肥"理念，广泛开展取土测土和田间肥效试验，基本摸清了新时期全省耕地土壤养分状况、主要作物需肥规律和肥料利用效率，为广泛、深入、持久地开展测土配方施肥奠定了技术基础。

　　为认真总结经验，更好地指导全省测土配方施肥工作，普及科学施肥常识，从 2008 年开始，我们组织有关技术骨干收集整理 2005 年以来各县（市、区）测土配方施肥成果资料，汇总分析了项目实施过程中形成的相关基础数据，在此基础上，制定《湖南省主要农作物推荐施肥手册》编写工作方案，着手《手册》的编撰工作。历经四年时间的努力，终于完成数据整理、统计分析、施肥指标体系研究及肥料利用率校正、撰稿、组稿、校核等工作。《手册》共分十三章，另加八则附录，系统阐述了湖南省水田和旱地土壤的供肥性能（即养分状况）、化肥特性与施用方法、主要农作物推荐施肥方案。该《手册》可供从事科学施肥工作的广大基层干部、农技人员和种植户参考。但随着作物和肥料品种更新、耕作制度改革和土壤肥力演变，施肥指标体系将始终处于动态变化之中，各地必须与时俱进，持之以恒地开展田间肥效试验、耕地地力与施肥效益定位监测和周期性取土测试，适时调整和修正施肥参数，保持施肥技术的科学性、先进性和适用性。

　　由于我们水平有限，一些作物试验数据偏少，基础工作不够全面，书中错误在所难免，敬请广大读者批评指正。

编　者

二〇一一年十月

目 录

上篇

湖南省主要土壤的供肥性能

"万物土中生，有土斯有粮"。良好的土壤物理环境、化学环境、养分环境和生物环境是实现农作物高产稳产的前提条件。据2005—2010年湖南省113个县（市、区）测土配方施肥田间肥效试验结果统计，在水稻、玉米、油菜、棉花等作物上，耕地地力产量决定常年产量的55%~75%。因此，只有不断提高耕地地力，才能促进农业持续稳定发展；只有充分了解土壤情况，才能做到因土种植、改土培肥与科学施肥。湖南省地处亚热带，山地、丘陵、岗地、平原等地貌类型齐全，成土母质多样，生物种类繁多，形成了丰富的土壤种类，全省土壤类型共分7个土纲，13个土类，29个亚类，129个土属，463个土种。其中耕作土种245个（水田土种163个，旱土土种82个）。为了使读者了解各类土壤的供肥性能，以下分为水田、旱地介绍。

第一章
水　田

水田是湖南省最主要的耕作土壤，分布最低海拔 24m，位于临湘市江南；最高海拔 1 500m，位于龙山的大安；海拔 25～100m 的地带为主要分布区。根据统计部门公布的土地详查结果，湖南省 2000 年实有水田面积 4 444.19 万亩①，占耕地总面积的 75.55％。在土壤分类中，水田土壤属人为土纲，水稻土土类，按土壤发生学分类方法，把全省水稻土分为潴育型水稻土、潜育型水稻土、淹育型水稻土和漂白型水稻土 4 个亚类。不同的亚类土壤理化性状有别，肥力差异较大，改良措施不同，培肥方法各异。

第一节　淹育型水稻土

一、分布与基本特性

全省共有淹育型水稻土 349.95 万亩，占水稻土总面积的 7.87％，该类土壤主要分布在各地农田的最高部位，如坡田或梯田上部、冲田上部等。石灰岩地区和紫色砂页岩地区，淹育型稻田面积较大。淹育型水稻土水分以下渗为主，干水期回水少，抗旱能力低。土壤剖面发育不完全，耕作层浅，犁底层不完全，第三层接近土壤母质特征。淹水时间较短，土壤氧化性状较强，好气性分解旺盛，有机质积累相对较少。分布部位高，距农

---

①　15 亩＝1 公顷

民居住地较远，干旱缺水，耕层浅薄，耕作时间较短，土壤剖面发育不完善，有机肥施用少，耕作较粗放，土壤较瘦是这类稻田的共同特点。

二、肥力现状与变化情况

（一）肥力现状

1. 土壤 pH、容重、有机质与氮、磷、钾养分状况

该类稻田土壤 pH 平均为 5.77，土壤容重平均为 1.25g/cm³，有机质含量平均为 32.49g/kg，土壤全氮含量平均为 2.00g/kg，土壤全磷含量平均为 0.79g/kg，土壤全钾含量平均为 18.24g/kg，土壤碱解氮含量平均为 169 mg/kg，土壤有效磷含量平均为 14.87mg/kg，土壤速效钾含量平均为 91mg/kg，土壤缓效钾含量平均为 214mg/kg（见表 1-1）。

表 1-1　淹育型水稻土本次调查与第二次土壤普查
土壤有机质与养分含量比较

时段	有机质 （g/kg）	全氮 （g/kg）	碱解氮 （mg/kg）	全磷 （g/kg）	有效磷 （mg/kg）	全钾 （g/kg）	速效钾 （mg/kg）
本次调查	32.49	2	169	0.79	14.87	18.24	91
二次土普	28.2	1.5	123	1.1	8.13	20.8	76
增减	4.29	0.5	46	-0.31	6.74	-2.56	15

注：本次调查时间为 2005—2009 年（下同）。

2. 土壤钙、镁、硫、硅元素

土壤交换性钙含量平均为 1 336mg/kg，土壤交换性镁含量平均为 105mg/kg，土壤有效硫含量平均为 44.97mg/kg，土壤有效硅含量平均为 101mg/kg。

3. 土壤铁、锰、铜、锌、硼、钼元素

土壤有效铁含量平均为 122mg/kg，土壤有效锰含量平均为 23.25mg/kg，土壤有效铜含量平均为 3.65mg/kg，土壤有效锌含量平均为 2.29mg/kg，土壤水溶性硼含量平均

为 0.77mg/kg，土壤有效钼含量平均为 0.21mg/kg（见表 1 - 2）。

表 1 - 2　淹育型水稻土本次调查与第二次土壤
普查土壤中微量元素含量比较

（单位：mg/kg）

时段	交换性钙	交换性镁	有效硫	有效硅	有效铁	有效锰	有效铜	有效锌	水溶性硼	有效钼
本次调查	1 336	105	44.97	101	122	23.25	3.65	2.29	0.77	0.21
二次土普					87	23.8	2.29	0.9	0.28	0.31
增减					35	—0.55	1.36	1.39	0.49	—0.1

（二）变化情况

本次检测结果与第二次土壤普查结果比较，土壤有机质、全氮、碱解氮、有效磷和速效钾上升，全磷、全钾呈下降趋势，其中有机质增加 15.21％、全氮增加 33.33％、碱解氮增加 37.40％、有效磷增加 82.90％、速效钾增加 19.74％，以有效磷上升幅度大。全钾减少 12.28％，为小幅下降。其丰缺状况是：有机质、全氮、碱解氮、全磷含量处于丰富水平，有效磷、全钾和速效钾处于中等水平。微量元素中，有效铁增加 40.22％，有效铜增加 53.29％，有效锌含量增加 154.44％，水溶性硼增加 175.00％，其中铁、铜为中幅上升，锌、硼成倍上升。有效锰含量减少 2.31％，下降幅度极小，有效钼下降 32.26％，为中幅下降。微量元素的丰缺状况是：水溶性硼、有效锰、有效锌含量为中量，有效铜含量为丰富，有效钼和有效铁含量为极丰富。

三、存在问题

这类稻田的首要问题是缺水干旱。在广大石灰岩山丘区，由于山体漏水，山高水低，农田蓄水、引水设施极少，往往成为干旱死角，历年旱灾都从这些稻田开始；在紫色砂页岩地区，往往植被长势差，覆盖率低，涵养水源的能力弱；在紫色砂页岩山丘区，坡、排田中上部多为淹育型稻田，极易发生缺水干旱。其次，这类稻田由于分布部位较高，远离农民住地，交通条件差，往往耕作较粗放，农家肥施用少，土壤熟化程度低，如耕层浅薄、缺肥等。第三，农田基础设施薄弱，既缺少水利设施，又容易遭受来自上部的水冲沙压，处于不稳定的生产状态。

四、改良培肥措施

（一）工程措施

主要是兴修水利，改善灌溉条件。尤其要加强对现有设施如库、塘、渠道的维修、清淤和防渗处理，提高蓄水、输水和供水能力。在广大雨养农业区，可引进推广集雨蓄水技术，即在耕地中或周边选择有一定汇水面积，适宜开挖的地段修建容积为 $10\sim500m^3$ 的集水池，收集雨季地表径流，用于旱期灌溉。实践证明，在水稻生长期采用间隙性补灌，甚至人工浇灌，能延长水稻抗旱时间，提高抗御旱灾的能力。同时，在农田上部辟建水平环山撇洪沟，消除山洪对农田的冲刷或淤埋。

（二）生物措施

主要是选用根系发达、叶片与主杆夹角较小以及早熟高产良种。发达的根系可以伸展到土体中、下层，扩大吸水的范围；叶片与主杆夹角小的品种蒸腾失水少，能提高抗旱能力。湖南规律性的伏秋干旱一般在 7 月 10～20 日左右，湘中、湘南较早，湘西、湘北较迟。根据这一规律，早稻应选择能在 7 月上旬成熟的品种或选择种植能在这一时段成熟的其他品种，从而避开季节性缺水干旱影响。

（三）农业措施

1. 增施有机肥

通过种植绿肥、秸秆直接还田、积制土杂肥、施用农家肥等措施，培肥土壤，提高土壤有机质和腐殖质含量，增强"土壤水库"蓄水功能。

2. 秸秆覆盖

实行秸秆覆盖能有效控制地表径流，减少地面蒸发。早稻实行低割桩免耕覆盖稻草抛插晚稻，有良好的增肥、压草、抗蒸、保水作用。

3. 提早播种季节

主要有温室育秧（苗）、地膜覆盖、提前播种等措施，确保第一季作物在 7 月上旬成熟，避开规律性的干旱影响。

4. 改革耕作制度

对于常年缺水干旱，又无法解决水源的干旱死角可实行水改旱，改种旱粮、旱经、果茶等需水少、相对抗旱的作物，加上培肥、秸秆覆盖等措施，能确保丰收。

（四）其他措施

1. 在管理上要协调抗洪与御旱的矛盾，特别是要确保库、塘有较丰富的蓄水量，以充分发挥现有水利设施抗旱效果。

2. 推广节水技术。在水田管水上，克服串灌、漫灌和深水灌溉问题，采用"浅湿灌溉"、"干湿灌溉"等技术，做到细水长流。

3. 测土配方施肥技术。做到有机肥与无机肥，氮、磷、钾肥，大量元素与中、微量元素施用平衡，促使作物均衡健康生长，按时成熟，避开灾害影响。

第二节　潴育型水稻土

一、分布与基本特性

潴育型水稻土分布于冲积或沉积平原、河流阶地、冲田、垅田和山丘坡地的中下部，是各地的主要水稻土亚类。湖南全省共有面积 3 232.5 万亩，占水稻土面积的 72.74%。

稻田每年耕种 2～3 季作物，如稻—稻、稻—油、稻—肥、稻—稻—油、稻—稻—肥等耕作制度。在这些作物的种植过程中，水稻需要灌溉，油菜、绿肥等需要排水，稻田在这种干与湿的交替，水耕、旱作、平整和种植、培肥过程中不断得到熟化。潴育型水稻土是这种耕作培肥所形成的最典型的水稻土。潴育型水稻土所处地形部位适中，淹水期部分灌溉水透过犁底层向下渗漏淋溶，并使部分物质向下层移动或淋失；干水期，底层土壤水分向土壤表层运动，并携带一部分物质上升到中上层淀积形成淀积层。淋溶过程中，空气随水分移动来至中下层，使水、肥、气、热要素齐全，肥力协调，土壤养分有效提高。淀积过程中，中、下层水分不断来到土壤耕层，消除干旱影响，提高作物抗旱能力。水分上下运动的结果，使犁底层以下形成了一个呈棱柱状或棱块状结构的潴育层，这一层既是水分上下运动的结果，又更加利于水分的上下运动，因而通气透水性能适中。因此，潴育型水稻土水、肥、气、热自我协调能力强，肥力比较高，是高产土壤的代表。

二、肥力现状与变化情况

（一）肥力现状

1. 土壤 pH、容重、有机质与氮、磷、钾养分状况

该类稻田土壤 pH 平均为 5.97，土壤容重平均为

1.12g/cm³，有机质含量平均为 39.16g/kg，土壤全氮含量平均为 2.13g/kg，土壤全磷含量平均为 0.95g/kg，土壤全钾含量平均为 15.24g/kg，土壤碱解氮含量平均为 180mg/kg，土壤有效磷含量平均为 15.90mg/kg，土壤速效钾含量平均为 87mg/kg，土壤缓效钾含量平均为 247mg/kg（见表 1-3）。

表 1-3 潴育型水稻土本次调查与第二次土壤
普查土壤有机质与养分含量比较

类别 时段	有机质 (g/kg)	全氮 (g/kg)	碱解氮 (mg/kg)	全磷 (g/kg)	有效磷 (mg/kg)	全钾 (g/kg)	速效钾 (mg/kg)
本次调查	39.16	2.13	180	0.95	15.9	15.24	87
二次土普	32.70	1.70	133	1.17	8.92	21.1	76
增减	6.46	0.43	47	−0.22	6.98	−6.1	11

2. 土壤钙、镁、硫、硅元素

土壤交换性钙含量平均为 1 113mg/kg，土壤交换性镁含量平均为 100mg/kg，土壤有效硫含量平均为 44.5mg/kg，土壤有效硅含量平均为 119mg/kg。

3. 土壤铁、锰、铜、锌、硼、钼元素

土壤有效铁含量平均为 150mg/kg，土壤有效锰含量平均为 34.72mg/kg，土壤有效铜含量平均为 4.03mg/kg，土壤有效锌含量平均为 2.54mg/kg，土壤水溶性硼含量平均为 0.37mg/kg，土壤有效钼含量平均为 0.19mg/kg（见表 1-4）。

表 1-4 潴育型水稻土本次调查与第二次土壤
普查土壤中微量元素含量比较

（单位：mg/kg）

类别 时段	交换性钙	交换性镁	有效硫	有效硅	有效铁	有效锰	有效铜	有效锌	水溶性硼	有效钼
本次调查	1 113	100	44.5	119	150	34.72	4.03	2.54	0.37	0.19
二次土普	1 522	95	35.2	151	9.77	27	3.19	1.09	0.29	0.25
增减	−409	5	30.7	−32	140.23	7.72	0.84	1.45	0.08	−0.04

（二）变化情况

本次检测结果与第二次土壤普查结果比较，潴育型水稻土土壤有机质及全氮、碱解氮、有效磷、速效钾含量上升，而全磷、全钾含量下降，土壤 pH 下降 0.2～0.4，而土壤容重则有所上升。土壤有机质增加 19.76%，碱解氮增加 35.34%，有效磷增加 77.24%，速效钾增加 68.75%，均有较大幅度增加。土壤全磷减少 18.80%，土壤全钾减少 28.91%，下降幅度相对较小。由于潴育型水稻土占 72.74%，基本能反映水稻土养分变化总体情况。按照第二次土壤普查提出的指标衡量，土壤有机质、全氮、碱解氮和全钾含量处极丰富水平，全磷处丰富水平，有效磷处中等偏高水平，速效钾处中等偏低水平。

交换性钙镁、有效硫、有效硅等养分含量有升有降，其中交换性镁增加 9.56%，有效硫增加 39.20%，以有效硫的增加幅度较大。交换性钙减少 26.87%，有效硅减少 21.19%，下降幅度均较小。土壤 pH 和交换性钙含量下降，基本印证了水田酸化的结论。

土壤铁、锰、铜、锌、硼、钼 6 项微量元素的有效含量全部为上升。其中有效铁增加 1 435.31%，有效锰增加 29.63%，有效铜增加 26.33%，有效锌增加 133.03%，水溶性硼增加 27.59%，有效钼增加 16.00%，有效锌增加了 1 倍多，锰、铜、硼、钼则为小幅增加。各元素的丰缺状况是：土壤有效铁、有效铜处于极丰富水平，土壤有效锰、有效锌、有效钼处于丰富水平，土壤水溶性硼处于中等水平。

三、存在问题

（一）土壤耕层变浅

耕地土壤耕作层是在几十年、几百年乃至数千年人类生产活动如耕耘、施肥、种植、灌溉、排水等条件下形成的。

通常时间越长，耕作层熟化程度越高。第二次土壤普查以前，水田主要采用牛耕和大中型拖拉机耕田，潴育型水稻土耕作层厚度多在 15～20cm。近 30 年来，随着浅耕机、旋耕机等小型机耕农具的采用，水田耕作层在日益变浅。实测表明，浅耕机的翻耕深度为 11～13cm。2005 年在湘阴县农科所进行剖面调查，同一丘田第二次土壤普查时耕作层厚度为24cm，而 2005 年调查为 12cm，只有原来的一半。耕作层变浅导致土壤容肥、容水能力降低，通透性能下降、养分质量变劣、水分上下运动受阻、作物根系伸展困难等一系列问题，是土壤整体质量下降的表现。

（二）有机肥施用减少，质量下降

以前，平均每季每亩施有机肥 1 500～2 000kg，其种类包括冬绿肥、土杂肥、农家肥、山青、湖草等类型。我省从20 世纪 60 年代至今，有机肥施用呈现整体下降趋势（表 1-5），2005 年开始的 13 个测土配方施肥项目县统计，水田平均每亩施用有机肥为 367kg，有机养分共占总养分的16.63%。多年来，水田土壤有机质主要依靠秸秆还田，由于秸秆从有机碳转变成活性有机质需要较长的时间，故有机物质在土壤中逐年积累，因此，秸秆是土壤有机质上升的物质基础。土壤耕层变浅，意味着犁底层加厚，一般从原来的6～10cm 增加到 15～20cm，导致土壤通气透水性能降低，还原性增强，有机物质分解程度低，活性有机质含量不高。由此可以看出，有机质总量虽然增加了，但是质量降低了，对于地力培肥、作物增产贡献率小。

表 1-5　湖南省不同时期肥料施用中
有机养分占总养分的比例

（单位：%）

年份	1960	1970	1980	1990	1999	2005
有机养分占总养分	98.1	85.7	60.5	31.38	13.26	16.63

（三）化肥施用量大，不平衡

据 2005 年统计，全省化肥施用量为 209.87 万 t（折纯养分），按耕地面积统计，每亩平均化肥施用量 36.7kg；$N：P_2O_5：K_2O$ 为 1：0.33：0.36。由于部分耕地不施或少施化肥，水稻、烤烟、棉花、蔬菜等作物单位面积实际施用量比以上数量要多。可以看出，一方面化肥施用量太大，另一方面比例失衡，表现为氮多而磷、钾偏少。大量施用氮肥，迅速形成苗架，实际产量偏低的现象仍普遍存在。检测表明，部分菜地的有效磷含量已达到 300mg/kg 以上，与每年大量多次施用磷肥有关。化肥施用过多和不平衡带来一系列问题，一是破坏生态，如造成土壤板结等；二是污染环境，是造成有毒物质含量高和富营养化的主要原因之一；三是增加成本；四是作物生长失衡，病虫害加剧，产量降低。

四、改良培肥措施

潴育型水稻土虽然属于高产田，但还存在自然和人为的一些问题，影响高产性能的发挥，因此，仍然需要改良培肥，主要采取以下措施。

（一）工程措施

1. 土地平整

将高低不平的农田通过挖高填低或建成坡式梯田，使土地得到平整，使之成为整体水平、形状相同、面积一致的农田。平整应遵循以下程序。

（1）地点选择：实行土地平整的地方应选择区域内高差小于 1m 的地方，若高差大于 1m，应采用分级或梯式平整。地表岩石裸露度应小于 10%，一般不应在石地进行土地平整项目。地面整体坡度应在 3°～10°之间，坡度大于 10°时以坡改梯较好。

（2）剥离表土：不管是水田、旱土还是自然土壤，都应将表层 0~20cm 的土层统一剥离，堆放在平整区的中心部位或某一部位。

（3）挖高填低：采用机械或人工方法进行挖高填低，使之达到基本水平。填土部位应反复镇压使其紧实，防止沉陷。

（4）确定田块面积和田形：大范围平整区可按照田园化形式确定田形和面积，一般农田长边 80~100m，短边 25~30m，单丘田块面积 3.5 亩左右。范围较小、地形有一定起伏的地方应因地制宜确定田形和田块面积，一般应做到田块为方形、长方形或条带形，面积不小于 1 亩。

（5）基础设施配套：根据水源的来龙去脉和农田与居住区的相对位置，合理布置撇洪沟、排水沟、灌溉沟和机耕路等基础设施，确保洪水排得出，地下水降得下，有水灌得上，农资运输畅通，机械出入农田方便等。

（6）修筑田埂：根据确定的田形和田块面积建埂，一般埂宽 35cm 左右，并高出田面 35~40cm。田埂应采用黏土材料，锤紧拍实，或块石浆砌，使之坚固。

（7）归还表土：将最初剥离的表土归还覆盖于田面，成为耕作层，确保耕层厚度 20cm 左右，土壤不够时，应挖挑肥土补充。田面整平放水，多犁多耙，使田泥融和，同时通过增施有机肥培肥土壤。

2. 加深耕层

对现有耕作层小于 15cm 的水田，采取牛耕和大、中型拖拉机耕地形式，使耕作层达到 18cm 左右，既提高土壤容肥容水能力，又改善土壤通气性能，提高土壤养分的有效性。水田深耕每年至少一次，宜在早稻插秧前农田耕耘时进行。

3. 改良土壤质地

（1）对于砂漏型稻田：一是客土掺泥，改良质地。要掺入塘泥、老菜园土、老墙土等含黏粒高的黏性沃土，亦可采用第四纪红色黏土和紫色土作为客土的源料。掺泥量每亩25～30t，严重沙漏田可增加到50t左右，通过掺泥，使沙黏比达到3∶7或4∶6。掺泥可分次掺入或分2年掺入，每掺入一次，实行多犁多耕，使泥沙充分拌匀。

（2）对于黏隔型稻田：一是客土掺沙。可掺入黑沙土、潮沙土、河沙土、紫沙土等沙性土壤和泥炭、沟泥、陈砖土等肥沃土壤。根据黏性程度，每亩掺入沙土10～15t，掺入后，多犁多耙，充分拌匀。

（二）生物与农业措施

1. 增施有机肥

可通过秸秆还田，发展冬绿肥，大、中型养殖场粪便无害化处理与应用，加工使用商品有机肥等形式增加有机肥源，每季作物施用有机肥每亩1 000～1 500kg。

2. 实行水旱轮作

可因地、因市场需求等因素采用肥-稻、油-稻、烟-稻、瓜-稻和稻-稻-油、稻-稻-肥、稻-马铃薯等耕作制度，通过加强干湿交替过程以及日晒、冻融等作用，改善土壤理化性状。

3. 扩大冬种和改土规模

目前冬闲田面积大，且多为板田过冬。应尽可能扩大冬种，增加产出。在我省，冬季可种植的作物较多，诸如油菜、马铃薯、蚕豆、豌豆以及蔬菜、牧草等。通过种植既增加农产品总量，获取一定的效益，又利于土壤培肥改良。不计划实行冬种的水田，也应利用秋末冬初，天气尚暖和农田较润湿期间进行翻耕，使土壤经过晒坯与冻融过程，有利于改善土壤理化性状，培肥地力。

（三）实行测土配方施肥

目前，全国测土配方施肥项目已连续实施了7年，表明国家对解决长期以来肥料施用存在的问题十分重视，通过补贴形式，提高广大农民对科学施肥的认识，实现节本增效、改善生态等多项目标。测土配方施肥要做到有机肥与无机肥，氮肥与磷、钾肥，大量元素与中、微量元素的施用平衡。只有通过测土，然后根据土壤养分状况和作物需肥特点，生产专用配方肥，配以科学的施用方法，才能达到平衡的要求。

第三节　漂白型水稻土

一、分布与基本特性

漂白型水稻土主要分布在湘北洞庭湖平原与环湖丘岗交界地带和湘、资、沅、澧四水地势平缓的河漫滩两侧，丘陵山区坡度较缓的排田、冲垅交界地带也有零星分布。漂白型水稻土共有面积 48.92 万亩，占全省水田总面积的 1.10%，是面积最小的一个水稻土亚类。形成这类土壤的成土母质是第四纪红土和板页岩坡积、洪积物；地形条件是平缓坡地；促成外界因素是运动于土层中的侧渗水。由于土壤犁底层以下常年存在由坡上部向坡中、下部测向流动的水层，漂走了土壤中的有色物质，致使土体发白。形成了该亚类的一个特有土层——漂白层。漂白层厚度在 16～60cm，白或灰白色，颗粒组成以粉砂为主，二氧化硅含量高，而氧化铁含量低。由于黏粒下移，盐基流失，加上有机质含量较低，土壤的交换性能差，供肥能力弱。

二、肥力现状与变化情况

（一）肥力现状

1. 土壤 pH、容重、有机质与氮、磷、钾养分状况

该类稻田土壤 pH 平均为 5.61，容重平均为 1.19g/cm³，有机质含量平均为 33.9g/kg，全氮含量平均为 2.90g/kg，

全磷含量平均为 0.88g/kg，全钾含量平均为 18.51g/kg，碱解氮含量平均为 167mg/kg，有效磷含量平均为 17.60mg/kg，速效钾含量平均为 92mg/kg，缓效钾含量平均为 220mg/kg（见表 1－6）。

表 1－6 漂泊型水稻土本次调查与第二次土壤普查土壤有机质与养分含量比较

类别 时段	有机质 (g/kg)	全氮 (g/kg)	碱解氮 (mg/kg)	全磷 (g/kg)	有效磷 (mg/kg)	全钾 (g/kg)	速效钾 (mg/kg)
本次调查	33.9	2.9	167	0.88	17.60	18.51	92
二次土普	32.8	1.7	140	1.08	7.99	20.80	68
增减	1.1	1.2	27	－0.20	9.61	－2.29	24

2. 土壤钙、镁、硫、硅元素

土壤交换性钙含量平均为 1 179mg/kg，土壤交换性镁含量平均为 124mg/kg，土壤有效硫含量平均为 54.7mg/kg，土壤有效硅含量平均为 116mg/kg。

3. 土壤铁、锰、铜、锌、硼、钼元素

土壤有效铁含量平均为 154mg/kg，土壤有效锰含量平均为 36.16mg/kg，土壤有效铜含量平均为 3.89mg/kg，土壤有效锌含量平均为 2.47mg/kg，土壤水溶性硼含量平均为 0.50mg/kg，土壤有效钼含量平均为 0.18mg/kg（见表 1－7）。

表 1－7 漂泊型水稻土本次调查与第二次土壤普查土壤中微量元素含量比较

（单位：mg/kg）

类别 时段	交换性钙	交换性镁	有效硫	有效硅	有效铁	有效锰	有效铜	有效锌	水溶性硼	有效钼
本次调查	1 179	124	54.7	116	154	36.16	3.89	2.47	0.50	0.18
二次土普					94	24.60	2.82	0.75	0.30	0.15
增减					60	11.56	1.07	1.72	0.20	0.03

（二）变化情况

本次检测结果与第二次土壤普查结果相比，漂泊型水稻土有机质、全氮、碱解氮、有效磷和速效钾上升，其中有机质增加 3.35%、全氮增加 70.59%、碱解氮增加 12.29%、有效磷增加 120.28%、速效钾增加 35.29%，以有效磷和全氮上升幅度最高，而有机质、全氮上升幅度小。有机质及各养分元素的丰缺状况是：全氮处极丰富水平，有机质、碱解氮、全磷处丰富水平，有效磷、全钾、速效钾处中等水平。

有效微量元素全部呈现上升，其中有效铁增加 63.83%、有效锰增加 46.99%、有效铜增加 37.94%、有效锌增加 229.33%、水溶性硼增加 66.67%、有效钼增加 20%，其中有效锌成倍增加，有效铁、水溶性硼为大幅度增加，有效锰和有效铜为中幅增加，有效钼为小幅增加。各元素丰缺状况是：有效铜、有效铁处极丰富水平，水溶性硼、有效锰、有效锌、有效钼处丰富水平。

三、存在问题

土层内存在侧向流动水的水田不仅养分易随水流失，而且土壤通气不良，养分有效性低，不利肥力协调，作物生长受到影响，不利高产。此外，该亚类还存在与潜育型水稻土类似的问题，诸如耕作层变浅、有机肥施用减少、化肥施用量偏大等。

四、改良培肥措施

改良漂白型稻田的关键措施是开沟切断侧渗水源，终止漂洗。其开沟深度应达到漂白层以下 20cm。如漂白层位于土层 40～60cm 之间，侧截流沟深应达到土层 80cm 以下。应注意的是过去开中心排水沟降低地下水位的农田，实际上建造了侧渗漂洗的地形条件，即沟两侧农田的地下水位转变成侧向流动水层向中心排水沟运动，从而形成漂洗。因此，用于降低地下水的排水沟以环山沟形式较好。

该类稻田的其他改土培肥技术措施请参考潴育型水稻土相关内容。

第四节 潜育型水稻土

一、分布与基本特性

全省潜育型水稻土共有面积 812.82 万亩，占水稻土的 18.29%，该类土壤分布于各地的最低部位，诸如低阶地、河漫滩、沿湖低平地、冲垅下部或出口、库塘下部、山间峡谷中下部等。由于分布部位低，土壤地下水位高或终年积水。地下水位高或水分饱和，土壤氧化还原电位低，还原性物质多，特别是亚铁的浓度高达 2 000mg/kg 以上，土体呈青灰色，形成潜育层。有机质含量高，但 C/N>12，有机质残渣含量大，腐殖化程度低，活性有机质少。种稻期间，土壤全层有水，通气性能差，秋收后部分稻田地下水降至 30～50cm 以下，勉强可以冬种，而地下水位在 30cm 以上或全层积水的稻田，难以进行冬种。因此，这类田利用率相对较低，一般为稻-稻、稻-油、稻-冬闲等耕作制，无论是全年总产或一季产量，都要比潴育型稻田每亩少 200～400kg 以上，是湖南省内面积最大、最典型的低产田。

二、肥力现状与变化情况

（一）肥力现状

1. 土壤 pH、容重、有机质与氮、磷、钾养分状况

该类稻田土壤 pH 平均为 5.9，容重平均为 1.19g/cm³，有机质含量平均为 35.44g/kg，全氮含量平均为 1.90g/kg，

全磷含量平均为 1.10g/kg，全钾含量平均为 13.67g/kg，碱解氮含量平均为 172mg/kg，有效磷含量平均为 16.17mg/kg，速效钾含量平均为 90mg/kg，缓效钾含量平均为 213mg/kg（见表 1-8）。

表 1-8　潜育型水稻土本次调查与第二次土壤
普查土壤有机质与养分含量比较

类别 时段	有机质 （g/kg）	全氮 （g/kg）	碱解氮 （mg/kg）	全磷 （g/kg）	有效磷 （mg/kg）	全钾 （g/kg）	速效钾 （mg/kg）
本次调查	35.44	1.90	172	1.10	16.17	13.67	90
二次土普	39.80	1.98	146	1.11	8.4	22.4	76
增减	−4.36	−0.08	26	−0.01	7.77	−8.73	14

2. 土壤钙、镁、硫、硅元素

土壤交换性钙含量平均为 1 515mg/kg，土壤交换性镁含量平均为 144mg/kg，土壤有效硫含量平均为 39.57mg/kg，土壤有效硅含量平均为 103mg/kg。

3. 土壤铁、锰、铜、锌、硼、钼

土壤有效铁含量平均为 116mg/kg，土壤有效锰含量平均为 22.50mg/kg，土壤有效铜含量平均为 3.82mg/kg，土壤有效锌含量平均为 2.28mg/kg，土壤水溶性硼含量平均为 0.65mg/kg，土壤有效钼含量平均为 0.20mg/kg（见表 1-9）。

表 1-9　潜育型水稻土本次调查与第二次土壤
普查土壤中微量元素含量比较

（单位：mg/kg）

类别 时段	交换 性钙	交换 性镁	有效硫	有效硅	有效铁	有效锰	有效铜	有效锌	水溶性硼	有效钼
本次调查	1 515	144	39.57	103	116	22.50	3.82	2.28	0.65	0.20
二次土普					100	26.20	3.37	1.18	0.31	0.15
增减					16	−3.7	0.45	1.10	0.34	0.05

（二）变化情况

本次检测结果与第二次土壤普查结果比较，潜育型水稻土有机质及氮、磷、钾营养元素含量有 4 项下降，3 项上升。其中有机质减少 10.95%，全氮减少 4.04%，全磷减少 9.91%，全钾减少 38.97%，除全钾下降幅度稍大外，其他 3 项为小幅下降。上升的碱解氮增加了 17.81%，有效磷增加了 87.26%，速效钾增加了 18.42%，其中有效磷含量为大幅上升，碱解氮与速效钾含量为小幅上升。各要素的丰缺状况是：有机质、全氮、碱解氮、全磷含量均为丰富，有效磷、速效钾含量中等，全钾含量为中量偏低。

由于第二次土壤普查缺少交换性钙、交换性镁、有效硫和有效硅的检测数据，无法比较潜育型水稻土这些元素的变化情况。

在铁、锰、铜、锌、硼、钼 6 项微量元素中，除有效锰含量下降外，其余均为上升，其中有效铁增加 16.0%，有效铜增加 13.35%，有效锌增加 61.11%，水溶性硼增加 109.68%，有效钼增加 33.33%，水溶性硼成倍增加，有效锌为大幅增加，有效钼为中幅增加，有效铁、有效铜为小幅增加。有效锰减少了 14.12%，为小幅下降。各元素的丰缺状况是：水溶性硼、有效锰、有效锌、有效钼处丰富水平，有效铜、有效铁处极丰富水平。

三、存在问题

该类稻田除存在同潴育型稻田类似的耕层变浅、化肥施用量大等问题外，还存在着来自土壤外部和内部的诸多不利因素。外部的主要是洪涝灾害，每当洪水发生，这类田首先被淹没，常常造成淹死作物，需要补插补种，因而耽误季节，导致减产或失收。内部的问题主要是高地下水位所造成，土壤水冷泥温低，还原性强，肥力不协调，养分有效性低，亚铁等有毒物质危害，作物生长受阻，严重者黑根死苗，常年产量低。这类土壤所处地形部位往往较差，农田基础设施薄弱，管理落后，诸如排灌不分家，多实行串灌、漫灌，以及耕作粗放等。由于水冷泥温低，土壤通气性能差，禾苗生长缓慢，长势差，形成缺肥的假象，导致多次、过量施肥。

四、改良培肥措施

（一）工程措施

核心技术就是开沟排水，降低地下水位，旨在能使氧气进入土壤中，使土壤肥力的要素水、肥、气、热齐全，建立肥力协调的基础。在土壤改良中，这种沟称为排水沟，要求沟底深度在田面以下 $1\sim1.5m$，包括田面以上总深度达到 $1.2\sim1.7m$。要求密度：每隔 $100m$ 有 1 条排水沟，冲田小于 $100m$ 的开环山排水沟，有冷浸水的地段开深沟截流。要求宽度，单纯用于降低地下水位的沟空宽度控制在 $0.45\sim0.55m$ 之间，尽可能节省耕地，兼有排洪功能时，应根据洪水量设计沟的宽度。排水沟应采用坚硬材料，严格护砌质量，确保设施坚固耐用，做到一次投资，长期受益。排水沟墙底部预留排水孔隙，以利地下水外排。在地下水外排过程中，上层土壤水分向下渗漏，并携带空气进入土壤中，使之得到更新，进而协调土壤肥力。

（二）生物措施

选择根系发达、高秆和生育期长的水稻品种，或者选用湘莲、香蒲（席草）、荸荠、茭白、水芋头等水生或喜湿作物种植，亦可采用稻—萍—鱼—菇种植模式。生育期较长的水稻，有较长的时间处于夏秋期，水温、泥温较高，土壤通气性能有所提高，能增强养分有效性，水稻长势好转，获得较高产量。

（三）农业措施

1. 起垄栽培

将大田整成秧田状，在厢上插秧称为起垄栽培。开沟前落水晒田，使泥浆沉实，以便开沟起垄。0.9～1.2m 宽分厢，沟泥入厢，沟宽深为 0.25×0.12～0.15m，围沟宽深为 0.3×0.15～0.20m，每厢插秧 4～5 蔸。犁田前施基肥，以通过堆沤腐熟的有机肥及碳铵为主，插秧前施面肥，每亩施复混肥 30kg 左右，配施锌肥 1.5kg，用铁耙耙入泥中，使泥肥相融，然后插秧。插秧时，垄面水深 1～2cm；稳蔸后，实行垄沟有水，垄面湿润；抽穗前清沟一次，垄面干干湿湿，灌跑马水，灌浆期后，落干露田，遇低温深水护苗。应该注意的是，好长牛毛毡的稻田切忌采用起垄栽培形式，对这类田，应保持 3～4cm 水层，并早追肥（尿素）。

2. 水旱轮作

对于地下水位相对较低，能排除耕层渍水的渍潜型低产田，可采用烟—稻、西瓜—稻、麦—稻—稻、油—稻—稻、棉—油—稻、稻—蔗等一年两熟或两年三熟轮作制。

3. 改变用途

对于终年积水、工程改造难度大的溿眼田、烂泥田、烂湖田，可采用桑基鱼塘、果基鱼塘、麻基鱼塘、草基鱼塘、菜基鱼塘等利用形式。

（四）其他措施

主要是合理施肥。潜育型稻田有机质、全氮含量高，要少施甚至不施新鲜有机肥（包括绿肥、秸秆和当年或刚出栏的厩肥），可施用长期堆沤的、腐熟了的以及火土灰等有机肥。该类土壤应早施氮肥，防止过多、过迟施用，造成贪青晚熟。

第二章

旱　　地

　　旱地是湖南省重要的耕作土壤之一，在海拔 25～2 000m都有分布。众多的蔬菜、旱粮和经济作物主要种植在旱地上。2000 年统计部门公布的土地详查结果，湖南共有旱地面积 1 438.22 万亩，占土壤总面积的 4.56％，占耕地面积的 24.45％。在土壤分类中，旱耕地从属于自然土壤，即在土壤亚类之下，以土属的身份存在，在《湖南省土壤分类系统》中，凡是带有"耕型"二字的都是旱土土属名称，如耕型第四纪红土红壤、耕型板页岩黄壤、耕型紫潮土等。湖南省自然土壤主要有潮土、红壤、黄壤、黄棕壤、红色石灰土、黑色石灰土、紫色土 7 个土类。在这些土类及其相应的亚类中，共有旱土土属 37 个，土种 82 个。土类是土壤分类的高级分类单元，它是不同的自然条件，特别是气候、地形、母岩母质和生物等综合作用的产物，因此，从属于各个土类的旱土都具有自身独有的特点，其理化性状和改良利用措施也各有不同。

第一节　潮　　土

一、分布与基本特性

　　湖南省潮土分布于洞庭湖平原和湘、资、沅、澧及其大小支流的冲积平原与河谷阶地，以常德、益阳、岳阳 3 市为集中连片分布，其他市（州）多沿河流作片状或带状分布。旱耕地潮土有 3 个土属，一是耕型湖潮土，由湘、资、沅、澧 4 水携带的泥沙进入洞庭湖区沉积而成，主要分布在洞庭湖区西部、南部和东南部，pH 在 6 左右，其中沅水、澧水沉积物稍高。二是耕型紫潮土，由长江携带的泥沙经松滋、藕池、太平、调弦四口进入洞庭湖区沉积而成，主要分布在洞庭湖北部和东北部，土壤颜色为紫色，pH 在 7.5 以上，有石灰反应。三是耕型河潮土，主要分布在湘、资、沅、澧 4 水及其一级、二级、三级支流两岸，呈阶梯带状分布，地形从下至上依次为低位河漫滩、中位河漫滩、高位河漫滩、河流一级阶地、河流二级阶地，其中一级阶地易受特大洪水的影响，二级阶地不再受洪水影响。潮土成土时间短，整个土层较疏松。耕型河潮土依距河流的远近质地有粗有细，离河床近，质地较沙，距河床远，质地较黏。耕型湖潮土和耕型紫潮土依洪水的大小沉积物质有粗有细，洪水较大时，质地较沙，洪水小时，质地较黏，因而土层往往具有沙黏相间的层次结构。耕型湖潮土、耕型紫潮土土层深厚肥沃，是我省水稻、棉花、苎麻、甘蔗的主要分布区。河潮土土层较厚，常有砂砾层，多被辟为稻田，是水稻、蔬菜的主要分布区。

二、肥力现状与变化情况

（一）肥力现状

1. 土壤 pH、容重、有机质与氮、磷、钾养分状况

该类土壤 pH 平均为 7.51，土壤容重平均为 1.23g/cm³；有机质含量平均为 24.58g/kg，全氮含量平均为 2.17g/kg，全磷含量平均为 3.60g/kg，全钾含量平均为 10.22g/kg，碱解氮含量平均为 140mg/kg，有效磷含量平均为 22.98mg/kg，速效钾含量平均为 119mg/kg，缓效钾含量平均为 375mg/kg（见表 2 - 1）。

表 2 - 1　潮土本次调查与第二次土壤普查土壤
有机质与养分含量比较

类别 时段	有机质 (g/kg)	全氮 (g/kg)	碱解氮 (mg/kg)	全磷 (g/kg)	有效磷 (mg/kg)	全钾 (g/kg)	速效钾 (mg/kg)
本次调查	24.58	2.17	140	3.60	22.98	10.22	119
二次土普	15.90	1.10	82	1.22	9.6	22.00	96
增减	8.68	1.07	58	2.38	13.38	-11.78	23

2. 土壤钙、镁、硫、硅元素

土壤交换性钙含量平均为 1 736mg/kg,土壤交换性镁含量平均为 155mg/kg,土壤有效硫含量平均为 43.49mg/kg,土壤有效硅含量平均为 103mg/kg。

3. 土壤铁、锰、铜、锌、硼、钼元素

土壤有效铁含量平均为 64mg/kg,有效锰含量平均为 19.63mg/kg,有效铜含量平均为 4.16mg/kg,有效锌含量平均为 1.71mg/kg,水溶性硼含量平均为 1.06mg/kg,有效钼含量平均为 0.15mg/kg(见表 2 - 2)。

表 2 - 2　潮土本次调查与第二次土壤普查土壤
中微量元素含量比较

（单位：mg/kg）

类别 时段	交换 性钙	交换 性镁	有 效 硫	有 效 硅	有 效 铁	有 效 锰	有 效 铜	有 效 锌	水溶 性硼	有 效 钼
本次调查	1 736	155	43.49	103	64	19.63	4.16	1.71	1.06	0.15
二次土普	601	58	25.50	223	23.80	15.50	2.54	0.85	0.37	0.19
增减	1 135	97	17.99	-120	40.20	4.13	1.62	0.86	0.69	-0.04

（二）变化情况

本次检测结果与第二次土壤普查结果比较,潮土有机质、全氮、碱解氮、全磷、有效磷和速效钾均为上升,仅全钾含量下降。其中有机质增加了 54.59%,全氮增加了 97.27％，碱解氮增加了 73.17％，上升幅度都很大；全磷增加了 195.08％，有效磷增加了 139.38％；全钾减少 53.18％，速效钾上升了 23.95％，均比较明显。根据以上结果衡量，全氮、全磷为极丰富，有机质、有效磷、碱解氮为较丰富，全钾为缺乏，速效钾为中等偏高含量。

土壤钙、镁、硫、硅元素中，除有效硅外，其余都是含量上升，其中交换性钙增加 188.85％，交换性镁增加 167.21％，有效硫增加 70.55％，有效硅则减少 53.81％。交换性钙、交换性镁为成倍增加，有效硫为大幅度增加，有效硅为中幅度减少。

微量元素中，除有效钼外，其他元素都是上升，其中有效铁增加 168.91％，有效锰增加 26.25％，有效铜增加 63.78％，有效锌增加 101.18％，水溶性硼增加 186.49％，有效钼减少 21.05％。上升和下降的均比较大，特别是有效铁、有效锌和水溶性硼，是成倍增加，有效铜为大幅增加，有效钼为小幅减少。微量元素的丰缺状况是：水溶性硼、有效铜、有效铁为极丰富的水平，有效锰、有效锌和有效铜为中等含量水平。

三、存在问题

（一）基础设施较薄弱

在湖平区，基础设施老化，沟渠垮塌淤塞比较严重。其中土壤类型为耕型湖潮土和耕型紫潮土的旱耕地基础设施更差。在过去，湖平区 1～2 年 1 次的沟渠清淤已长期没有进行，许多沟渠淤塞，杂草丛生，不仅灌排水容量小，流速慢，而且提高两侧农田地下水位，使之反潜。调查表明，湖平区长期进行旱作的耕地，水利没有过关是最主要的原因。2007 年为特大旱灾年，汉寿县仓港镇数万亩棉花处于严重缺水干旱状态，亩减产籽棉 50 多 kg。为了降低旱灾威胁，农民自行在田边挖深坑集雨抗旱。在约 1km 以外的沅江支流，尽管水源比较丰富，由于没有提水和田间输水设施，不能用于抗旱。

（二）内外不利因素的影响

分布于沿河两岸的潮土受洪涝和旱灾影响。雨季，河岸水位提高，湖平区垸内排水困难，使潮土处于淹渍状态，不利于作物生长。部分河堤存在沙漏层，河床水位高时，形成高压，河水透过河堤，在垸区农田冒出，形成河浸，严重者导致垮堤，带来灾害，轻则加剧垸内淹渍。山丘区除淹渍耕地外，受大型和特大型洪水的冲刷，不仅作物受损，而且每次形成新的水毁农田。旱季、河床水位下降，靠近沿河两岸的潮土由于土壤质地较粗，或土层内存在沙漏层，漏水严重，极易缺水干旱。2006 年，湘阴县湘江出现低水位，两岸耕地漏水严重，缺水干旱面积达 10 多万亩，产量损失10％～20％。

（三）沙化现象有所抬头

在湘阴县青潭岛的北边有一个迎风面，每逢秋冬季节，湖水位下降，露出大面积的湖底，大风将泥沙吹起，侵入岛上，并不断堆积，形成了只有西北干旱地区才能见得到的风沙土，其面积有 2 000 亩左右，流动风沙土、半固定风沙土、固定风沙土 3 个亚类齐全。形成了高几米乃至上 10 米的沙丘。随着三峡水库调蓄功能的发挥，洞庭湖区水位下降，露出大量土地，据常德市统计，因湖水水面下降，该市可新垦耕地达 50 多万亩。土地裸露，加上冬干、大风等气候条件，形成风沙土概率加大。近几年中低产田类型统计，有部分市填报了沙化土壤类型。湖南石漠化面积已达 2 000多万亩，随着全球气温变暖以及洞庭湖环境改变，要警惕沙化现象扩展。

（四）施肥量大，结构不合理

据统计，湖平区棉花年亩施化肥 31～33kg（纯量，下同），其中 N 15～16kg、P_2O_5 6kg、K_2O 10～11kg；苎麻年亩施化肥 47.5～51.5kg，其中 N 28～32kg、P_2O_5 6.5kg、K_2O 13kg。在施肥结构中，化肥占绝对优势，少施或不施有机肥，既造成土壤板结，理化性状变劣，又是增加开支和水体富营养化的主要根源。

四、改良培肥措施

（一）改善农田基础设施

潮土基础设施改善包括几方面的内容。

（1）完善田间排水和灌溉设施。尤其要解决雨养和人工挑水灌溉的问题，做到下部有提水机埠，中间有输水渠道，田间有灌溉沟道。

（2）兴建永久性排水渠道。针对湖平区田间沟渠淤塞现状，应逐步对这些土质沟渠进行硬化，使流水通畅，改建时应压缩宽度，让节省出来的那一部分变为耕地。新建沟两侧顶部略高于地面，防止泥沙入沟造成新的淤塞。中、小型沟渠均应在底部沟墙留排水孔隙，以利地下水的外排。

（3）建造防风林。对于沿湖、沿江低地，建设防风、防浪林带，消除大风大浪带来的不利影响。特别是对那些迎风面地带，要增加林草植被的面积，防止沙化面积的扩大。

（4）固堤抬地。对于山丘区溪河两侧的河潮土进行改造或水毁农田修复时，首先要加高加固河堤。结合清理河床，实行砂砾外挑内填，提高农田的相对位置，上部盖土 1m，确保土层和耕层厚度，同时进行快速培肥，使其成为高产农田。

（二）增施有机肥

改变目前化肥当家的局面，广辟有机肥源，增加有机肥的投入量。主要措施有秸秆还田、冬种绿肥、施用农家肥、积制土杂肥、烧制火土灰等。湖平区提倡大量冬种油菜或棉—油套种，并使油菜秆全部还田。

（三）科学施用化肥

应根据测土配方项目采样检测结果，针对土壤养分状况和作物需肥特点，产量要求，生产和使用专用配方肥，从而改变过量施肥、盲目施肥和施用不平衡问题。既减少投入，增产提质，又改善生态环境。

第二节　红　　　壤

一、分布与基本特性

红壤是中亚热带地区的代表性土壤，也是土壤垂直分布带谱的基带土壤，湖南分布海拔高度，北部为 500m，向南逐步上升到 600m，在南岭可达 700m。红壤是湖南省面积最大的土壤，共有面积 12 955.8 万亩，占全省土壤总面积的 51.0%。红壤分为红壤、黄红壤、棕红壤和红壤性土 4 个亚类，其中黄红壤位于红壤亚类之上，海拔在 300～500m（湘北）和 700m（湘南）之间；棕红壤分布在环洞庭湖区，是中亚热带到北亚热带的过渡性土壤；红壤性土是指土层小于 40cm 的土壤。红壤共发育耕型旱土 781.73 万亩，占耕地总面积的 13.29%，占旱土总面积的 54.35%。红壤风化淋溶作用强，在高温多雨、干湿交替的气候条件下，铁的游离度高，并使土壤呈红色。红壤以脱硅富铝化为其成土的主要特点。土体中原生矿物强烈分解，硅和盐基遭到淋失，黏粒及次生矿物不断形成，而铁、铝、钛等养化物则相对富集，致使土壤中硅铝率变低。耕型红壤是除水稻土以外，耕种时间较长的土壤，一般土层比较深厚，具有比较完善的剖面层次，受淋溶作用的影响，土壤 pH 较低，呈微酸性至酸性，是酸性土壤的代表。经长时间的人为耕作培肥，土壤不断熟化，成为高产土壤，比如耕型第四纪红土红壤土属中有一个熟红土土种，就是耕作培肥的结果，该土种记录了人类作用于土壤的烙印，也揭示了合理的耕作利用可以使生土变为熟土。

红壤地区是人类生产和各项建设活动的主要场所，也是玉米、红薯、马铃薯、小麦、高粱、蚕豆、豌豆等粮食作物，花生、油菜、芝麻、棉花、烤烟、苎麻等经济作物以及果、茶、桑、药材、饲料、花卉的主要生产基地。在红壤地带，除旱地外，另有各类果茶园 450 万亩。全省 60%以上的旱粮、70%以上的水果、90%以上的茶叶、70%以上的蔬菜在红壤上生产。

二、肥力现状与变化情况

(一) 肥力现状

1. 土壤 pH、容重、有机质与氮、磷、钾养分状况

该类土壤 pH 平均为 5.54，土壤容重平均为 $1.21g/cm^3$；有机质平均为 27.63g/kg，全氮平均为 1.73g/kg，全磷平均为 0.81g/kg，全钾平均为 17.21g/kg，碱解氮平均为 125mg/kg，有效磷平均为 24.96mg/kg，速效钾平均为 140mg/kg，缓效钾平均为 251mg/kg（见表 2-3）。

表 2-3　红壤本次调查与第二次土壤普查土壤
有机质与养分含量比较

类别 时段	有机质 (g/kg)	全氮 (g/kg)	碱解氮 (mg/kg)	全磷 (g/kg)	有效磷 (mg/kg)	全钾 (g/kg)	速效钾 (mg/kg)
本次调查	27.63	1.73	125	0.81	24.96	17.21	140
二次土普	26.00	1.09	87	1.03	7.67	20.80	79
增减	1.63	0.64	38	−0.22	17.29	−3.59	61

2. 土壤钙、镁、硫、硅元素

土壤交换性钙平均为 1 156mg/kg，交换性镁平均为 87mg/kg，有效硫平均为 47.62mg/kg，有效硅平均为 135mg/kg。

3. 土壤铁、锰、铜、锌、硼、钼元素

土壤有效铁平均为 74.38mg/kg，有效锰平均为 55.49mg/kg，有效铜平均为 2.95mg/kg，有效锌平均为 3.13mg/kg，水溶性硼平均为 0.81mg/kg，有效钼平均为 0.28mg/kg（见表 2-4）。

表 2-4 红壤本次调查与第二次土壤普查土壤
中微量元素含量比较

（单位：mg/kg）

类别\时段	交换性钙	交换性镁	有效硫	有效硅	有效铁	有效锰	有效铜	有效锌	水溶性硼	有效钼
本次调查	1 156	87	47.62	135	74.38	55.49	2.95	3.13	0.81	0.28
二次土普	263	47	40.20	102	26.70	26.00	0.59	0.70	0.25	0.17
增减	893	40	7.42	33	47.68	29.49	2.36	2.43	0.56	0.11

（二）土壤肥力变化情况

本次调查与第二次土壤普查结果比较，红壤土壤有机质、全氮、碱解氮、有效磷、速效钾含量上升，全磷、全钾含量下降。其中有机质增加 6.27%，全氮增加 58.72%，碱解氮增加 43.68%，有效磷增加 230.64%，速效钾增加 77.22%，除有机质外，各要素上升幅度大，尤以有效磷最为突出，成倍增加。全磷下降 13.59%，全钾下降 17.26%，下降幅度较小。各要素的丰缺状况是：有机质、全氮、全磷、有效磷、全钾处于丰富水平，碱解氮、速效钾处于中等水平。

土壤钙、镁、硫、硅元素含量均为上升，其中交换性钙增加 339.54%，交换性镁增加 85.10%，有效硫增加

18.46％，有效硅增加 32.35％，以交换性钙增加幅度最大，交换性镁为大幅上升，有效硅、有效硫为中、小幅上升。

微量元素铁、锰、铜、锌、硼、钼均为上升，其中有效铁增加 178.58％，有效锰增加 110.45％，有效铜增加 400％，有效锌增加 347.14％，水溶性硼增加 224％，有效钼增加 64.71％，除有效钼外，其他元素有效含量成倍增加。土壤有效微量元素的丰缺情况是：有效锰、有效钼和有效铁处于极丰富水平，水溶性硼、有效锌和有效铜处于丰富水平。

三、存在问题

（一）生产活动频繁，已不堪重负

目前红壤地带，特别是海拔 300m 以下的红壤亚类地带，人口密度越来越大，各类生产和建设活动日益频繁。农业生产方面：红壤被不断的开垦，诸如扩大果茶、花卉、药材生产，作为"占一补一"，新开耕地的场所等。工业和建设方面：矿山开发，铁路、公路、高速公路修建，建材加工，城区扩建等。商业方面：房地产开发、高新区、开发区建设、农家乐兴建等。这些生产和建设活动，一方面要占用大量的红壤土地，使维护生态环境的绿地在不断被蚕食，另一方面加剧水土流失、扩大污染。红壤已到了不堪重负的地步。

（二）水土流失严重

由于人类生产建设活动频繁，红壤地带水土流失已日益严重。红壤亚类，特别是海拔 40～100m 地带，人类的衣、食、住、行主要在这里进行，随时扰动红壤。加上大范围的顺坡耕作习惯，使这一地带成为水土流失的核心区，带来的后果首先是旱耕地本身处于雨停即旱状态，进而填塞库塘，降低容积，之后淤埋和冲毁耕地，最后抬高河床、湖床，降低行洪能力，并导致农田地下水位上升，成为低产田。

（三）酸、黏、瘦、浅

红壤的酸、黏、瘦、浅是本身固有的障碍因素。

一是酸。本次调查统计（n＝249 63）结果，红壤 pH 为 5.54，与第二次土壤普查结果差不多（约增加 0.02 左右），虽然没有人们预见的那样土壤酸化，但仍然处于酸性土壤范围，对作物的适宜性有强烈的要求。

二是黏。土壤多为重壤和黏土质地，因而比较坚实，通透性差。值得庆幸的是，可能是几十年的改土培肥发生了作用，本次调查结果，红壤的容重为 $1.21g/cm^3$，比第二次土壤普查时的 $1.3 g/cm^3$ 以上，降低了 7％ 以上，说明孔隙度增加，通透性能增强。

三是瘦。红壤养分含量相对于其他土壤比较低。

四是浅。部分红壤旱耕地除自身坡度大，地表径流量大，造成土层浅薄外，还受人类不合理耕作影响，加剧了水土流失，造成土壤耕层变浅。

四、改良培肥措施

（一）改变落后的耕作习惯

一方面要呼吁政府和有关部门，适当控制在红壤地带的各种开发和建设，减少红壤过多地被占用；另一方面农业生产要坚持改变传统的顺坡耕作习惯。顺坡耕作带来的后果是增加了荒地，即顺坡耕作→土层由上至下逐年变浅→低产土→抛荒。终止这一土壤荒化过程的主要方法是实行坡改梯和等高水平分厢耕作。坡改梯要按相关技术指标和要求进行，并配建"三沟三池"，可以降低或消除坡改过程中带来的水土流失。等高水平分厢套作，在坡度 10° 以下旱地进行，按等高方向分厢开沟，即改顺坡耕作为横坡耕作，确保土壤留在原地，使土层稳定。

（二）丰富水源

除少量靠近城郊的红壤旱耕地有水源，成为水浇地外，绝大多数红壤旱耕地还处于雨养状态。实际情况表明，历年旱灾发生，首先出现在红壤耕地上，只是这些旱地地块较分散，所种作物多为零星的蔬菜、经作之类，不足以引起社会关注。其实红壤作物出现的旱情可作为旱灾来临的预警，邵东县土肥站 2007 年利用耕型石灰岩红壤上的墒情监测结果，及早通报政府和有关部门，使之提前进入抗旱，因而降低了旱灾损失。解决红壤干旱，主要是推广土壤墒情监测和节水农业技术，包括建立土壤墒情监测点、建集雨池窖、进行地膜覆盖以及秸秆覆盖、等高水平分厢耕作、种植绿肥、培肥土壤等。

（三）培肥土壤

主要措施是增施有机肥，有以下形式。

（1）秸秆易地覆盖。实践证明，旱地覆盖秸秆不仅能大幅度提高作物产量，而且还具有保水抗旱、冬季增温、夏季降温、压抑杂草、疏松土层、保持水土、平衡土壤养分等多种功能，是旱地提高土壤肥力、改善生态、作物增产、产品提质的首选技术措施。

（2）冬种绿肥。利用冬闲或植株间隙地冬种绿肥，在翌年绿肥生物量较大时翻压入土，既培肥土壤，又能减少化肥投入，降低开支。

（3）提倡施用农家肥和火土灰，有条件的地方，农家肥、沼气肥等可用于旱土。我省许多地方对油菜、烤烟、蔬菜等作物坚持制造和使用火土灰，说明该肥料在改良培肥土壤、提高作物产量和品质等方面有着重要的作用，因此，提倡使用火土灰，但烧制火土时宜采用杂草、作物秸秆等烧制，切忌在自然丘岗山地刨铲地皮和取材，防止水土流失发生。

第三节　黄　　壤

一、分布与基本特性

黄壤是湖南省垂直带谱上的主要土壤类型之一，位于红壤之上。分布于湘东北、湘西北海拔 500～1 000m，湘南海拔 700～1 300m 地带。黄壤土类有黄壤、黄壤性土两个亚类，共有面积 3 159.58 万亩，占全省土壤总面积的 12.62%，其面积仅次于红壤和水稻土，排在第 3 位。黄壤共有耕型旱地 46.17 万亩，占旱地总面积的 3.21%。黄壤是在温暖湿润的气候条件下形成的，所处的中低山区有降雨量多、云雾多、湿度大、温差小等气候特点。除脱硅富铝化和生物富集过程外，还具有独特的水化特性。铁的化合物以针铁矿、褐铁矿和多水氧化铁为主。黄壤剖面以亮黄棕色为特征，淋溶淀积层尤为明显。耕型黄壤多呈斑块状位于黄壤之中，坡度较大，土层浅薄，有的石砾含量高，称为岩碴子土。保肥、保水能力低，耕作较粗放是耕型黄壤的基本特性之一。

二、肥力现状与变化情况

（一）肥力现状

1. 土壤 pH、容重、有机质与氮、磷、钾养分状况

土壤 pH 平均为 5.69，土壤容重平均为 1.21 g/cm³；有机质平均为 28.86g/kg，全氮平均为 1.50g/kg，全磷平均为 0.68g/kg，全钾平均为 22.39g/kg，碱解氮平均为 152mg/kg，有效磷平均为 31.13mg/kg，速效钾平均为 155mg/kg，缓效钾平均为 328mg/kg（见表 2-5）。

表 2 - 5　黄壤本次调查与第二次土壤普查土壤

有机质与养分含量比较

类别 时段	有机质 （g/kg）	全氮 （g/kg）	碱解氮 （mg/kg）	全磷 （g/kg）	有效磷 （mg/kg）	全钾 （g/kg）	速效钾 （mg/kg）
本次调查	28.86	1.50	152	0.68	31.13	22.39	155
二次土普	36.10	1.50	124	0.78	23.00	22.00	110
增减	−7.24	0	28	−0.10	8.13	0.39	45

2. 土壤钙、镁、硫、硅元素

土壤交换性钙含量平均为 627mg/kg，土壤交换性镁含量平均为 64mg/kg，土壤有效硫含量平均为 26.08mg/kg，土壤有效硅含量平均为 97mg/kg。

3. 土壤铁、锰、铜、锌、硼、钼元素

土壤有效铁含量平均为 71mg/kg，土壤有效锰含量平均为 39.55mg/kg，土壤有效铜含量平均为 2.05mg/kg，土壤有效锌含量平均为 2.01mg/kg，土壤水溶性硼含量平均为 0.47mg/kg，土壤有效钼含量平均为 0.30mg/kg（见表 2 - 6）。

表 2 - 6　黄壤本次调查与第二次土壤普查

土壤中微量元素含量比较

（单位：mg/kg）

类别 时段	交换 性钙	交换 性镁	有效 硫	有效 硅	有效 铁	有效 锰	有效 铜	有效 锌	水溶 性硼	有效 0.15 钼
本次调查	627	64	26.08	97	71	39.55	2.05	2.01	0.47	0.30
二次土普	181	29	24.10	109	36.10	21.30	0.59	0.57	0.23	0.14
增减	446	35	1.98	−12	34.90	18.25	1.46	1.44	0.24	0.16

（二）变化情况

本次调查与第二次土壤普查结果比较，黄壤有机质和大量元素中，含量上升的有碱解氮、有效磷、全钾和速效钾，分别增加 22.5%、35.35%、1.77% 和 40.91%，除全钾外，其他含量增加比较明显，但也只是小至中幅上升。持平的为全氮，与第二次土壤普查结果 1.50g/kg 相同。下降的是有

机质和全磷，其中有机质下降 20.06%，全磷下降 12.82%，下降的幅度都比较小。综观水稻土 4 个亚类，旱地 7 个土类，就数黄壤有机质及其养分含量最为稳定，表现为两次结果上升和下降幅度小，可能与在高海拔地区，人类生产活动，如耕作、施肥较弱有关，说明人类对于土壤的变化有着巨大影响。有机质和氮、磷、钾营养元素的丰缺状况是：有机质、有效磷、速效钾处于丰富水平，全氮、碱解氮为较丰富水平，全磷、全钾为中量水平。

土壤钙、镁、硫、硅除硅含量下降外，其余为上升。其中交换性钙增加 246.41%，交换性镁增加 120.69%，有效硫增加 8.22%，有效硅减少 11.22%，前两者上升幅度大，属成倍增加，而有效硫上升与有效硅下降的幅度均较小。

土壤 6 种微量元素均呈上升趋势，其中有效铁增加 96.68%，有效锰增加 85.68%，有效铜增加 247.46%，有效锌增加 252.63%，水溶性硼增加 103.35%，有效钼增加 71.43%。有效铁、有效锰和有效钼呈大幅度增加，有效铜、有效锌和水溶性硼为成倍增加。这些养分元素的丰缺状况是：有效钼、有效铁处极丰富水平，有效锰、有效锌和有效铜处丰富水平，水溶性硼为较丰富水平。

三、存在问题

对于农业和生态环境来说，黄壤的主要功能是涵养水源，维持空气的洁净。如果这一地带遭受破坏，不仅其下的红壤地带会遭受毁灭性冲刷，而且河流会断流，土地会荒漠化和沙化，带来不堪设想的后果。值得引起注意的是，在过去较长一段时间，黄壤地带曾遭受严重的破坏，植被被铲除，大量土地荒化。实行联产承包生产责任制以来，由于植树造林、退耕还林、燃料结构改善、粮食产量提高、大量劳力输出，猪、鸡由分散走向集中饲养等多方面的原因，包括红壤和黄壤地带的植被得到恢复，有效地改善了生态环境。但是土壤表面的腐殖层尚未形成（这需要几百年乃至上千年），吸持降水的能力弱，这也是一有大雨便山洪爆发的主要原因之一。另一种情况是祖居黄壤带的农民，为生活计，开垦和利用旱耕地，由于受刀耕火种习惯的影响，存在着今年甲山、明年乙山开垦利用，呈常年易地耕作和顺坡耕作形式，仍造成局部的生态破坏和水土流失。此外，耕型黄壤地带山高坡陡，耕地分散，水利设施几乎处在空白状态，靠天吃饭程度尤高，因而缺水干旱仍然是黄壤旱耕地的主要问题之一。

四、改良与培肥措施

1. 退耕还林还草

对于坡度在 25°以上的坡耕地坚持退耕还林种草，并防止再度开山种地。政府应帮助这些地方的农民，选择和稳定耕地，改多种薄收为少种多收。水土流失与欠收严重地区，应对农民进行妥善的移民安置，也可以由国家供应粮食，让其发展其他产业，以利恢复自然植被。

2. 平整土地

对坡度 25°以下，10°以上的坡耕地实行坡改梯，确保梯面水平，配建"撇洪沟、排水沟、灌溉沟"和跌水函、沉沙池和集雨池，即"三沟三池"，形成土层深厚、土壤肥沃的旱耕地。

3. 采取秸秆覆盖、种植绿肥，使用农家肥等措施，培肥土壤。

4. 测土配方施肥，根据土壤养分含量状况和作物需肥特点，施用专用配方肥。

第四节　黄　棕　壤

一、分布与基本特性

黄棕壤位于黄壤之上，主要分布在海拔 1 000m 以上的山地，其中湘北 1 000～1 600m，湘南 1 300～1 900m。黄棕壤共有面积 934.63 万亩，占全省土壤总面积的 3.37％。黄棕壤有暗黄壤和暗黄棕壤性土两个亚类，其间分布旱土 3.85 万亩，仅占旱耕地的 0.20％。黄棕壤分布地区具有气温低、雨量多、云雾多、日照短、湿度大、有冰冻等气候特点。黄棕壤脱硅富铝化作用较弱，但土壤的化学元素仍有一定量的积累。淋溶作用较弱，矿物风化度不彻底。土壤有机物分解慢，积累多，因而有机质含量丰富。

二、肥力现状与变化情况

（一）肥力现状

1. 土壤 pH、容重、有机质与氮、磷、钾养分状况

土壤 pH 平均为 5.74，土壤容重平均为 1.13 g/cm³；有机质含量平均为 30.50g/kg，土壤全氮含量平均为 1.99g/kg，土壤全磷含量平均为 0.67g/kg，土壤全钾含量平均为 25.75g/kg，土壤碱解氮含量平均为 167mg/kg，土壤有效磷含量平均为 22.11mg/kg，土壤速效钾含量平均为 176mg/kg，土壤缓效钾含量平均为 367mg/kg（见表 2 - 7）。

表 2 - 7 黄棕壤本次调查与第二次土壤普查土壤
有机质与养分含量比较

类别 时段	有机质 (g/kg)	全氮 (g/kg)	碱解氮 (mg/kg)	全磷 (g/kg)	有效磷 (mg/kg)	全钾 (g/kg)	速效钾 (mg/kg)
本次调查	30.50	1.99	167	0.67	22.11	25.75	176
二次土普	59.20	2.40				24.50	135
增减	−28.70	−0.41				1.25	41

2. 土壤钙、镁、硫、硅元素

土壤交换性钙、土壤交换性镁和土壤有效硅尚无检测结果，土壤有效硫含量平均为 21.33mg/kg。

3. 土壤铁、锰、铜、锌、硼、钼元素

土壤有效铁含量平均为 70mg/kg，土壤有效锰含量平均为 41.05mg/kg，土壤有效铜含量平均为 1.34mg/kg，土壤有效锌含量平均为 1.80mg/kg，土壤水溶性硼含量平均为 0.39mg/kg，土壤有效钼含量平均为 0.43mg/kg（见表 2-8）。

表 2-8　黄棕壤本次调查与第二次土壤普查土壤中微量元素含量比较

（单位：mg/kg）

类别 时段	交换性钙	交换性镁	有效硫	有效硅	有效铁	有效锰	有效铜	有效锌	水溶性硼	有效钼
本次调查			21.33		70	41.05	1.34	1.80	0.39	0.43
二次土普	238	35	17.80	153	31	16.10	0.58	0.51	0.24	0.12
增减			3.53		39	24.95	0.76	1.29	0.15	0.31

（二）变化情况

在有机质和氮、磷、钾元素中，可供比较的只有有机质、全氮、全钾和速效钾。其中有机质和全氮含量减少，分别减少 48.48％、50.42％，下降幅度较大。全钾和速效钾上升，分别增加 5.10％、30.37％，其中全钾为小幅上升，速效钾中幅上升。其丰缺状况是：有机质为极丰富，全氮、碱解氮、有效磷、全钾、速效钾为丰富，有效磷为中量。

本次调查，在钙、镁、硫、硅元素中，只测定了有效硫，其含量为 21.33mg/kg，较第二次土壤普查增加了 19.83％，属小幅上升。

各微量元素均为含量提高，有效铁增加 154.97％，有效锰增加 131.03％，有效铜增加 125.81％，有效锌增加 252.94％，水溶性硼增加 62.50％，有效钼增加 258.33％。其中水溶性硼为大幅度上升，其他元素为成倍上升。微量元素的丰缺状况是：有效钼、有效铁含量为极丰富，有效锰、有效铜含量为丰富，水溶性硼和有效锌为中等含量。

三、存在问题

平缓的地形，深厚的土层，具有能满足作物生长需求的光、热、水资源是能够形成耕地的必备条件，其中地形是首选条件。我省海拔 1 300m 以上山地常常出现一些平缓地面，因而具备了农业开垦利用的条件。石门县顶平山从其名称就能知道山顶部是平的。该地海拔 1 800 多 m，呈山原地貌特征，整体为一个较大的石灰岩漏斗，周边为平缓的山原岗地，中部为低平的土地，被开垦利用，曾种植玉米、蔬菜、药材等作物。其他地方的耕型暗黄棕壤大致也如此。这些耕地远离居民区，多雨、雪、雹、大风等恶劣气候。用于农业耕作一方面不方便，需长途跋涉，肩挑背扛，劳动强度大。另一方面老天当家太多，冰冻雪压，作物易遭损害，收成没有保障。此外，不合理的耕作如顺坡翻耕、种植将造成水土流失，有损生态平衡。

四、改良培肥措施

对于高海拔地带的旱耕地，一般情况下，应鼓励退耕还草还林。国家对于依赖于这些土地生产生活的农民应给予粮食补助和经济援助，或给予新的耕地，让其安居乐业。对有利用价值，比如发展反季节蔬菜、名贵药材、特优产品，不放弃耕作的，则应改善交通、设备和设施。诸如修建道路、发展塑料大棚等。利用时，仍应把维护生态放在第一位，确保其持续发展，不要因为条件改善，把只施用无机肥习惯搬入这些地区，坚持有机与无机肥相结合。可就地取材，烧制火土，饲养猪、牛、羊、鸡，利用厩肥。同时可采用山青、毛草之类代替秸秆进行覆盖，充分发挥其增温、保土、抗蒸、培肥、压草的功能。

第五节　红色石灰土

一、分布与基本特性

在亚热带地区，由石灰岩母质发育的土壤，根据其保留石灰性程度分为 3 个土类，一类是脱离石灰性彻底，由碱变酸，为红壤土类；另一类是尚存一定的石灰性，微酸性或中性，位于红壤地带，为红色石灰土土类；还有一类是保留石灰性较多，土壤呈碱性，有石灰反应，为黑色石灰土土类。本节所介绍的红色石灰土属于尚存在一定石灰性的土壤。红色石灰土分布于湘北海拔 500m，湘南海拔 700m 以下，与红壤同地带。红色石灰土共有面积 820.96 万亩，占全省土壤面积的 3.28%。发育旱耕地 90.96 万亩，占旱地的 6.32%。红色石灰土的地形条件为石灰岩岩溶区的山、丘坡脚，谷地或剥蚀阶地。坡度较红壤大，较黑色石灰土小；富铝化作用较红壤弱，较黑色石灰土强；钙、镁淋失、迁移较红壤弱，较黑色石灰土强。红色石灰土分为红色石灰土和淋溶红色石灰土两个亚类，红色石灰土亚类全土层酸碱度一致，表层 pH6～6.5，心土层及底土层略高；淋溶红色石灰土亚类土层呈上酸下碱特征，表层 pH6.5 左右，心土层和底土层可达 pH7.5 以上，并有石灰反应。

二、肥力现状与变化情况

(一) 肥力现状

1. pH、容重、有机质与氮、磷、钾养分状况

土壤 pH 平均为 6.09，土壤容重平均为 1.20 g/cm^3；有机质含量平均为 23.86g/kg，土壤全氮含量平均为 1.60g/kg，土壤全磷含量平均为 0.54g/kg，土壤全钾含量平均为 13.81g/kg，土壤碱解氮含量平均为 139mg/kg，土壤有效

磷 含 量 平 均 为 14.79mg/kg，土 壤 速 效 钾 含 量 平 均 为 126mg/kg，土 壤 缓 效 钾 含 量 平 均 为 249mg/kg（见 表 2 - 9）。

表 2 - 9　红色石灰土本次调查与第二次土壤
普查土壤有机质与养分含量比较

时段 \ 类别	有机质 (g/kg)	全氮 (g/kg)	碱解氮 (mg/kg)	全磷 (g/kg)	有效磷 (mg/kg)	全钾 (g/kg)	速效钾 (mg/kg)
本次调查	23.86	1.60	139	0.54	14.79	13.81	126
二次土普	28.60	1.90	95	1.14	4.67	24.00	80
增减	−4.74	−0.30	44	−0.60	10.12	−10.19	46

2. 土壤钙、镁、硫、硅元素

土壤交换性钙含量平均为 758mg/kg，土壤交换性镁含量平均为 57.32mg/kg，土壤有效硫含量平均为 37.19mg/kg，土壤有效硅含量平均为 175mg/kg。

3. 土壤铁、锰、铜、锌、硼、钼元素

土壤有效铁含量平均为 68mg/kg，土壤有效锰含量平均为 48.75mg/kg，土壤有效铜含量平均为 1.83mg/kg，土壤有效锌含量平均为 2.78mg/kg，土壤水溶性硼含量平均为 0.35mg/kg，土壤有效钼含量平均为 0.21mg/kg（见表 2 - 10）。

表 2 - 10　红色石灰土本次调查与第二次土壤
普查土壤中微量元素含量比较

（单位：mg/kg）

时段 \ 类别	交换性钙	交换性镁	有效硫	有效硅	有效铁	有效锰	有效铜	有效锌	水溶性硼	有效钼
本次调查	758	57.32	37.19	175	68	48.75	1.83	2.78	0.35	0.21
二次土普	1 027	125.40	15.80	520	8.6	31.60	0.56	0.45	0.20	0.16
增减	−269	−68.08	21.39	−345	59.40	17.15	1.27	2.33	0.15	0.05

（二）变化情况

本次检测结果与第二次土壤普查结果相比，红色石灰土有机质、全氮、全磷含量下降，下降幅度分别为 16.57%、17.79%、52.63%，有机质、全氮为小幅下降，全磷下降的幅度较大。此外，碱解氮增加 46.32%，有效磷增加216.70%，全钾减少 42.46%，速效钾增加 57.50%，为中至大幅度上升，其中有效磷为成倍增加。有机质及各养分丰缺状况如下：全钾为极丰富；有机质、全氮为丰富；碱解氮、全磷、有效磷、速效钾为中量。

在钙、镁、硫、硅元素中，交换性钙下降 24.91%，交换性镁下降 54.29%，有效硅下降 66.35%，有效硫上升135.38%。其中交换性钙下降幅度较小，交换性镁和有效硅下降幅度较大，而有效硅则成倍增长。

微量元素全部为上升，其中有效铁增加 690.70%，有效锰增加 54.27%，有效铜增加 226.79%，有效锌增加577.78%，水溶性硼增加 75%，有效钼增加 50%，有效锰和有效钼是中幅上升，水溶性硼是大幅度上升，有效铁、有效铜和有效锌呈数倍增加。微量元素的丰缺状况是：有效钼含量为极丰富，有效锰、锌、铜、铁含量丰富，水溶性硼为中等含量。

三、存在问题

红色石灰土与红壤处于同一地带，从利用和所处环境条件衡量，一般红壤存在的问题，红色石灰土也同样存在。由于石灰岩可用作建筑材料和烧制石灰等用途，被扰动的概率比红壤更大、面更广，带来的水土流失和环境变劣更为严重。石灰岩地区多负地形，被称为天坑（漏斗）的低平地面积大，分布广，这些低平地土层深厚，容易开垦，因而石灰岩地区成为我省山丘区人口最密集的地方。几百年，乃至数千年，人们在这里繁衍生息，耕作生产，形成了今天这种人地相依的画卷。石灰岩地区的另一特点是山体漏水，多为向心状水系，很少坡降式的线状或树枝状水系。大山体之间多为深切的河谷，土高水低。诸如河坝、山塘、水库之类的水利设施难以建成，或者建设得不偿失。因此，石灰岩地区存在的突出问题就是缺水干旱，我省众多的干旱死角主要分布在石灰岩地区。随着人口的增加，人们对土地的开垦利用程度加大，水土流失加剧，石漠化土地日益扩大。因此，全面改善石灰岩地区的土壤耕作利用，遏制石漠化进程显得更为迫切。

四、改良培肥措施

根据石灰岩地区现状和存在的问题，主要采取以下措施。

1. 停止盲目开垦，搞好退耕还林、植果、种草。至目前为止，能够开垦的地方都已经被开垦利用了，因此，要防止不同名目的和新一轮开发利用，实行封山育林，植树种草，改善生态环境。对于坡度在 25°以上的耕地要坚持退耕还林还果，坡度大于 30°的地方不应再进行农业利用。

2. 提高现有耕地质量，对坡度 10°～25°的旱耕地实行水平分厢种植或建立水平梯土，从而终止顺坡翻耕种植习惯，防止人为制造荒地。

3. 推广集雨等旱作节水技术。选择耕地边缘或耕地之中有一定汇水面积的地方修建集雨池窖，雨季收集降水，用于旱季补充灌溉。集雨池窖全部硬化，防止渗漏。集雨池窖容积可 $10\sim100m^3$，根据耕地面积和集雨面积大小及地形条件灵活确定。与此同时推广深沟埋肥、地膜覆盖、秸秆覆盖、果园绿肥、低压管道灌溉等节水技术，全面提高抗旱能力。

4. 优化种植。可实行玉米—红薯—蔬菜、玉米—红薯—马铃薯、玉米—红薯—油菜、玉米—红薯—蚕、豌豆（绿肥）等轮种、套种和间种耕作制，既全面提高单产，又使耕地时刻处于作物覆盖保护之下，降低水土流失率。

5. 测土配方施肥。测土配方施肥项目县要定期定点，对耕型红色石灰土进行检测，进行科学的肥料配方，推荐专用的配方肥料，从而提高科学施肥水平。

第六节　黑色石灰土

一、分布与基本特性

黑色石灰土有与红壤同地带的黑色石灰土，与黄壤同地带的黄色石灰土和与黄棕壤同地带的棕色石灰土 3 个亚类。因此，黑色石灰土是一种非地带性的土壤，可以出现在不同的海拔高度。黑色石灰土共有面积 935.66 万亩，占全省土壤总面积的 3.74%。其中分布于湘西自治州各县的面积 625.67 万亩，占这类土壤总面积的 66.87%。在怀化、永州、张家界、常德、娄底、邵阳、衡阳、郴州、益阳等市也有分布。黑色石灰土共发育旱耕地 179.64 万亩，占全省旱土的 12.48%。其中黑色石灰土亚类有旱耕地 150.17 万亩，占全省旱地总面积的 10.44%。可见黑色石灰土旱耕地是旱作生产和岩溶地区人们赖以生存的重要生产基地，它和红色石灰土旱耕地一道，共同谱写人与自然的篇章。黑色石灰土是发育于石灰岩上的岩性土壤，是保留母质特征最多的土壤之一。黑色石灰土的气候有利于生物的旺盛生长，而土壤又富含碳酸钙，故有利于腐殖质累积，日积月累，土壤颜色渐变成黑色。黑色石灰土多见于石山顶部、岩隙或谷地的低平处，成土过程中钙的迁移与富集两个相反的过程十分活跃，其结果是钙质被保留或积累，土壤 pH 在 7.5 左右，有中至强度石灰反应。

二、肥力现状与变化情况

(一) 肥力现状

1. 土壤 pH、容重、有机质与氮、磷、钾养分状况

土壤 pH 平均为 6.40，其中黑色石灰土亚类在 7.2 以上，土壤容重平均为 1.29 g/cm³；有机质含量平均为 28.30g/kg，土壤全氮含量平均为 1.76g/kg，土壤全磷含量平均为 0.54g/kg，土壤全钾含量平均为 19.00g/kg，土壤碱解氮含量平均为 134mg/kg，土壤有效磷含量平均为 16.67mg/kg，土壤速效钾含量平均为 125mg/kg，土壤缓效钾含量平均为 266mg/kg（见表 2-11）。

表 2-11　黑色石灰土本次调查与第二次土壤
普查土壤有机质与养分含量比较

类别 时段	有机质 (g/kg)	全氮 (g/kg)	碱解氮 (mg/kg)	全磷 (g/kg)	有效磷 (mg/kg)	全钾 (g/kg)	速效钾 (mg/kg)
本次调查	28.30	1.76	134	0.54	16.67	19.00	125
二次土普	33.70	1.42	105	1.25	3.79	24.80	75
增减	−5.40	0.34	29	−0.71	12.88	−5.80	50

2. 土壤钙、镁、硫、硅元素

土壤交换性钙含量平均为 923mg/kg，土壤交换性镁含量平均为 61.32mg/kg，土壤有效硫含量平均为 30.84mg/kg，土壤有效硅含量平均为 155mg/kg。

3. 土壤铁、锰、铜、锌、硼、钼元素

土壤有效铁含量平均为 59mg/kg，土壤有效锰含量平均为 47.83mg/kg，土壤有效铜含量平均为 1.77mg/kg，土壤有效锌含量平均为 1.81mg/kg，土壤水溶性硼含量平均为 0.40mg/kg，土壤有效钼含量平均为 0.24mg/kg（见表 2-12）。

表 2 - 12　黑色石灰土本次调查与第二次土壤

普查土壤中微量元素含量比较

（单位：mg/kg）

类别 时段	交换 性钙	交换 性镁	有效 硫	有效 硅	有效 铁	有效 锰	有效 铜	有效 锌	水溶 性硼	有效 钼
本次调查	923	61.32	30.84	155	59	47.83	1.77	1.81	0.40	0.24
二次土普	1 053	84.60	21.70	357	10	19.90	0.72	0.52	0.26	0.11
增减	−130	−23.28	9.14	−202	49	27.93	1.05	1.29	0.14	0.13

（二）变化情况

本次检测结果与第二次土壤普查结果相比较，黑色石灰土有机质、全磷和全钾含量均下降，下降幅度分别为 16.02％、56.80％、23.38％，以全磷减少的幅度较大，有机质和全钾含量为小幅下降。含量上升的养分中，全氮增加 23.94％，碱解氮增加 27.61％，有效磷增加 324.43％，速效钾增加 66.67％。全氮、碱解氮增加幅度较小，速效钾为大幅度增加，有效磷呈数倍增加。各因素的丰缺状况是：有机质含量为极丰富，全氮含量为丰富，碱解氮、有效磷、全钾、速效钾含量为中量，全磷含量为中量偏低。

土壤钙、镁、硫、硅元素仅有效硫上升，增加 42.12％，为中幅度上升。交换性钙减少 12.35％，交换性镁减少 27.52％，有效硅减少 56.58％，其中交换性钙、交换性镁为小幅下降，有效硅下降幅度较大。

微量元素含量全部为上升，其中有效铁增加 490％，有效锰增加 140.35％，有效铜增加 145.83％，有效锌增加 240.08％，水溶性硼增加 53.85％，有效钼增加 118.18％，除水溶性硼为大幅度增加外，其他元素含量为 1 倍至数倍增加，其中有效铁上升幅度最大，接近 5 倍。微量元素的丰缺状况是：有效锰、有效铜、有效钼、有效铁含量为丰富，水溶性硼和有效锌为中等含量。

三、存在问题

黑色石灰土旱耕地存在的问题与红色石灰土旱耕地基本相同，但黑色石灰土地区坡度更大，基岩裸露更多，水土流失与石漠化程度更为严重。此外，由钙质板页形成的饭石土土种土层较浅，夹有半风化母岩碎片，土壤质地更黏重，常结成大块或土团，难破碎，耕性差。由于土层浅薄，土壤板结坚实，含蓄水分能力低，更容易遭受干旱。此外，土壤 pH 较高，适种性较窄，对作物、树种有很强的选择性。

四、改良培肥措施

黑色石灰土的改良培肥措施与红色石灰土大至相同，相比之下，黑色石灰土地区应进一步加大退耕还林和改土培肥力度。地面基岩裸露度大于 30%，不论坡度大小，均应停止耕作利用，特别是要杜绝顺坡耕作行为。

经上所述石灰岩红壤、红色石灰土和黑色石灰土共同的特点是都发育于石灰母质，不同之处是保留母质特性有少有多。其中石灰岩红壤钙质淋溶较彻底，土壤 pH 在 6.5 以下，地势较平，土层深厚，适宜于柑橘、茶叶、杉等耐酸性品种。红色石灰土尚保留一定的石灰岩母质特征，有的上酸下碱，土壤 pH 6.5～7.0，地面有一定坡度，土层较深厚，适宜于红枣、柏树等喜中性偏碱性作物生长。黑色石灰土以钙的积累为主，保留石灰性母质特性较大，地面坡度较大，常见基岩裸露、土层浅薄，土壤 pH 7.0 以上，有石灰反应，适宜于猕猴桃、乌桕等耐碱性的作物生长。

第七节 紫 色 土

一、分布与基本特性

紫色土分布于湘江中游、沅江谷地、澧水谷地及洞庭湖东侧，以长衡、茶永、沅麻等盆地分布集中连片。全省紫色土共有 1 969.02 万亩，占土壤总面积的 7.80%。在湘中、湘东和湘东北分布的海拔高度一般在 300m 以下，湘西武陵山区、雪峰山区一般在海拔 400m 左右，最高的如古丈、沅陵可达海拔 800m 以上。

紫色土发育于白垩纪紫色砂页岩母质，以土壤呈紫红色为其主要特点。紫色土根据成土时间、淋溶程度等因素分为酸性紫色土、中性紫色土和石灰性紫色土三个亚类。紫色土根据沙、黏性划分土属，比如酸性紫色土有耕型酸性紫沙土，耕型酸性紫色土两个旱地土属，前者土壤质地为沙土、沙壤、轻壤或中壤，后者土壤质地为重壤或黏土。中性紫色土与石灰性紫色土亦有质地不同的两个土属。酸性紫色土亚类多处于低丘中、下部及岗地顶部，地势低平，坡度小，土层深厚，其成土时间较长，土壤 pH6.5 以下，无石灰反应，共有面积 391.78 万亩，占紫色土的 67.5%。中性紫色土亚类分布于山丘岗地中、下部，一般处酸性紫色土之上，石灰性紫色土之下，多为坡地，土层 50cm 左右，其成土时间较短，土壤 pH6.5～7.5，无到弱度石灰反应，共有面积 369.71 万亩，占紫色土的 18.78%。石灰性紫色土分布于山丘岗地中、上部或基岩裸露的低平地段，所处坡度较大，常有岩石风化碎片补充，使土壤处于幼年阶段，土层浅薄，土壤 pH 大于 7.5，中到强度石灰反应，共有面积 123.28 万亩，占紫色土的 13.72%。

紫色土共发育旱土 97.88 万亩，占旱土总面积的 6.81%，其中耕型酸性紫色土 41.76 万亩，占 42.66%；耕型中性紫色土 24.10 万亩，占 24.62%；耕型石灰性紫土 32.02 万亩，占 32.71%。

耕型紫色土（旱土）因其酸碱差异适合多种作物生长，除玉米、红薯、马铃薯、小麦等粮食作物外，还适合蔬菜、油菜、花生、烤烟等作物。常年单产 300～600kg/亩。

二、肥力现状与变化情况

（一）肥力现状

1. 土壤 pH、容重、有机质与氮、磷、钾养分状况

土壤 pH 平均为 6.41，土壤容重平均为 1.28 g/cm³，有机质含量平均为 20.70g/kg，土壤全氮含量平均为 1.36g/kg，土壤全磷含量平均为 0.56g/kg，土壤全钾含量平均为 13.85g/kg，土壤碱解氮含量平均为 110mg/kg，土壤有效磷含量平均为 16.74mg/kg，土壤速效钾含量平均为 109mg/kg，土壤缓效钾含量平均为 288mg/kg（见表 2 - 13）。

表 2 - 13　紫色土本次调查与第二次土壤普查
土壤有机质与养分含量比较

类别 时段	有机质 （g/kg）	全氮 （g/kg）	碱解氮 （mg/kg）	全磷 （g/kg）	有效磷 （mg/kg）	全钾 （g/kg）	速效钾 （mg/kg）
本次调查	20.70	1.36	110	0.56	16.74	13.85	109
二次土普	16.70	0.91	76	0.85	6.38	20.90	71
增减	4.00	0.45	34	−0.29	10.36	−7.05	38

2. 土壤钙、镁、硫、硅元素

土壤交换性钙含量平均为 1 543mg/kg，土壤交换性镁含量平均为 154.00mg/kg，土壤有效硫含量平均为 35.98mg/kg，土壤有效硅含量平均为 107mg/kg。

3. 土壤铁、锰、铜、锌、硼、钼元素

土壤有效铁含量平均为 63mg/kg，土壤有效锰含量平

均为 25.13mg/kg，土壤有效铜含量平均为 2.28mg/kg，土壤有效锌含量平均为 1.64mg/kg，土壤水溶性硼含量平均为 0.67mg/kg，土壤有效钼含量平均为 0.14mg/kg（见表 2-14）。

表 2-14　紫色土本次调查与第二次土壤
普查土壤中微量元素含量比较

（单位：mg/kg）

时段＼类别	交换性钙	交换性镁	有效硫	有效硅	有效铁	有效锰	有效铜	有效锌	水溶性硼	有效钼
本次调查	1 543	154.00	35.98	107	63	25.13	2.28	1.64	0.67	0.14
二次土普	596	72.60	23.60	177	26	32.80	0.09	0.56	0.35	0.11
增减	947	81.40	12.38	−70	37	−7.67	2.19	1.08	0.32	0.03

（二）变化情况

紫色土有机质及氮、磷、钾营养元素中，全磷、全钾含量为下降，其余均为上升。其中有机质增加 23.95%，全氮增加 49.45%，碱解氮增加 44.74%，有效磷增加 162.38%，速效钾增加 5.52%，其中有效磷为成倍增长，全氮、碱解氮为中幅上升，有机质和速效钾为小幅上升。下降的养分全磷减少 4.12%，全钾减少 73.73%，下降的幅度也比较大。各要素的丰缺状况如下：有机质含量为丰富，全氮含量为较丰富，碱解氮、有效磷、速效钾 3 个速效养分含量均为中量水平，全磷和全钾处中量偏低水平。

紫色土钙、镁、硫、硅元素含量有 2 个上升，2 个下降。其中交换性钙增加 483.16%，有效硫增加 52.46%，交换性钙为成倍上升，有效硫为中幅上升。含量下降的交换性镁，减少 112.12%，有效硅减少 39.55%，呈现成倍减少或中幅度减少。

微量元素中仅有有效锰含量下降，减少 23.38%。有效铁含量增加 142.31%，有效铜增加 2 433.33%，有效锌增

加 192.86％，水溶性硼增加 91.43％，有效钼增加
27.27％，除有效钼为小幅上升外，其余为大幅度或成倍增
长，其中有效铜高达 24 倍。各元素的丰缺状况是：水溶性
硼、有效锰、有效铜、有效铁含量为丰富，有效锌和有效钼
含量为中量。

三、存在问题

紫色砂页岩颜色较深，组成颗粒有大有小，极易物理崩
解。一块暴露于外的新鲜岩石，一年时间即可分解成碎片，
这种现象被称为"见风消"。这种性状一方面使土壤不断地
得到岩片补充，使之处于幼年阶段，土壤发育不完善，熟化
程度低。另一方面山丘表面总是处于破损状况，土层浅薄，
植被难以立足，因此紫色土地区植被覆盖率最低，长势最
差，加上人为的不合理耕作和开垦，水土流失极为严重，常
造成对下部农田、作物的淤埋。植被覆盖率低，意味着涵养
水源的能力差，因此，紫色土地区旱耕地极易发生干旱，常
因缺水造成减产。

四、改良培肥措施

紫色土改良培肥主要有以下措施。

1. 封山育林、退耕还林，培肥耕地，提高地力

紫色土地区首先要封山育林，禁止开垦采伐，对于坡度
25°以上的旱耕地坚持退耕还林。对现有旱耕地应通过土地
平整，配建三沟三池设施，冬种绿肥等措施提升其质量，使
之成为稳定的高产的耕地。

2. 推广以集雨节水为主的节水农业技术

在耕地周边适当部位兴建集雨池窖，提高补充灌溉能
力，同时配套秸秆、地膜覆盖等节水技术，增强抗旱能力。

3. 因土种植

紫色土因酸、中、碱性之分，除经过考验的油菜等酸碱范围广的作物可以种植外，新作物、新品种要注意酸碱度的适宜性，比如柑橘种在石灰性紫色土壤上是难以取得效果的。

4. 增施有机肥，合理施肥

通观各大土类，数紫色土的土壤养分含量相对较缺，因此要增加肥料投入，特别是要千方百计广辟和施用有机肥源，改善土壤理化性状，无机肥则应根据测土配方提出的要求施用。

中篇
主要化肥特性与施用方法

第三章
氮　肥

第一节　氮的营养作用

一、氮是生命存在的基础物质

作物体内含氮化合物主要以蛋白质形态存在，氮是氨基酸和蛋白质的主要成分。蛋白质中氮含量占 16%～18%。蛋白质是构成生命物质的主要成分，是构成原生质的基础物质。在作物生长发育过程中，细胞的增长和分裂，以及新细胞的形成都必需有蛋白质参与，否则，作物体内新细胞的形成将受到抑制，生长发育缓慢或停滞。在细胞衰亡过程中，蛋白质分解速率大于合成，供氮不足，蛋白质分解加速，产生早衰；供氮过多，蛋白质分解缓慢，抑制正常衰老，生育期延长。

二、氮是核酸的组成成分

核酸是作物生长发育和生命活动的基础物质，RNA 和 DNA 的平均含氮量约为 7%。其中 DNA 是遗传信息从亲代向子代的传递者，而 RNA 则在特定的生育时期和环境下，以 DNA 为模板转录遗传信息，并指导蛋白质的合成，达到调节作物生长发育的目的。

三、氮参与叶绿体结构和叶绿素的形成

叶绿体是作物进行光合作用的场所，氮是叶绿体的结构成分和叶绿素的组成成分。其中的叶绿素蛋白复合体是捕获太阳光量子和电子传递的主要成分。作物缺氮时，体内叶绿素含量减少，叶色呈浅绿或黄色，叶片的光合作用就会减弱，碳水化合物含量降低。

四、氮是作物体内许多酶的成分

酶是作物体内代谢作用的生物催化剂，而酶本身就是蛋白质，作物体内许多生物化学反应的方向和速度均由酶系统所控制。一般来说，代谢过程中的每一个生物化学反应都必需有一个相应的酶参加。缺少相应的酶，代谢作用就不能进行。可以说，供氮状况直接关系到作物体内各种物质的合成与转化。

五、氮是维生素、生物碱和细胞色素的成分

氮也存在于一些维生素、生物碱和细胞色素之中，含氮的维生素有维生素 B_1、B_2、B_6 和尼克酸（Vpp）等；含氮的生物碱有烟碱、茶碱和胆碱等；含氮的作物激素有细胞分裂素和玉米素等，这些含氮化合物在作物体内含量虽不多，但对调节某些生理过程却很重要。

六、作物氮素营养失调症状

作物缺氮后叶绿素含量下降会出现叶片黄化，光合强度减弱，光合产物减少，蛋白质合成受阻，细胞分裂活性下降。进而导致作物生长发育缓慢，植株矮小、瘦弱，作物的

分蘖或分枝减少。严重缺氮甚至出现生长停滞，不能抽穗开花。后期缺氮则导致器官提前衰老，叶片氮输出过早，光合产物供应不足，谷物的籽粒结实率下降，产量明显降低。收获产品中的蛋白质、维生素和必需氨基酸的含量也相应地减少。下部老叶黄化是作物缺氮的显著特征，这是因为在缺氮情况下，老叶中的蛋白质、核酸、叶绿素等分解为小分子氮化合物（如氨基酸或酰胺等），然后转运到新生器官被再利用，以满足这些器官的正常代谢。严重缺氮时，则植株全部叶片表现黄化症状。同时，缺氮导致作物体内的碳水化合物不能被利用，进而转化为类黄酮类物质（如花青素），使某些作物（如玉米）植株积累色素（常表现红色）。

供氮过多时，叶绿素大量形成，叶色浓绿。细胞分裂素和生长素增加，植株徒长，贪青晚熟。蛋白质合成消耗大量的碳水化合物，构成细胞壁的纤维素、果胶等物质减少，细胞壁发育不良，变薄，易于倒伏。

第二节 常用化学氮肥的种类与性质

氮肥按氮素存在的形态可分为铵态氮肥、硝态氮肥、硝铵态氮肥、酰胺态（尿素）氮肥和氰氨态氮肥。

一、铵态氮肥

氮肥中氮素形态是氨（铵），如碳酸氢铵、硫酸铵、氯化铵等。

（一）碳酸氢铵

碳酸氢铵简称碳铵，分子式 NH_4HCO_3，为白色细粒结晶，含氮量为 17％ 左右。碳铵的优点是由氨、水和二氧化碳三个组分构成，不含对作物和土壤有害的副成分，长期施用对土壤性质无不良影响。碳铵是速效性氮肥，碳铵的NH_4^+离子比硫铵和氯化铵易被土壤吸附，不易淋失。只要施用合理，其肥效与等氮量的硫铵、尿素相当。碳铵的缺点是常温下易分解挥发，随着温度上升，它容易分解成氨、二氧化碳和水，造成氮素挥发损失，并有强烈的氨臭味，且易潮解结块，要注意密闭贮存、运输和实行深施。碳铵可作基肥和追肥，但不宜作种肥或施在秧田里。无论在水田或旱田均宜深施（6～10cm），并应立即覆土，以防氨的挥发。碳铵应选择在低温季节或一天中气温较低的早晚施用，可显著减少挥发和提高肥效。对于果树、蔬菜和经济作物施肥，可在早春、深秋及冬季施用碳铵，这样碳铵的肥效往往比其他氮肥品种高，经济效益显著。对一年生大田作物，应尽量将碳铵放在早春低温时作基肥施用。碳铵粒肥深施是减少氮素损失、提高肥效的有效措施。

碳酸氢铵的技术指标应符合表3-1要求（GB 3559—2001）。

表 3-1　农业用碳酸氢铵的技术指标

（单位：%）

项　　目	碳酸氢铵			干碳酸氢铵
	优等品	一等品	合格品	
氮（N）≥	17.2	17.1	16.8	17.5
水分（H_2O）≤	3.0	3.5	5.0	0.5

注：优等品和一等品必须含添加剂。

（二）硫酸铵

硫酸铵简称硫铵，分子式（NH_4）$_2SO_4$，含N 20%～21%。为白色或微黄色结晶，易溶于水。它是钢铁、石油化学等工业部门的副产品，通过用硫酸洗涤焦炉或煤气中的氨，制取硫酸铵。硫铵的优点是吸湿性小，不易结块，化学性质稳定，并有良好的物理性质，便于贮藏。这种肥料含S 24%，对缺硫土壤来说，也是一个很好的硫源。硫铵施入土壤后，铵离子易被土壤胶体吸附，暂时加以保存。硫铵是生理酸性肥料，因此它残留在土壤中的酸性比硝酸铵、尿素要大。在酸性土壤中连续施用可使土壤 pH 明显下降，从而影响作物生长。所以在酸性土壤上长期大量施用硫铵时，应配合施用石灰和有机肥料。在中性和微碱性土壤中，长期大量施用硫铵能形成较多的硫酸钙。由于硫酸钙溶解度较小，易形成沉淀而堵塞于土壤孔隙中，引起土壤板结。如配合施用有机肥料，就能克服土壤板结现象。在石灰性和碱性土壤上施用硫铵，容易发生氨的挥发损失，所以施用硫铵也要深施覆土，防止氮素损失。在水田中，硫铵表施容易产生硝化和反硝化作用，氮素损失也相当严重。所以稻田施用硫铵，应采用深施和追肥结合耘田的办法，以减少养分损失。另外，在淹水条件下，水田中残留的硫酸根在缺铁土壤上易被还原为硫化氢（H_2S），使稻根变黑，影响根系呼吸，抑制养分吸收。因此，还应结合排水晒田措施，以改善稻田土壤通气条件，防止产生黑根。硫铵可作基肥、种肥和追肥施用，适用于各种作物。

硫酸铵的技术指标应符合表 3 - 2 要求（GB 535—1995）。

表 3 - 2　农业用硫酸铵的技术指标

（单位：%）

项　　目	指　　标		
	优等品	一等品	合格品
外观	白色结晶，无可见机械杂质	无可见机械杂质	
氮（N）含量（以干基计）≥	21.0	21.0	20.5
水分（H_2O）≤	0.2	0.3	1.0
游离酸（H_2SO_4）含量 ≤	0.03	0.05	0.20

（三）氯化铵

分子式 NH_4Cl，含 N 24%～26%。氯化铵的性质基本

上与硫铵相似。它不同于硫铵的是：氯化铵为白色或淡黄色
细粒结晶体，氯化铵含氯 61％，吸湿性比硫酸铵大，易潮
解。由于它含有大量氯，所以在氮肥中有它的特异性。如烟
草、马铃薯、甘蔗、葡萄、柑橘等施用氯化铵会使含糖量降
低、影响质量，氯也会使马铃薯、红薯等淀粉作物的淀粉含
量受到影响等。氯化铵在其他作物上施用效果好，最好作基
肥、早施，使氯离子被雨水或灌溉水淋洗掉，以防止或减轻
因氯而造成的土壤酸化。氯化铵与硫酸铵一样为化学酸性、
生理酸性肥料，也应配合其他碱性肥料或石灰施用。同样氯
化铵与碱性肥料或石灰也不能混合施用，前后应间隔 3～5
天，以免碱性物质引起氯化铵中氨的挥发而造成氮素的
损失。

　　氯化铵的技术指标应符合表 3-3 要求（GB 2946—92）。

表 3-3　农业用氯化铵的技术指标

（单位：％）

项　　目	指　　标		
	优等品	一等品	合格品
氮（N）含量（以干基计）≥	25.4	25.0	25.0
水分（H₂O）≤	0.5	0.7	1.0
钠盐含量（以 Na 计）≤	0.8	1.0	1.4

二、酰胺态氮肥—尿素

　　分子式 $CO(NH_2)_2$，含 N 46％。尿素为白色结晶，是
固体氮肥中含氮最高的肥料。吸湿性较低，贮藏性能良好，
易溶于水。施入土壤后，在土壤微生物分泌的脲酶作用下，
20℃时 4～5 天、30℃时 2～3 天就能全部水解，形成不稳定
的碳酸铵。碳酸铵进一步水解，分解为氨和二氧化碳气体。
尿素以分子态溶于土壤溶液里，能与黏土矿物或腐殖质以氢
键相结合，呈分子态被吸附，这在一定程度上可防止尿素的
淋溶损失。尿素可作基肥和追肥施用，采用深施方法可提高

肥效。尿素不宜作种肥和在秧田上大量施用。由于尿素分解过程中产生高浓度的 NH_3，易引起烧种烧苗；也有的因缩二脲过量而造成伤害。如果作为种肥只要种子与尿素相距 $2\sim3cm$，就可以有效地防止尿素分解中 NH_3 对种子或幼苗的伤害。

尿素的技术指标应符合表3-4要求（GB 2440—2001）。

表3-4 农业用尿素的技术指标

(单位：%)

项　　目		指　　标		
		优等品	一等品	合格品
氮（N）含量（以干基计）≥		46.4	46.2	46.0
缩二脲 ≤		0.9	1.0	1.5
水分（H_2O）≤		0.4	0.5	1.0
亚甲基二脲（以 HCHO 计）≤		0.6	0.6	0.6
粒度	d 0.85～2.80mm d 1.18～3.35mm d 2.00～4.75mm d 4.00～8.00mm	93	90	90

注：1. 若尿素生产工艺中不加甲醛，可不做亚甲基二脲含量的测定。

2. 指标中粒度项只需符合四档中任一档即可，包装标识中应标明。

第三节　氮肥的合理施用技术

一、氮肥合理施用的原则

（一）测土配方施肥

测土配方施肥是以土壤测试和肥料田间试验为基础，根据作物需肥规律、土壤供肥性能和肥料效应，在合理施用有机肥料基础上，提出氮、磷、钾及中、微量元素等肥料的施用品种、数量、施肥时期和施用方法。

（二）选择合适的施肥时期

作物不同生育期对养分的需求量不同，确定合适的施肥时期是提高氮肥肥效的重要措施。确定施肥时期要考虑水分条件，无灌溉条件时早施，有灌溉条件的水地和稻田要分期施。

（三）强调氮肥深施

由于铵态氮肥易挥发损失，因此强调深施覆土。大量试验证明，不论旱地或水田，不论何种作物，氮肥深施都能保肥增效。深施的主要优点是防止氮素挥发，使肥料分布在根系集中区域，增强养分的吸收与利用。旱地试验表明，等量氮素深施可增产 16.7%，而浅施仅增产 10.7%。^{15}N 同位素试验表明，表施氮肥利用率只有 18%，而穴施到 15cm 深处为 36%。稻田的试验表明，氮肥深施有稳定而显著的增产效果，在获得同样产量情况下，深施比表施可节省氮肥1/4。深施可以采用多种办法。旱地可作基肥结合深耕施入，也可在作物生长期间开沟条施或掘孔穴施。稻田基肥可采用无水层混施，追肥可采用以水带氮等方法。

二、氮肥合理施用技术

（一）作基肥

氮肥作基肥施用时，无论水田或旱地都应在最后一次整地前施用，做到全层施肥，肥泥融合。

（二）作追肥

氮肥作追肥施用时，无论水田或旱地都应深施。水田追肥与中耕结合进行；旱地追肥应根据作物种类和栽培方法不同，采用沟施、穴施等方法，施后立即覆土。为了使肥料施用均匀，可拌干细土或菜园土 4～5 倍施用，有些易挥发的化肥可加大到 10 倍左右。作追肥时，不要使化肥沾附在作物的茎叶上，以免发生烧叶现象，并应在叶面露水干后进行。

（三）兑水浇施

即先将化肥溶解于水中（兑稀薄粪水）再施，其溶液浓度一般为 0.5%～2%。具体浓度应根据所用化肥的养分含量及作物而定。浓度高的化肥只宜配成 0.5%～1% 以内，较低含量的化肥可配成 1%～3% 施用。土湿时浓度应大些，土干时浓度应小些。作物幼苗生长追肥浓度应小些，随着作物的生长浓度可大些。

（四）氮肥施用量的确定

按照定量施肥的不同依据，农业部将各地采用的配方施肥技术归纳为三大类型六种基本方法，即：地力分区（级）配方法；目标产量配方法（含养分平衡法、地力差减法）；田间试验法（含肥料效应函数法、养分丰缺指标法和氮、磷、钾比例法）。（各类作物氮肥施用量的确定方法见相关章节）

（五）叶面施肥

作物吸收营养物质主要是靠根，但叶面也可以吸收。根据这个道理，可将化肥溶于水中，再用喷雾器喷在作物的叶子上面，肥料溶液能渗入叶内或被叶面气孔吸收，再输送到作物体各部分供作物利用。氮肥中尿素最适宜作叶面施肥，适宜浓度一般为 0.5%～1%。对宽叶作物浓度应淡些，窄叶作物可适当浓些。目前主要叶面肥类型有：大量元素水溶肥料、微量元素水溶肥料、含氨基酸水溶肥料、含腐植酸水溶肥料、有机水溶肥料。

第四章
磷　　肥

第一节　磷的营养作用

一、磷是核酸的重要组成元素

核酸是核糖、氮碱和磷酸所组成的核苷酸的聚合物。而核酸是作物生长发育、繁殖和遗传变异中极为重要的物质。磷的正常供应有利于细胞分裂、增殖，促进根系伸展和地上部的生长发育。

二、有利于促进氮素的代谢

磷是作物体内氮素代谢过程中酶的组成成分之一，同时，磷能加强有氧呼吸作用中糖类的转化，有利于各种有机酸的形成，为氨基酸和蛋白质的合成提供能源。磷还能提高豆科作物根瘤菌的固氮活性，增加固氮量。

三、有利于促进磷脂的形成

磷脂是生物膜结构的基本组分，生物膜是外界的物质流、能量流和信息流进出细胞的通道，并且这三种"流"有选择性，从而调节生命活动。作物体内含有多种磷脂，这些磷脂和糖脂、胆固醇等膜脂物质与蛋白质一起构成生物膜。磷能提高细胞结构的水化度和胶体束缚水的能力，减少细胞水分的损失，并增加原生质的黏性和弹性，这就增加了原生质对局部脱水的抵抗能力。磷能增加作物体内可溶性糖类、磷脂等浓度，从而提高了作物抗旱、抗寒、抗病和抵抗各种不良环境的能力。

四、磷参与碳水化合物的合成与运转

磷对光合作用有着极为重要的作用，完成光合作用各阶段的物质转化，几乎都有磷的参加。在光合作用中，将光能转化为化学能，是通过光合磷酸化作用，把光能贮存在 ATP 的高能键中来实现的，它不仅为形成单糖，而且也为合成蔗糖、淀粉、纤维素等双糖、多糖提供能源。

五、有利于提高作物体内植素的含量和促进脂肪代谢

植素是磷的一种贮藏形态，大量积累在种子中。当种子萌发时，植素在植素酶的作用下，参与糖酵解过程，供发芽和幼苗生长的需要。由于作物体内的油脂是从碳水化合物转化而来，在糖转化为甘油和脂肪的过程中，以及两者合成脂肪时都需要有磷的参加。

六、提高对外界环境的适应性

磷能提高作物抗逆性，如抗旱、抗寒、抗病和抗倒伏能力。

七、作物磷素失调症状

苗期植株矮小，禾谷类作物如水稻出现"僵苗"（"翻

秋"、"座苞")症状，分蘖减少。缺磷使碳水化合物代谢受阻，作物体内易形成花青素，如玉米的茎常出现紫红色症状，小麦叶片则为黄色。成熟期禾谷类作物籽粒退化严重，如玉米秃尖，同时成熟期推迟。果树易过早落果。缺磷症状一般先从老叶开始。

磷素过量供应时，由于作物的呼吸作用过强，消耗大量碳水化合物和能量，使谷类作物无效分蘖增多，抽穗不整齐，空瘪粒增加；叶片肥厚而密集，繁殖器官过早发育，茎叶生长受到抑制，营养体小，产量降低，同时也影响作物的产品质量。

第二节　常用化学磷肥的种类与性质

一、常用化学磷肥的种类

(一) 水溶性磷肥

主要成分为磷酸二氢盐，能溶于水，易被作物吸收。最常见的是钙盐，即磷酸一钙，化学分子式为 $Ca(H_2PO_4)_2$。水溶性磷肥的肥效快，作物可直接吸收利用。但它在土壤中很不稳定，易受各种因素影响而转化为弱酸溶性磷酸盐，甚至转变为难溶性磷酸盐，降低肥效。水溶性磷肥包括普通过磷酸钙、重过磷酸钙、磷酸二氢钾、磷酸铵等。

1. 普通过磷酸钙

分子式 $Ca(H_2PO_4)_2 \cdot H_2O + CaSO_4$，含 P_2O_5 12％～18％。普通过磷酸钙是用62％～67％的硫酸与磷矿粉混合搅拌使其充分作用，并移入化成池继续熟化1～2周后，经干燥、磨碎、过筛而制成。其制造原理是利用硫酸分解磷矿粉使难溶性磷酸盐转变为水溶性的磷酸一钙。其主要化学反应：

$$2Ca_5F(PO_4)_3 + 7H_2SO_4 + 3H_2O \longrightarrow$$

$$3Ca(H_2PO_4)_2 \cdot H_2O + 7CaSO_4 + 2HF \uparrow$$

磷矿粉　　　　　过磷酸钙

过磷酸钙是灰白色粉状或粒状的含磷化合物，在过磷酸钙肥料中常含有 $40\% \sim 50\%$ 硫酸钙（即石膏）和 $2\% \sim 4\%$ 的各种硫酸盐，还有 $3.5\% \sim 5\%$ 的游离酸。因有游离酸的存在，故肥料呈酸性，并稍带酸的气味，游离酸的存在还会使肥料易吸水结块，易导致过磷酸钙的退化作用，即过磷酸钙吸湿后会引起肥料中的一些成分发生化学变化，导致水溶性的磷酸一钙转变为难溶性的磷酸铁、磷酸铝，从而降低过磷酸钙有效成分的含量

在石灰性土壤中，磷酸根离子在扩散过程中能与土壤中的钙、镁离子，交换性钙、镁或钙、镁的磷酸盐结合，并转化为含水磷酸二钙、无水磷酸二钙和磷酸八钙 $[Ca_8H_2(PO_4)_6 \cdot 5H_2O]$ 等中间产物，最后大部分产物经水解形成稳定的羟基磷灰石（即磷酸十钙）。在酸性土壤中，磷酸离子在扩散过程中能与土壤中铁、铝离子或交换性铁、铝作用，产生磷酸铁、磷酸铝沉淀，从而降低磷肥中磷的有效性。

过磷酸钙的技术指标应符合表 $4-1$ 要求（GB 20413—2006）。

表 $4-1$　过磷酸钙的技术指标

（单位：%）

项　　目	优等品	一等品	合格品	
			I	II
有效磷（以 P_2O_5 计）含量 ≥	18.0	16.0	14.0	12.0
游离酸（以 P_2O_5 计）含量 ≤	5.5	5.5	5.5	5.5
水分的质量分数 ≤	12.0	14.0	15.0	15.0

2. 重过磷酸钙

分子式 $CaH_2(PO_4)_2 \cdot H_2O$，含 P_2O_5 $36\% \sim 52\%$。

其生产方法是先用过量的硫酸处理磷矿粉，生产磷酸和硫酸钙。将硫酸钙分离出去后，把磷酸浓缩到一定浓度，然后按一定比例加入适量的磷矿粉，加热搅拌使之充分作用，经通风、干燥、造粒，即可得到重过磷酸钙的产品。重过磷酸钙不含硫酸钙，有效磷含量高。

重过磷酸钙的性质比普通过磷酸钙稳定，易溶于水，水溶液呈弱酸性反应，吸湿性较强，容易结块。

（二）弱酸溶性磷肥

这类磷肥泛指所含磷成分溶于弱酸的磷肥。均不溶于水，但能被作物根所分泌的弱酸逐步溶解。土壤中其他的弱酸也能使其溶解，供作物利用。弱酸溶性磷肥的主要成分是磷酸氢钙，也称磷酸二钙，化学分子式为 $CaHPO_4$。弱酸溶性磷肥包括钙镁磷肥、脱氟磷肥、钢渣磷肥、沉淀磷肥等。弱酸溶性磷肥在土壤中移动性差，不会流失，肥效比水溶性磷肥缓慢，但肥效持续时间长。弱酸溶性磷肥都有较好的物理性质，不吸湿、不结块。这类肥料在土壤中遇不同条件会发生不同的变化。

在酸性条件下，弱酸溶性磷肥中的磷酸二钙能逐步转化为水溶性的磷酸一钙，提高磷肥的有效性；而在石灰性土壤中，则会与土壤中的钙结合转变为难溶性磷酸盐，磷的有效性则逐步下降。因此，弱酸溶性磷肥能否发挥肥效，在很大程度上要看施在什么类型的土壤和何种作物上。正确选择施用条件，是发挥其肥效的重要因素。

1. 钙镁磷肥

又称熔融含镁磷肥，是一种含有磷酸根的硅铝酸盐玻璃体，无明确的分子式与分子量，含 P_2O_5 12％。同时还含有 25％～40％氧化钙和 8％～20％氧化镁以及 20％～35％二氧化硅。钙镁磷肥是将磷矿石和适量的含镁硅酸盐矿物如蛇纹石、橄榄石、白云石等在高温下熔融，使磷矿石晶体破坏而呈熔融体，经水淬、磨细而成。钙镁磷肥为灰黑色、灰褐色或带暗绿色的粉末，无臭无味，不溶于水但能溶于弱酸，不吸湿，不结块，物理性质好，肥效比较缓慢，是一种以磷为主的多成分肥料。水溶液呈碱性，pH 为 8.2～8.5，是碱性肥料。在酸性土壤中施用，其肥效与过磷酸钙相近，甚至超过过磷酸钙；而在碱性土壤上施用，其肥效则比过磷酸钙稍差。

2. 钢渣磷肥

分子式 $Ca_4P_2O_9$，含 P_2O_5 14%～18%。钢渣磷肥又称汤马斯磷肥、碱性炉渣等，是炼钢的副产品。一般含有效磷 15%～20%，还含有石灰和硅酸等化合物，是碱性肥料。同时，还含有少量铜、钼、锌等元素，对作物生长也有一定的作用。钢渣磷肥是黑褐色粉末，能吸湿结块。钢渣磷肥和钙镁磷肥性质相彷，是缓效性磷肥，在酸性土壤中施用效果比较明显，而在碱性土壤上施用则效果较差。在用量上一般要比过磷酸钙和镁磷肥稍高。

（三）难溶性磷肥

这类磷肥不溶于水，也不溶于弱酸，而只能溶于强酸，所以也称为酸溶性磷肥。代表性的难溶性磷肥为磷矿粉，化学分子式为 $Ca_5F(PO_4)_3$。大多数作物不能吸收利用这类磷肥，只有少数吸磷能力强的作物（如荞麦）和绿肥作物（如油菜、萝卜菜、苕子、紫云英、田菁和豌豆等）能吸收利用。难溶性磷肥在土壤中受环境条件的影响而发生变化，在酸性土壤上施用难溶性磷肥，可缓慢地转化为弱酸溶性的磷酸盐而被作物吸收，因此它的后效较长。

1. 磷矿粉

分子式 $Ca_5F(PO_4)_3$。磷矿粉是难溶性磷肥的代表，它是由磷矿石磨碎而成的。直接用于肥料的磷矿粉应是含弱酸溶性磷数量高的品种，否则只适于作制造各种磷肥的原料。

2. 骨粉

分子式 $Ca_3(PO_4)_2$。骨粉是我国农村应用较早的磷肥品种，它是由动物骨骼加工制成的。其成分比较复杂，除含有磷酸三钙外，还含有骨胶、脂肪等。由于含有较多的脂肪，常较难粉碎，在土壤中也不易分解，因此肥效缓慢。往往需经脱脂处理才能提高肥效。

第三节　磷肥的合理施用技术

一、磷肥合理施用的原则

（一）根据不同土壤的有效磷含量合理施用磷肥

一般全磷含量在 1.0g/kg 以下的土壤是磷素潜在肥力低的土壤，据湖南省各地的土壤分析结果，青夹泥含磷量为 0.6g/kg，冷浸田为 0.61g/kg，滂泥田为 0.45g/kg，冷砂田为 0.30g/kg，这些都是严重缺磷的土壤，应首先保证将磷肥重点施在这类严重缺磷的土壤上，以充分发挥化学磷肥的增产作用。

（二）根据作物特性合理施用磷肥

由于作物对磷的吸收能力不同，因此施用磷肥后其反应也有明显差异。一般来说，豆科作物（包括绿肥作物）、糖用作物（甘蔗等）、淀粉含量高的薯类作物（甘薯、马铃薯），以及棉花、油菜、瓜果类、茶、桑等都需要较多的磷，施用磷肥有较好的肥效，既能提高产量，又能改善品质。在不同的轮作换茬制中，磷肥并不需要每茬作物都施用，应重点施在能明显发挥肥效的茬口上。例如在稻—稻—油、稻—稻—肥轮作制中，应把磷肥重点施在油菜和绿肥上，水稻上可适当轻施，即所谓"旱重水轻"的原则。当由旱作转为种植水稻时，土壤处于淹水的还原状态，此时磷的有效性较高，所以可适当少施。特别是在有豆科绿肥参加的换茬制中，应把一部分磷肥，尤其是难溶性磷肥重点施在豆科绿肥作物上。这有三个方面的原因：一是豆科绿肥吸磷能力强，以便作物充分吸收；二是在满足磷营养的条件下，可提高豆科绿肥固定空气中氮素的能力，达到"以磷增氮"的效果；三是豆科绿肥作物单产提高后可为后茬作物提供充足的有机肥源，这可看做是"以化肥换取有机肥料"的一项技术措施。

（三）根据不同的气候特点合理施用磷肥

早、中稻生长发育的前期由于气温低，土壤中有效磷含量低，应因土因作物适量施用磷肥；双季晚稻生长发育的前期由于气温高，土壤中有效磷含量高，应因土因作物适量少施或不施磷肥。

（四）根据土壤类型选择合适的磷肥品种

选用适合于当地土壤特性的磷肥类型，磷肥类型的选择一般以土壤的酸碱性为基本依据。在缺磷的酸性土壤上宜选用钙镁磷肥、钢渣磷肥等含石灰质的磷肥，缺磷十分严重时，生育初期可适当配施过磷酸钙；在中性或石灰性土壤上宜选用过磷酸钙。

（五）与有机肥料和氮肥配合施用

无论是酸性土壤或是碱性土壤，都应把施用磷肥与施用有机肥料结合起来，这样可以减少磷肥与土壤的接触，减少水溶性磷酸盐被土壤固定。有机肥料在分解过程中能形成多种有机酸，这些酸的活性基具有络合铁、铝、钙等金属离子的作用，使之成为稳定的络合物，从而减少对水溶性磷的固定。同时有机质还能为土壤微生物提供能源，促进其繁殖，而微生物的大量繁殖既能把无机态磷转变为有机态磷暂时保护起来，又可释放出大量二氧化碳以促进难溶性磷酸盐的逐步转化。同时，氮、磷肥料配合施用是提高磷肥肥效的重要措施之一，特别是在中、低肥力水平的土壤上，配合施用的增产效果十分明显。

二、磷肥合理施用技术

（一）磷肥应作基肥早施、深施、集中施用

大多数作物在生育前期对缺磷比较敏感，吸收的磷占总需磷量的比例也较大，因此，磷肥必须早施。由于磷在土壤中的移动性性慢，移动距离短，因此，磷肥应适当深施，保证作物根系在生长中、后期能吸收到磷肥。同时，磷肥集中施用，如蘸根、穴施、条施等，使磷肥与作物根系尽可能地接触。

（二）酸性土壤配合施用石灰

酸性土壤配合施用石灰可以减少土壤中磷酸铁、铝对磷的固定，提高土壤中磷的有效性。

（三）苗床施足磷肥

苗床施足磷肥是培育壮苗、促进作物根系发达、增强作物对磷的吸收的有效措施。

（四）对潜育性稻田和山丘区低洼冷浸田要深沟抬田

对潜育性稻田和山丘区低洼冷浸田要因地制宜开沟排水，排除地下冷浸水和田面积水，以提高土壤温度和磷的有效性，防止因土壤温度低导致的缺磷僵苗。

（五）磷肥施用量的确定

磷肥的具体用量应根据不同有效磷的含量，按照土壤养分丰缺指标确定。目前农业部统一采用 0.5mol/L 碳酸氢钠溶液（pH8.5）浸提土壤的速效磷，作为磷养分的测试方法。以校验研究划分的丰、中、缺指标和相应的肥效试验结果确定施用量（各类作物磷肥施用量的确定方法见相关章

节）。

（六）叶面施肥

叶面施肥是经济有效施用磷肥的方法之一。它可以完全避免土壤对水溶性磷的固定，有利于双季稻迅速吸收，并能节省肥料用量。叶面施肥适宜的磷肥品种是磷酸二氢钾，过磷酸钙也可作叶面肥施用，先将过磷酸钙加少量水配制成母液，放置澄清，取上层清液稀释至 $1\%\sim2\%$ 浓度，在双季稻苗期、移栽返青后和灌浆期进行叶面施肥。

第五章

钾　　肥

第一节　钾的营养作用

一、促进光合作用，提高 CO_2 的同化率

钾通过调节气孔的开闭、促进叶绿素的合成、改善叶绿体的结构、促进 CO_2 的同化和提高 CO_2 同化的速率。钾在光合作用过程中起着保持作物体内类囊体膜的正常结构，促进类囊体膜上质子梯度的形成和光合磷酸化的重要作用。同时，钾能促进光合作用产物向贮藏器官中运输，特别是对于没有光合作用功能的器官，例如以块茎、块根为收获物的作物，在缺钾条件下、虽然地上部生长得很茂盛，但往往不能获得满意的产量。

二、有利于蛋白质和碳水化合物的合成与运转

钾是氨基酰- tRNA 合成酶和多肽合成酶的活化剂，能促进蛋白质和谷胱甘肽的合成。钾通过激活淀粉合成酶的作用，促进淀粉合成，促进碳水化合物的输出及其在籽粒、块根、块茎、根瘤等器官中的代谢，有效地促进这些器官的生长。钾充足时，有利于促进蛋白质、谷胱甘肽的合成，使单糖向合成蔗糖、淀粉方向进行，可增加贮存器官中蔗糖、淀粉的含量。供钾不足时，作物体内蛋白质的合成下降，作物

体内蔗糖、淀粉水解成单糖，从而影响产量。同时，钾还能促进豆科作物根瘤菌的固氮作用。

三、钾是多种酶的活化剂

钾有利于促进作物的正常呼吸作用，促进酶的活化，改善能量代谢。生物体中约有 60 多种酶需要钾离子作为活化剂。在生物代谢以及生物合成的酶的活化过程中，需要有高浓度的 K^+ 参与。钾能活化的酶分别属于合成酶类、氧化还原酶类和转移酶类等，它们参与糖代谢、蛋白质代谢和核酸代谢等生物化学过程，从而对作物生长发育起着独特的生理功能。

四、参与细胞渗透压调节和气孔运动

钾离子是细胞中构成渗透势的重要无机成分，在细胞质及液泡中的累积能调节细胞的水势，细胞从外部吸收水分，使细胞充水膨胀。钾可以调控气孔的开闭运动。当作物照光后，叶片中钾离子从表皮细胞进入保卫细胞，并在保卫细胞中与有机阴离子苹果酸根离子形成苹果酸盐，增加保卫细胞的渗透势，使保卫细胞获得较多的水分，压力势增加，气孔即张开。充足的钾有助于气孔开闭的正常进行，从而使作物有效地调节 CO_2 的交换和水的蒸腾。

五、有利于增强作物的抗逆性能

由于钾能提高光合磷酸化的效率，为生命活动的正常进行提供充足的能源和促进物质代谢，有利于促进角质层发育，增加纤维素含量和细胞壁厚度，促使植株茎秆粗壮，机械性能改善，这不仅提高了作物抗旱、抗寒、抗倒伏的能力和抵御外界恶劣环境的耐力，而且有效地提高了作物抵抗病菌入侵和害虫侵蚀的能力。同时，水稻在淹水条件下增施钾肥，还可提高根系的氧化能力，促进根系的生长发育，有效地防止土壤中硫化氢、有机酸及过量亚铁等还原性物质的危害。

六、提高农产品质量

钾不仅能提高农产品的营养品质，而且能能使果品汁液的含糖量和酸度都有所改善，大大提高果品的风味品质，同时，钾还能提高农产品的外观品质，还能延长产品的贮存期，以及减少农产品在运输过程中的损耗，全面提高农产品的商品价值。

七、作物钾素营养失调症状

钾在作物体内流动性很强，能从成熟叶和茎中流向幼嫩组织进行再分配，缺钾症状先从老叶开始，再逐渐向新叶扩展，如新叶出现缺钾症状，则表明严重缺钾。一般作物生长早期不易观察到缺钾症状，在作物生长发育的中、后期，缺钾植株的下部老叶上出现失绿并逐渐坏死。双子叶作物叶脉间先失绿，沿叶缘开始出现黄化或有褐色的斑点或条纹，并逐渐向叶脉间蔓延，最后发展为坏死组织。单子叶作物叶尖先黄化，随后逐渐坏死。

钾肥用量过多，由于造成离子不平衡，会影响对其他阳离子特别是镁、钙的吸收，引起作物的镁、钙的缺乏。

第二节　常用化学钾肥的种类与性质

一、氯化钾

分子式 KCl，含 K_2O 50%～60%。氯化钾由钾石盐或光卤石等钾矿石中提取炼制而成，也有用卤水结晶制成。氯化钾一般是白色结晶，由于含有少量的钠、钙、铁、镁、溴和硫等元素。因此有时也可带有淡黄或紫红等颜色。氯化钾吸湿性不大，但长期贮存后也会结块，特别是含杂质较多时，吸湿性即增大，更容易结块。它易溶于水，是速效性钾肥。氯化钾是化学中性、生理酸性肥料，施入土壤后，钾以离子形态存在。钾离子既能被作物吸收利用，也能与土壤胶粒上的阳离子进行交换。钾被交换后成为交换性钾而明显降低了移动性。氯化钾中含有氯离子和一定数量的氯化钠，氯离子对甜菜、马铃薯、红薯、烟草、茶叶、甘蔗、葡萄等忌氯作物会降低产品质量，因此，在这些作物上施用钾肥时，不宜用氯化钾而应改用硫酸钾或其他钾肥。氯化钾一般50%用作基肥，50%用作追肥，但不能作种肥。由于氯可以减少茎内同化产物向外转移，有助于纤维的形成，并提高其质量，因而氯化钾更适宜于棉花和麻类等纤维作物。氯化钾是生理酸性钾肥，长期施用在酸性土壤中，残留下来的氯离子很容易和土壤中氢离子结合生成盐酸，使土壤酸性加强，增加了土壤中铝、铁的溶解度，加重了活性铝的毒害作用，影响种子发芽和幼苗生长。因此在酸性土壤上长期施用氯化钾时，应配合施用有机肥和石灰。

氯化钾的技术指标应符合表 5-1 要求（GB 6549—2011）。

表 5-1　农业用氯化钾的技术指标

（单位：%）

项　目	指　标		
	优等品	一等品	合格品
氧化钾（K_2O）含量 ≥	60.0	57.0	55.0
水分（H_2O）≤	2.0	4.0	6.0

二、硫酸钾

分子式 K_2SO_4，含 K_2O 48%～52%。硫酸钾是由含钾

的硫酸盐矿石或明矾石制造而成的。一般为白色结晶，易溶于水，吸湿性小，贮存时不易结块，物理性状好，施用比较方便，是很好的水溶性速效钾肥，而且硫酸钾成分中不含"氯"，因此，硫酸钾的适用范围比较广泛，一般作物都可以施用。硫酸钾和氯化钾一样，均属于化学中性、生理酸性肥料。硫酸钾施入土壤后的变化与氯化钾相似，只是生成物不同。在中性和石灰性土壤上生成硫酸钙，而在酸性土壤上生成硫酸。生成的硫酸钙溶解度小，易存留在土壤中。如长期大量施用硫酸钾，要注意防止土壤板结，应增施有机肥以改善土壤结构。酸性土壤上应增施石灰以中和酸性。

三、草木灰

含 K_2O 5.2%～10.7%。作物残体燃烧后的剩余物统称为草木灰，农村中普遍以稻草、麦秸、玉米秸、棉秆、树枝、落叶等为燃料，所以草木灰是农村中一项重要的钾肥源。草木灰含有作物体内各种灰分元素，如磷、钾、钙、镁以及各种微量元素养分，其中钾和钙数量较多。草木灰中的钾90%都能溶于水，是速效性钾肥。由于草木灰中的钾以碳酸钾为主，所以是碱性肥料。它同样也不能与铵态氮肥混合施用，也不应与人粪尿、圈肥等有机肥料混合，以免引起氮素的挥发损失。

第三节 钾肥的合理施用技术

一、钾肥合理施用的原则

（一）施用于喜钾作物

豆科作物对钾最敏感，施钾肥增产效果显著。对薯类、棉花、麻类和烟草等喜钾作物施用钾肥，不仅能明显提高产量，而且还能改善产品品质。

（二）施用于缺钾的土壤

土壤质地粗的砂性土大多是缺钾土壤，施钾肥后增产效果十分明显。因此，有限的钾肥应优先施用于质地轻的土壤上，以争取较高的经济效益。砂性土施钾时应控制用量，采取"少量多次"的办法，以免钾的流失。

（三）把钾肥施在豆科绿肥上，起到以钾增氮的作用

钾对豆科绿肥的增产作用，主要因为豆科绿肥是属于对钾敏感的作物。豆科绿肥施钾后，能提高根瘤菌的固氮能力。钾肥在豆科绿肥上的施用技术，首先要强调早施，农谚"绿肥御寒施草灰，胜过三九盖棉被"。科学试验也证明：绿肥在苗期已开始大量从土壤中吸收钾。其次是与有机肥一起堆沤后施，最好是结合豆科绿肥施腊肥与猪牛栏粪草、磷肥等混合施用，这样，既可发挥磷、钾肥肥效，又可护苗保温越冬。也可以直接在晚稻收割后撒施，但力求撒均匀，最好能在土壤比较湿润即"叶干土湿"的情况下施用，使肥料能立即被土壤吸收，较快地发挥肥效。

（四）根据钾肥的特性合理施用

1. 提倡与石灰或难溶性磷肥配合施用

钾肥的主要品种氯化钾和硫酸钾都是生理酸性肥料，若长期在酸性土壤上单独施用，会使土壤酸性加重，造成土壤板结，所以应配合施用石灰以中和土壤酸性，但施用石灰时，应与氯化钾和硫酸钾错开施用，不要混合施用。同时，提倡钾肥与难溶性磷肥混合施用，有利于双方肥效的提高。

2. 钾肥应施用于根系密集的土层中

钾肥一般以50%作基肥，50%作追肥，作基肥应施于

根系密集的土层中；作追肥应在作物生长前期及早施用。无论作基肥或作追肥，都应注意施肥深度，如施于表层会因土壤干湿交替而发生钾的固定作用；宜集中条施或穴施，使肥料分布在作物根系密集的湿润土层中。这样既可减少钾的固定，也有利于根系吸收。

3. 对于"忌氯作物"应选用硫酸钾

例如，烟草施用硫酸钾可以使烟叶色泽鲜艳，燃烧性能好；一些蔬菜如菜豆、蚕豆、洋葱、黄瓜、甘蓝和萝卜等需要大量的硫，施用硫酸钾有利于产品的贮存，尤其是对含硫较多的洋葱、韭菜，既能提高产量，又能改进品质，增加香味；对茶叶可提高干物质和淀粉的含量；对油料作物，硫能增强大豆和花生的固氮作用，提高油菜、蓖麻的含油量。马铃薯施用硫酸钾后，可提高干物质和淀粉含量，并能增添风味。

（五）增施有机肥料，加强钾的循环与再利用

我国化学钾肥资源严重匮乏，国内化学钾肥需求量主要依赖进口。因此，增施有机肥料，推广秸秆还田，加强钾的循环与再利用是解决钾肥资源不足的最有效途径。大部分作物的秸秆比籽粒含有更多的钾，如禾谷类作物秸秆的含钾量远高于籽粒，马铃薯地上部含钾量与块茎几乎相等，棉花纤维含钾数量一般不超过整个棉株含钾量的 5%，绝大部分都在棉株中，只有豆科作物的秸秆含钾量略低于籽粒。把它们以秸秆还田的方式归还给土壤，对维持和改善土壤钾的状况以及加强钾在农业体系中的自身再循环具有重要意义。据统计，2008 年湖南省有机肥资源总量 16 259.66 万 t，其中农作物稻草4 252.64 万 t，绿肥 1 198.45 万 t，畜禽粪便及厩肥 5 680.14 万 t，农家肥 5 128.43 万 t。相当于 K_2O 87.42 万 t。如果将这些有机肥资源利用好，将从根本上改变全省化学钾肥严重不足的状况。

二、钾肥的合理施用技术

（一）水稻田钾肥施用技术

1. 根据土壤特性合理施用钾肥

钾肥增产效果的大小，首先决定于土壤的供钾能力大小，土壤中钾的供应情况需要进行土壤化验分析。一般来说，南方第四纪红土发育的红色黏土、红砂岩发育的土壤、浅海沉积物发育的土壤、江河附近和花岗岩发育的砂质土壤，含钾都比较少，钾在这些土壤上的长期渗漏，淋失也比较严重，因此，在这类土壤上施用钾肥效果一般都比较显著。但是，在同一种土壤母质发育成的水稻土，往往由于熟化程度和施肥水平不同，而施钾的效果也有所差异。试验结果证明：在湖南省湖积物沙质土、红壤性水稻土、冷浸田、鸭屎泥、黄夹泥、青夹泥等水稻土上，施用钾肥后都表现出不同程度的增产效果。其中以鸭屎泥、冷浸田、沙质水稻田的增产效果最为突出，因此，在钾肥较少的情况下，优先将钾肥施在这些缺钾土壤上，以取得较大的平衡增产。

2. 重视在高产田施用钾肥

在一些高产地区、高产丘块，由于氮肥施用水平较高，磷肥连续多年得到供应，而钾每年被作物大量带走，未能得到足够的补充，因此氮、磷和钾之间的平衡出现了失调，在这类高产土壤上增施钾肥，调整氮、磷、钾三要素的平衡，能获得显著的增产效果。

3. 抓好合理排灌

由于钾肥都能溶于水中，而且很容易随水流失，因此，在水田施用钾肥，应该特别注意水分的合理排灌。施用时田中水分不宜过多，施肥后也不要立即排水，田中肥水尽量停留一个星期或让其自然落干。同时应尽量避免串灌，暴雨冲淋和频繁的干湿交替排灌，尽量减少土壤中钾的流失和钾的固定。

4. 水田钾肥综合施用技术

（1）水稻秧田施用钾肥：水稻秧田施用钾肥，一般作面肥，先将秧板做好后，将钾肥直接撒在秧板上，耙入泥浆中，耥平即可播种，草木灰可结合盖秧施用。钾肥用作秧田追肥宜早追，一般应在秧苗三片叶以前追下，用氯化钾和硫酸钾拌干细土在露水干后撒施。

（2）水稻本田施用钾肥：在水稻本田上施用钾肥，可作基肥和追肥。作基肥时提倡与有机肥混合或沤制后施用，特别是像窑灰钾肥、钾钙肥等碱性强、用量大的品种提倡沤制施用，有助肥效提高和有机肥的分解；而浓度较高的钾肥、硫酸钾、氯化钾宜作面肥、追肥施用。这些生理酸性钾肥，也可与难溶性磷肥或农家肥配合施用。钾肥作本田面肥，可先将田中多余之水排出，撒施后插秧。钾肥用作水稻本田追肥时，应在移栽返青后结合第一次中耕踩田进行。但在漏水漏肥严重、保水保肥力差的砂性田，则以基肥、追肥结合和"少量多次"的施肥原则较好。

（二）旱土作物钾肥施用技术

1. 旱土作物施用钾肥应掌握早施、深施和集中施用的原则

钾肥在旱土作物上施用，也应实行基肥与追肥相结合的原则，作基肥时可与土杂肥混合，按作物播种方式条施或穴施，施后即可播种、盖土。若施用浓度较高和碱性较强的钾肥品种，单独作种肥或基肥时，应先和少量细土拌匀后施用或者施肥后盖上浅层土再播种，以免影响种子发芽。在一些撒播作物上撒施作基肥时，应与土杂肥混合在一起均匀撒施，然后犁翻土壤，将肥料翻入 12～15cm 深的土层中作基肥。

2. 钾肥作旱土作物追肥

钾肥用作旱土作物追肥宜早追为好，如棉花、麻类在定苗到开花前追肥，烟草在移苗后至培土前追施，红薯、马铃

薯等应施足基肥的基础上，在定苗以后就可以开始看苗追肥。追肥方法应根据作物的播种方式，分别开沟条施或打洞穴施，钾肥应距离作物 7～10cm 远的地方施下，一般施肥深度在 12cm 左右。

3. 叶面施肥

钾肥作叶面施肥时，可以兑成 5％左右浓度的水溶液（草木灰可提浸 48 小时），过滤后配成含氧化钾浓度0.5％～2％的溶液，进行叶面施肥。

（三）钾肥施用量的确定

钾肥施用量的确定与磷肥一样应建立在土壤测试的基础上。一般采用 1mol/L 中性醋酸铵溶液浸提土壤的速效钾，作为钾养分的测试方法。以校验研究划分的丰、中、缺指标和相应的肥效试验结果确定施用量（各类作物钾肥施用量的确定方法见相关章节）。

第六章
中微量元素肥料

第一节 钙、镁、硫的营养作用、种类与合理施用技术

一、钙的营养作用、种类与合理施用技术

（一）钙的营养作用

1. 钙是作物细胞质膜的重要组成成分

作物中绝大部分钙作为构成细胞壁的果胶质结构成分。钙能把生物膜表面的磷酸盐、磷酸酯与蛋白质的羧基桥接起来，从而保证了生物膜结构的稳定性。膜外钙与质膜上的磷脂和蛋白质中酸性基团结合成复合物，增强了质膜的疏水性，使膜孔缩小，水的渗透量随之减少，这样可以防止细胞内糖分、氨基酸等养分外渗。钙也是构成细胞壁不可缺少的物质，钙与果胶酸结合形成果胶酸钙，存在于细胞的细胞壁之间，它使细胞联结，既能稳定细胞壁，又可使作物的器官和组织具有一定机械强度。果胶酸钙的作用不仅表现在对地上部细胞壁的稳定性，而且对根系的发育也有明显作用。钙又是细胞分裂所必需的成分，在细胞核分裂后，分隔两个子细胞的细胞板就是中胶层的初期形式，它是由果胶酸钙组成的。

2. 钙是多种酶的活化剂

钙能提高淀粉酶的活性，钙在调钙蛋白上形成复合物，该复合物能活化作物细胞中的许多酶，对细胞的代谢

调节起重要作用。钙与细胞分裂、细胞运动、细胞间信息转递、作物光合作用、有机物运输等有密切关系。在有丝分裂中，将染色体拉开的纺锤体是由微管构成的，缺钙就会妨碍纺锤体的增长，从而抑制细胞分裂过程。钙营养充足时，能降低果实的呼吸作用，增加果实硬度，使果实耐贮藏，减少腐烂，又能提高维生素 C 的含量。缺钙时，植株生长受阻，节间较短，因而一般较正常的矮小，而且组织柔软。缺钙植株顶芽、侧芽、根尖等分生组织容易腐烂死亡，幼叶卷曲畸形，果实生长发育不良。容易导致作物及果实的多种病害。

3. 稳定生物膜的结构，调节膜的渗透性和消除其他离子的毒害

钙能中和作物代谢过程中产生的有机酸如草酸等，可避免这些离子和有机酸过多而对作物产生的不利影响。钙参与离子和其他物质的跨膜运输，具有平衡和调节作物体内阴阳离子的作用。

4. 钙能抑制真菌的侵袭，提高果蔬的贮藏品质

钙能抑制真菌的侵袭，这主要是钙抑制了酶对质膜的破坏作用。同时，钙对于果品贮存期间降低病害感染率有明显作用。钙一般被认为是作物细胞衰老和果实后熟作用的延缓保护剂，因此钙在果蔬采后贮藏保鲜上被广泛研究和应用。

5. 作物钙素营养失调症状

作物缺钙时，作物新根、顶芽等生长点的分生组织生长减弱，容易腐烂坏死；幼叶卷曲畸形，叶缘发黄并逐渐死亡；植株生长停滞，节间缩短，株型矮小，组织软化，果实生长发育不良。不同作物的缺钙症状各异。禾本科作物：幼叶卷曲、干枯，功能叶的叶尖及叶缘黄萎；结实少，秕粒多。豆科作物：新叶不伸展，老叶出现灰白色斑点，叶脉棕色，叶柄柔软，下垂。蔬菜作物：易发生腐烂病，如番茄、甜椒在幼果膨大期，果顶脐部附近果肉出现水渍状坏死，继而组织溃烂、黑化、干缩、下陷，产生"脐腐病"；大白菜、甘蓝的"干烧心"、"干边"、"内部顶烧症"；西瓜、黄瓜及芹菜的顶端生长点坏死、腐烂；香瓜发生"发酵果"，整个瓜软腐，挤压时出现泡沫。果树作物：苹果果实表面出现下陷斑点，先见于果顶，果肉组织变软、干枯，有苦味，产生苦陷病；梨果皮出现枯斑，果心发黄，甚至果肉坏死，果实品质低劣。

（二）钙肥的种类和性质

1. 石灰

石灰包括生石灰（分子式 CaO，含 Ca 60.3％）、熟石灰［分子式 Ca$(OH)_2$，含 Ca 46.1％］和碳酸石灰（分子式 $CaCO_3$，含 Ca 31.7％）。生石灰是由破碎的石灰岩石、泥灰石和白云石等含碳酸钙岩石经高温烧制而形成的，其主要成分是氧化钙。酸性土壤施用石灰是改土培肥的重要措施之一，其主要作用一是中和土壤酸度，消除 Al^{3+}、Fe^{2+}、Mn^{2+} 的毒害；二是提高土壤的 pH 后，土壤微生物活动得以加强，有利于提高土壤的有效养分；三是提高土壤溶液钙浓度，提高土壤胶体交换性钙饱和度，从而改善土壤物理性状；四是杀虫、灭草和土壤消毒。生石灰易溶于水，是石灰肥料中碱性最强的一种；熟石灰呈强碱性，比较容易溶解，中和土壤酸性的能力和灭菌、杀虫能力仅次于生石灰。碳酸石灰由石灰石、白云石或壳灰类磨细而成，主要成分是碳酸钙，其溶解度很小，中和土壤酸性的能力弱而持久。这几种石灰肥料均可供给作物钙素营养，中和土壤酸性，同时有利于土壤团粒结构的形成，改善土壤的物理性质。

2. 石膏

分子式 $CaSO_4 \cdot 2H_2O$，含 CaO 32％。石膏是含水硫酸钙的俗称，微溶于水。农业上直接施用的为熟石膏，它是普通石膏经 107℃ 脱水而成。变性后的熟石膏易于粉碎，溶解度也有所提高。

3. 其他含钙肥料

其他含钙肥料有石灰氮、过磷酸钙、钙镁磷肥和窑灰钾肥等，施用这类肥料不仅可以补充钙营养，有的还可以中和土壤酸度或改善土壤的物理性质。

（三）钙肥的合理施用技术

1. 根据不同土壤性质合理施用钙肥

一般旱地红壤、冷浸田及锈水田等酸性强的土壤施用石灰的效果较好；微酸性和中性土壤可不施；黏质土壤施用石灰的效果比砂质土壤好，旱地施用效果比水田好，坡上地施用效果比坡下地好。

2. 根据不同作物种类合理施用钙肥

对耐酸性较强的作物如马铃薯、燕麦、茶树可不施；对耐酸性中等的作物如水稻、甘蔗、豌豆、蚕豆等可以少施；对不耐酸性的作物如大麦、小麦、棉花、玉米、大豆等和喜钙作物花生、块根作物等则应适当多施。

3. 根据施用目的和肥料性质确定石灰和含钙肥料的施用方法

石灰和含钙肥料可作基肥和追肥，方法上可采用撒施、条施或穴施；一般溶解度低的钙肥作基肥施用，而可溶性含钙肥料多作追肥施用。

4. 配合施用有机肥料

为了充分发挥石灰改土的增产效果，应配合施用有机肥料。

5. 石灰用量的确定

农田施用石灰除供给钙素营养外，更主要的目的是中和土壤酸度，把土壤 pH 调节到适宜作物生长的范围。酸性土壤的石灰需要量是根据土壤总酸度来确定的。由于潜在酸测定需要一定测试条件，中国农业科学院南京土壤所根据我国土壤酸碱度划分等级，对不同质地的酸性土壤提出了一个经验标准（见表 6－1）。

表 6-1　不同质地的酸性土壤第一年生石灰施用量

（单位：kg/亩）

土壤酸碱度	黏土	壤土	砂土
pH4～5	150	100	50～75
pH5～6	75～125	50～75	25～50
pH6.0	50	25～50	25

6. 石膏

石膏在改善土壤钙营养状况上可称得上是石灰的姊妹肥，尤其在碱化土壤，施用石膏可调节土壤胶体的钙钠比，改善土壤物理性能。一般当土壤交换性钠占阳离子总量10％～20％时，就需施石膏来调节作物的钙、硫营养；当土壤交换性钠大于20％时就需施用石膏来改良，一般每亩需用375～450kg。此外，在我国南方的翻浆田、发僵稻田，每亩施用30～75kg石膏，能起到促进水稻返青和提早分蘖的作用。

7. 叶面施肥

对含有效钙较丰富的中性和钙质土壤，如发现作物因某种原因出现缺钙症状，可用0.5％硝酸钙和氯化钙水溶液进行叶面施肥，喷施时期最好是苗期或移栽返青后，每隔7天左右喷施一次，连续喷施2～3次。

二、镁的营养作用、种类与合理施用技术

（一）镁的营养作用

1. 镁是叶绿素的组成成分

镁存在于叶绿素分子结构卟啉环的中心，叶绿素分子质量的2.7％是镁，故供镁状况与光合作用关系密切。植素中镁含量达7.5％。镁也是果胶的成分，果胶对于维持细胞的正常结构及其稳定性有重要作用。缺镁时不仅作物合成叶绿素受阻，叶绿素含量减少，叶色褪绿，而且会导致叶绿素结

构严重破坏。对于高等植物来说，没有镁就意味着没有叶绿素，也就不存在光合作用。

2. 稳定细胞的酸碱度（pH）

在细胞质代谢过程中，镁是中和有机酸、磷酸酯的磷酰基以及核酸酸性时所必需的。为了适合大多数酶促反应，要求细胞质和叶绿体中酸碱度（pH）稳定在 7.5～8.0，镁和钾一样对稳定酸碱度（pH）是有一定贡献的。

3. 镁是多种酶的活化剂

在许多酶促反应中，Mg^{2+} 是酶的活化剂或者是某些酶的构成元素。所有的磷酸化酶、激酶和脱氢酶、烯醇酶都需要镁来活化，镁活化谷酰胺合成酶，促进谷氨酸、谷氨酰胺的合成，在作物体内各项代谢和能量转化等重要生化反应中，都需要有 Mg^{2+} 参加。镁能促进糖酵解，从而调节呼吸作用、能量及其他物质的代谢。镁能促进磷酸盐在体内的运转。它参与脂肪的代谢和促进维生素 A 与维生素 C 的合成。

4. 镁参与碳水化合物的合成

它的关键性作用是活化二磷酸核酮糖羧化酶和丙酮酸磷酸双激酶。在光照条件下，镁从叶绿体的类囊体进入间质，而氢从间质进入类囊体，互相交换，使间质的 pH 提高，从而为羧化酶反应提供适宜的条件。晚上，镁和氢则与光照时相反的方向进行交换。这样镁通过不断地活化二磷酸核酮糖羧化酶，促进了二氧化碳的同化，从而有利于糖和淀粉的合成。

5. 镁参与蛋白质和核酸的合成

镁通过活化谷氨酰胺合成酶参与谷氨酸、谷氨酰胺的合成过程，并在氨基酸活化、转移、合成为多肽的过程中起重要作用。缺镁时，蛋白质含量下降，非蛋白态氮的比例增加，从而抑制了蛋白质的合成。镁能激活谷氨酰合成酶，因此镁对稳定核糖体，促进氮素代谢有重要作用。

6. 作物镁素营养失调症状

作物缺镁时，双子叶作物褪绿表现为：叶片全面褪绿，主侧脉及细脉均为绿色，形成清晰网状花叶，或沿主脉两侧呈斑块褪绿，叶缘不褪，叶片形成近似"肋骨"状黄斑，或叶肉及细脉同时失绿，而主侧脉褪绿较慢；单子叶作物多表现为黄绿相间的条纹花叶，失绿部分还可能出现淡红色、紫红色或褐色斑点。不同作物缺镁症状各异。

（1）禾谷类作物：早期叶片脉间褪绿出现黄绿相间的条纹，严重时呈淡黄色或黄白色。麦类为中下位叶的脉间失绿，残留绿斑相连呈念珠状，水稻亦为黄绿相间的条纹叶；玉米先是条纹花叶，而后叶缘出现紫红色。

（2）经济作物：棉花老叶脉间失绿，网状脉纹清晰，继而出现紫色斑块甚至全叶变红，呈红叶绿脉状；油菜从子叶起出现紫红色斑块，中后期老叶脉间失绿；烟草下部叶的叶尖、叶缘及脉间失绿，茎细弱，叶柄下垂。

（3）蔬菜作物：一般下部叶片出现黄化。莴苣、甜菜、萝卜等的脉间出现黄斑，并呈不均匀分布，但叶脉仍保持绿色；芹菜在叶缘或叶尖出现黄斑，进而坏死；番茄下位叶脉间出现失绿黄斑，叶缘变为橙、赤、紫等色彩，果实亦由红色褪成淡橙色；黄瓜和丝瓜下位叶脉间均匀褪绿，逐渐黄化，严重时黄化脉间出现黄白色块状坏死，丝瓜叶肉及叶缘呈黄白化干枯；芋艿叶片开始边缘黄化，逐渐向脉间扩展，严重时叶片呈掌状花叶。

（4）果树作物：果树缺镁多发生在结果期，首先是在较老叶片的脉间，出现褪绿斑点，然后扩展到叶缘，从而病斑变为黄色或褐色。苹果叶片脉间呈淡绿斑或灰绿斑，并迅速变为黄褐色转暗褐色，随后脉间和叶缘坏死，叶片脱落，顶部呈莲座状叶丛；柑橘中下部叶片脉间失绿，呈斑块状黄化，随之转黄红色，提早脱落；葡萄较老叶片脉间先呈黄色，后变红褐色，叶脉仍为绿色，色界清晰，最后斑块坏死，叶片脱落。

（二）镁肥的种类和性质

通常用做镁肥的是一些镁盐粗制品、含镁矿物、工业副产品或由肥料带入的副成分。常用的镁肥有硫酸镁、氯化镁、硝酸镁、碳酸镁、磷酸铵镁、氧化镁、钾镁肥等，这些镁肥都可溶于水，易被作物吸收。白云石粉、钙镁磷肥等也含有效镁，它们微溶于水，肥效缓慢。磷酸铵镁是一种长效复合肥，除含镁外，还含有氮和磷。此外，有机肥料中也含有一定数量的镁，常用镁肥的主要种类和性质（见表6-2）。

表6-2　常用镁肥的主要种类和性质

名称	分子式	MgO（％）	性质
硫酸镁	$MgSO_4 \cdot 7H_2O$	约16	酸性，易溶于水
氯化镁	$MgCl_2 \cdot 6H_2O$	约20	酸性，易溶于水
菱镁矿	$MgCO_3$	45	中性，易溶于水
氧化镁	MgO	约55	碱性
钾镁肥	$MgCl_2 \cdot K_2SO_4$ 等	27	碱性，易溶于水
钙镁磷肥	$MgSiO_3$	10～15	微碱性，难溶于水
白云石粉	CaO、MgO	14	碱性，难溶于水
石灰石粉	$CaCO_3$	7～8	碱性，难溶于水
磷酸铵镁	$MgNH_4PO_4$	14	长效镁肥
有机肥料		0.15～1	

（三）镁肥的合理施用技术

1. 根据不同土壤性质合理施用镁肥

镁肥的肥效与土壤含镁量的关系十分密切，一般高度淋溶的酸性土壤、阳离子交换量低的沙土和交换性镁含量低于50mg/kg的土壤施用镁肥都具有明显的的增产效果。我省由花岗岩或片麻岩发育的土壤、第四纪红色黏土以及交换量低的沙土，因含镁量低，需镁多的作物如大豆、花生、马铃薯、烟草、果树等往往会出现缺镁症状，必须施用镁肥。一般在酸性土壤上用钙镁磷肥和白云石粉为好；在碱性土壤上施用硫酸镁为好。

2. 根据不同作物的营养特性合理施用镁肥

不同作物以及同一作物的不同生长期对镁的需要量及对施镁肥的反应不同。一般作物对镁的需要量顺序为：经济林木和经济作物＞豆科作物＞禾本科作物。在蔬菜作物中果菜类和根菜类吸镁量一般要比叶菜类多，对需镁量多的作物施镁效果好。对作物施用镁肥一般以苗期施用效果为好。

3. 掌握适宜的施用方法和施用量

一是要早施，一般可作基肥和苗期追肥；二是要浅施，以利作物吸收；三是要严格控制用量，避免因镁肥施用过多引起镁与其他营养元素的比例失调。以 MgO 计算，施用量一般为 $1\sim2$ kg/亩，柑橘等果树每株施硫酸镁 0.5kg。

4. 叶面施肥

适宜作叶面施肥的镁肥品种为硫酸镁，喷施浓度为 $1\%\sim2\%$，喷施溶液量为 50kg/亩。喷施时期最好是苗期或移栽返青后，每隔 7 天左右喷施一次，连续喷施 $2\sim3$ 次。

三、硫的营养作用、种类与合理施用技术

（一）硫的营养作用

1. 硫是蛋白质和酶的组成元素

硫是构成蛋白质和许多酶的组成成分。一般蛋白质含硫 $0.3\%\sim2.2\%$。蛋白质中有 3 种含硫的氨基酸，即胱氨酸、半胱氨酸和蛋氨酸。硫也是生命物质的组成元素，它参与蛋白质合成和代谢，缺硫时，蛋白质合成受阻，蛋白质的营养价值也受到限制。没有硫就没有含硫的氨基酸，作为生命基础物质的蛋白质也就不能合成。这表明硫和生命活动关系密

切。缺硫时，由于蛋白质、叶绿素的合成受阻，作物生长受到严重障碍，植株矮小瘦弱，叶片褪绿或黄化，茎细、僵直、分蘖或分枝减少。

2. 硫是某些生理活性物质和某些特殊物质的组成成分

生理活性物质如维生素 B_1（硫胺素）、生物素、辅酶 A 和乙酰辅酶 A 等都是含硫有机化合物。某些含硫特殊物质如油菜籽中的芥子油和葱、蒜中的蒜油均属于硫脂化合物，这些硫脂化合物有特殊的气味，具有很高的营养和药用价值。

3. 参与体内氧化-还原反应

作物体内存在着一种极其重要的生物氧化剂，即谷胱甘肽。它是由谷氨酸、含硫的半胱氨酸和甘氨酸组成的。它在作物呼吸作用中起重要作用。缺硫时谷胱甘肽难以合成，导致正常的氧化-还原反应受阻，有机酸形成减少，进而还会影响到蛋白质的合成。

4. 影响叶绿素形成

硫虽然不是叶绿素的组成成分，但缺硫时往往使叶片中的叶绿素含量降低，叶色淡绿，严重时变为黄白色。

5. 硫参与固氮过程

构成固氮酶的钼铁蛋白和铁蛋白两个组分中均有硫。施用硫肥常能促进豆科作物形成根瘤，增加固氮量。还能提高种子产量和质量。

6. 硫还是许多挥发性化合物的结构成分

这些成分使葱头、大蒜、大葱和芥菜等农产品具有特殊的气味，因此，种植这类农产品时，适当施用含硫肥料对改善其质量是非常重要的。

7. 作物缺硫症状

作物缺硫时，叶片褪绿或黄化，茎细弱，顶端及幼芽受害较早，通常幼芽先变黄，根细长而不分枝，植株生长迟缓，开花结实时间推迟，结实率低，秕壳多。作物缺硫的症状类似于缺氮的症状，即失绿和黄化比较明显。

（二）硫肥的种类和性质

1. 石膏

分子式 $CaSO_4 \cdot 2H_2O$，含 S 18.6％。石膏是最常用的硫肥，也可以作为碱土的化学改良剂。农用石膏有生石膏、熟石膏和含磷石膏三种。生石膏即普通石膏，是以石膏矿石直接粉碎而成，白色粉末，微溶于水，使用时应先磨细，过60 目筛，以提高其溶解度；熟石膏由普通石膏煅烧脱水而成，其成分为 $CaSO_4 \cdot \frac{1}{2}H_2O$，含 S 20.7％，容易磨细，但吸湿性很强，需存放于干燥处；含磷石膏是用硫酸分解磷矿石制取磷酸后的残渣、主要成分为 $CaSO_4 \cdot 2H_2O$，含 S 11.9％，此外还含有磷（P_2O_5）0.7％～4.6％，呈酸性，易吸潮。

2. 硫磺

分子式 S，即元素硫，含 S 95％～99％。农用硫磺要求磨细后 100％通过 16 目筛，50％通过 100 目筛才适合作肥料施用，硫磺为无机硫，难溶于水，需在微生物作用下，逐步氧化为硫酸盐后，才能被作物吸收利用。同时也可作碱土的化学改良剂。但由于硫矿资源少，且在工业上有更重要的用途，一般硫磺不专作肥料用。

3. 其他含硫化肥

主要有硫酸铵 [$(NH_4)_2SO_4$，含 S 24.2％]，过磷酸钙 [$Ca(H_2PO_4) \cdot H_2O$, $CaSO_4$，含 S 13.9％]，硫酸钾（K_2SO_4，含 S 17.6％），硫酸镁（$MgSO_4 \cdot 7H_2O$，含 S 13.0％），常用硫肥的主要种类和性质（见表 6-3）。

表 6-3　常用硫肥的主要种类和性质

肥料名称	分子式	S（％）	性质
硫磺	S	95～99	难溶于水，迟效
石膏	$CaSO_4 \cdot 2H_2O$	18.6	微溶于水，缓效

（续）

肥料名称	分子式	S（%）	性质
青（绿）矾	$FeSO_4 \cdot 7H_2O$	11.5	溶于水，速效
硫酸铵	$(NH_4)_2SO_4$	24.2	溶于水，速效
硫酸钾	K_2SO_4	17.6	溶于水，速效
硫酸镁	$MgSO_4 \cdot 7H_2O$	13	溶于水，速效
硫硝酸铵	$(NH_4)_2SO_4 \cdot NH_4NO_3$	5～11	溶于水，速效
过磷酸钙	$Ca(H_2PO_4) \cdot H_2O + CaSO_4$	12	部分溶于水，溶液呈酸性

（三）硫肥的合理施用技术

1. 硫肥的合理施用原则

（1）根据土壤条件施用：施用硫肥时，应以土壤有效硫的临界值为依据。当有效硫（S）含量小于 10mg/kg 时，施硫肥有效。一般由花岗岩、砂岩和河流冲积物等母质发育的质地较轻的土壤全硫和有效硫含量均低，同时又缺乏对 SO_4^{2-} 的吸附能力，施用硫肥效果较好。另外，丘陵山区的冷浸田，这类土壤全硫含量并不低，但由于低温和长期淹水环境，影响土壤硫的有效性，土壤有效硫含量低，施用硫肥往往有较好的增产效果。

（2）根据作物种类施用：不同作物对硫的反应不同，硫肥最好施在对硫敏感且需硫较多的十字花科、蔬菜、油料和豆科等作物上，如花生、大豆、甘蓝等。禾本科作物中水稻对硫反应较敏感，应注意施用硫肥。作物不同生育期对硫肥的反应也不同，如水稻分蘖期对缺硫最敏感，应注意追施硫肥。

（3）根据肥料性质施用：含硫肥料种类较多，性质各异。石膏类肥料和硫磺溶解度较低，宜作基肥撒施，以便有充足的时间氧化或有效化。其他水溶性含硫肥料可作基肥、追肥、种肥或叶面肥施用。基肥的用量大于追肥用量,作种肥用量更少,石膏作蘸秧根的施用量为 2～3kg/亩;一般情况下,水溶性含硫肥料可结合氮、磷、钾、镁等肥料施用。例如在缺硫地区施用硫酸铵、硫酸钾、硫酸镁、过磷酸钙等,既补充了氮、磷、钾、钙、镁,又补充了硫营养,因此不必单独考虑施用硫肥。

2. 硫肥的合理施用技术

(1) 施用方法:硫肥的施用方法主要是作基肥,一般在作物播种或移栽结合耕地(田)施入,通过耕耙使之与土壤充分混合并达到一定深度,以促进其转化。

(2) 施用量:一般石膏作水稻基肥的施用量为 10kg/亩;硫磺作水稻基肥的施用量为 2kg/亩。

(3) 蘸秧根:用石膏蘸秧根是经济施硫的有效方法,一般对缺硫土壤用石膏 2～3kg/亩与 30 倍左右的稀泥浆充分混合后蘸秧根。

(4) 叶面施肥:适宜作叶面施肥的硫肥品种为石膏,喷施浓度为 1%,喷施溶液量为 50kg/亩。喷施时期最好是苗期或移栽返青后,每隔 7 天左右喷施一次,连续喷施 2～3 次。

(5) 改善土壤的通气状况:硫在土壤还原性强的条件下,容易形成硫化氢(H_2S),对作物根系产生毒害,应加强水浆管理,改善土壤的通气性。

第二节　硅的营养作用、种类与硅肥施用技术

一、硅的营养作用

(一) 促进作物体内碳水化合物的合成与运转

硅能提高水稻叶片对 CO_2 的同化能力,其中对下位叶

尤为显著。试验结果表明，水稻施硅处理与对照相比，光合生产率提高 14.2％，干物质提高 24.8％。而且出穗前叶鞘积蓄的淀粉常以硅酸区为高，出穗后转移到穗部的淀粉比率也比无硅区高；乳熟期碳水化合物从茎叶向穗部的转运也以硅酸区为多。硅的这种效果与硅能使植株茎叶间张角减小，改善个体及群体的光照条件，使叶细胞中的叶绿体增大、基粒增多有关。

（二）提高对病虫害的抵抗能力

硅能提高水稻抗稻瘟病、胡麻斑病、小粒菌核病及减轻螟虫、稻飞虱的危害。硅的这一效果，主要是吸收的硅与体内果胶酸、多糖醛酸、糖酯等物质，形成单、双、多硅酸复合物，在表皮细胞沉积而形成"角质双硅层"，能对菌丝及螟虫入侵起到机械屏障作用。

（三）提高作物抗倒伏的能力

作物吸收硅后，形成硅化细胞，表层细胞壁和角质层加厚，茎基部第二节间的抗折强度增强，水稻茎秆承重强度增加。厚硬的细胞壁和角质层提高了作物抗倒伏的能力。同时，供给硅肥能提高作物根系氧化能力，不仅增强作物内部的通透性，避免了根系腐烂及早衰，而且抑制了作物对铁、锰的过量吸收，减轻铁、锰的毒害。

（四）提高作物光合生产率和干物质

硅能增强作物的光合作用，使作物茎秆粗壮，茎、叶挺直，光合生产率提高 14.2％，干物质提高 24.8％。

（五）提高水稻后期对氮、磷的利用率

硅能活化土壤中的磷，促进作物对磷的吸收，并促进磷在作物体内运转；提高水稻后期对氮的利用率，加速氮的运输和积累。

（六）降低作物的蒸腾强度

水稻吸收的硅有相当部分沉积在叶表面，形成"角质双硅层"，降低了蒸腾强度。

（七）作物硅素营养失调症状

1. 水稻

缺硅时作物生长受阻，植株矮小，根系较短，抽穗迟，实粒数减少，空壳率增加，千粒重降低，叶片和谷壳有褐色斑点，叶片下披呈"垂柳叶"状是水稻缺硅的典型症状。

2. 甘蔗

缺硅时，叶片发生褐斑症。

3. 黄瓜

在生殖生长阶段，新展叶片畸形，花粉受精能力低，且易感染白粉病和萎蔫病。

4. 番茄

番茄缺硅时第一花序开花期生长点停止生长，新叶出现畸形小叶，叶片缺绿黄化，下部叶片出现坏死，并逐渐向上部叶片发展，坏死区扩大，叶脉仍保持绿色而叶肉变褐；花药退化，花粉败育；开花而不受孕。

二、硅肥种类和性质

硅肥是指一类微碱性（$pH > 8$）含枸溶性无定型玻璃体肥料，其化学组成较为复杂，主要由焦硅酸复盐和硅酸钙构成。主要品种有硅酸钠、硅镁钾肥、钙镁钾肥、钢渣磷肥、窑灰钾肥、粉煤灰、钾钙肥等。主要成分为 $CaSiO_3$、$CaSiO_4$、$MgSiO_4$、$Ca_3Mg(SiO_2)_2$ 等。产品为白色、灰褐色或黑色粉末。具有不吸潮、不结块和不流失的特点。凡有效硅（SiO_2）高于 15%，$CaO + MgO > 35\%$，有害重金属 $< 1mg/kg$，含水量在 14%～16% 之间，大部分通过 60 目

筛的化工、冶炼行业的各种废渣均可生产含硅肥料。常用硅肥的主要种类和有效成分（见表 6-4）。

表 6-4　常用硅肥的主要种类和有效成分

名称	主要成分	SiO_2（%）	其他成分（%）
硅酸钠	$Na_2O \cdot nSiO_2 \cdot H_2O$	55～56	K_2O 7.5（5～9）
硅镁钾肥	$CaSiO_3 \cdot MgSiO_3 \cdot$ $K_2O \cdot Al_2O_3$	35～45	P_2O_5 16.5（14～20）
钙镁钾肥	$\alpha-Ca_3（PO_4）_2 \cdot$ $CaSiO_3 \cdot MgSiO_3$	40	P_2O_5 12.5（5～20）
钢渣磷肥	$K_2SiO_3 \cdot KCl \cdot K_2SO_4 \cdot$ $K_2CO_3 \cdot CaO$	25（24～27）	K_2O 12.6（6～20）
窑灰钾肥	$SiO_2 \cdot Al_2O_3 \cdot Fe_2O_3 \cdot$ $CaO \cdot MgO$	16～17	P_2O_5 0.1，K_2O 1.2
粉煤灰	$K_2SO_4 \cdot Al_2O_3 \cdot$ $CaO \cdot SiO_2$	50～60	K_2O 3.5（1～5）
钾钙肥		35	

三、硅肥的合理施用技术

（一）施用方法

硅肥的施用以基施或在作物生长前期施用效果较好，后期施用效果较差；缺硅作物，在成熟期补硅，由于作物吸收硅的能力差，难以满足需要。水稻施硅，以苗期和移栽返青后做追肥比做基肥或幼穗分化期追肥好，也比基肥、追肥（分化期）各半的好。因为苗期至幼穗分化期是水稻吸硅的高峰期，早施淋失严重，迟施赶不上吸肥高峰期需要，产量都不理想；水稻品种以杂交稻施硅增产幅度比常规稻高；中稻施硅效果比早稻好。对水稻和小麦来说，缓效性含硅物料，如炉渣、粉煤灰、天然硅灰石等粗制品应做基肥施用。

水溶性的高效含硅物料（如高效硅素化肥和多效硅肥）可做基肥、面肥，也可做追肥。

（二）施用量

由于目前施用的硅肥大都以利用工业废渣、废料为主，很少施用纯净的化工产品，含硅成分不一，可溶性也不同，因此，要根据不同的土壤类型、作物种类和气候条件，因地制宜施用。在土壤有效硅含量低于 100mg/kg 时，水稻一般施用硅酸钠 10kg/亩。

（三）硅与其他营养元素的配合施用

水稻采用硅与锌、锰肥配合施用，能提高植株对氮、磷、钾的利用率，促进氮、磷更多进入种子，钾更多地进入稻草，对水稻高产有利，增产效果大于单施硅肥，同时减少病害。硅与锌、锰配合施用的比例是：高效硅肥 6kg/亩＋硫酸锌 1kg/亩＋硫酸锰 1kg/亩。

（四）叶面施肥

速效性的高效硅肥还可以作叶面施肥，水稻在分蘖期至孕穗期用 3％～4％、草莓在结果期用 0.5％～1％溶液喷施，均有一定的增产效果。

第三节　微量元素的营养作用、种类与合理施用技术

一、硼的营养作用、种类与硼肥合理施用技术

（一）硼的营养作用

1. 参与碳水化合物的运输和代谢

硼参与作物体内糖的运输。硼在葡萄糖代谢中有调控

作用。当供硼充足时，葡萄糖主要进入糖酵解途径进行代谢；缺硼时，则会有大量糖类化合物在叶片中积累，使叶片变厚、变脆，甚至畸形，糖运输受阻，葡萄糖则容易进入磷酸戊糖途径进行代谢，形成酚类物质。造成分生组织中糖分明显不足，致使新生组织形成受阻，往往表现为植株顶部生长停滞，甚至生长死亡。同时，硼还能促进核酸和蛋白质的合成，缺硼抑制核酸的生物合成，也影响到蛋白质的合成。

2. 促进生殖器官的建成和发育

硼影响花粉萌发和花粉管的生长，花的柱头、子房、雌蕊、雄蕊含硼量最高，硼能使花粉萌发快，使花粉管迅速进入子房，有利于受精和种子的形成。

3. 调节体内氧化系统和生长素的代谢

硼对由多酚氧化酶所活化的氧化系统有一定的调节作用，缺硼时对原生质膜透性以及与膜结合的酶有损害作用，致使氧化系统失调，多酚氧化酶活性提高，当酚氧化成醌以后，产生黑色的醌类聚合物使作物出现病症。硼也影响到酚类化合物和木质素的生物合成。

4. 提高根瘤菌的固氮能力

硼具有改善碳水化合物运输的功能，能为根瘤菌提供更多的能源和碳水化合物。缺硼时根部维管束发育不良，影响碳水化合物向根部运输，从而使根瘤菌得不到充足的碳源，最终导致根瘤菌固氮能力下降。

5. 参与细胞壁组分的合成

硼调节作物体内生长素和酚的代谢，促进细胞伸长和分裂。硼不仅是细胞伸长所必需，同时也是细胞分裂所必需，缺硼时细胞分裂素合成受阻，而生长素却大量累积，最终致使作物细胞坏死而出现枯斑或坏死组织。

6. 作物缺硼症状

作物严重缺硼时，茎尖生长点受到抑制，节间短促，生长点生长停滞，甚至枯萎死亡。顶芽枯死后，腋芽萌发，侧枝丛生，形成多头大簇。根系发育不良，根尖伸长停止，呈褐色，侧根加密，根颈以下膨大，似萝卜根。老叶增厚变脆，叶色深，无光泽；新叶皱缩，卷曲失绿，叶柄短缩加粗。茎短缩，严重时出现茎裂和木栓现象。蕾花脱落，花少而小，花粉粒畸形，生活力弱，不能完成正常的受精过程。结实率低，果实发育不良，常呈畸形，小而坚硬。甜菜"腐心病"、油菜"华而不实"、棉花"蕾而不花"、花椰菜"褐心病"、花生"有果无仁"、芹菜"茎折症"、苹果"缩果病"、柑橘"石头果"以及油橄榄"多头症"等，都是严重缺硼的症状。

（二）硼肥的种类和性质

1. 硼砂

分子式 $Na_2B_4O_7 \cdot 10H_2O$，含 B 10.8%。化学名称为硼酸钠或十水硼酸钠。工业用硼砂为无色半透明或白色单斜结晶粉末。无臭，味咸，相对密度 1.7，溶于水。硼砂是目前应用最广泛的一种硼肥，可用作基肥、种肥和叶面施肥。

2. 硼酸

分子式 H_3BO_3，含 B 16.8%。实际上是氧化硼的水合物（$B_2O_3 \cdot 3H_2O$），为白色粉末状晶体或鳞片状带光泽结晶，无味，相对密度 1.435（15℃），溶于水、乙醇、甘油、醚类和香精油中，水溶液呈微酸性。在水中的溶解度随温度升高而增大，并随水蒸气而挥发。

（三）硼肥的合理施用技术

1. 根据土壤有效硼含量科学施用硼肥

施用硼肥时，应以土壤有效硼的临界值为依据。对有效硼（B）含量小于 0.5mg/kg 的土壤一般要施用硼肥作基肥；对有效硼（B）含量小于 1.0mg/kg 的土壤一般采用叶面施用硼肥。

2. 基肥

用硼砂作基肥时，一般施用量为 0.5～0.75kg/亩，与有机肥混匀后施用。油菜、棉花等需硼较多，施用量可增加到 0.75～1kg/亩；用硼泥作基肥施用量为 15～25kg/亩，可与过磷酸钙或有机肥混合施用，采用条施或撒施方法。硼肥做基肥施后有一定后效，能持续 3～5 年。

3. 叶面施肥

硼砂、硼酸等水溶性硼肥宜作叶面施肥，施用浓度为 0.1％～0.2％硼砂或硼酸溶液。油菜宜在苗期、薹期分别用 0.1％～0.2％硼砂溶液叶面施肥；棉花宜在现蕾期、初花期和花铃期各施 0.2％硼砂溶液 1 次为好；果树分别在盛花期和幼果期喷施 0.3％硼砂溶液为好，溶液用量为 50～100kg/亩。

4. 注意事项

硼肥对种籽萌发和幼根生长有抑制作用，故应避免与种籽直接接触，一般不用硼肥处理种籽。

二、铁的营养作用、种类与铁肥合理施用技术

（一）铁的营养作用

1. 铁是细胞色素的组成成分

铁参与蛋白质的合成，作物在铁不足时明显地累积硝酸盐、氨基酸和酰胺，并减少蛋白质含量。铁是催化叶绿素合成的一种或多种酶的活化剂，影响叶绿素的合成，叶绿体中含有大量铁蛋白，铁氧还蛋白参与循环式光合磷酸化作用并在还原 CO_2 中起直接作用。在各种蛋白质中，叶绿体蛋白受铁供应的影响最显著。缺铁时可引起叶绿体基粒减少或解体，从而导致叶绿素不能合成。

2. 参与作物体内氧化—还原反应

铁是血红蛋白和细胞色素的组成成分，也是细胞色素氧化酶、过氧化氢酶、过氧化物酶等的组成成分。如果没有铁，

酶就没有活性。当铁与某些有机物结合形成铁血红素或进一步合成铁血红蛋白，它们的氧化—还原能力就能大幅度提高。例如，在固氮酶中含有的钼铁蛋白，是豆科作物固氮时所必需，缺铁时，豆科作物就不能固氮。同时，铁是磷酸蔗糖合成酶最好的活化剂，缺铁会导致作物体内蔗糖形成减少。

3. 参与作物体内电子传送

铁在作物体内有原子化合价的变化。在电子传递过程中，Fe^{2+}氧化为Fe^{3+}，在氧化磷酸化过程中，电子的传递是在多种特殊物质参与下完成的，其中铁氧还蛋白和细胞色素类都是含铁的重要有机化合物，正是在铁氧化—还原发生化合价变化的过程中完成了电子的传递，在高等植物的光合作用中，铁氧还蛋白是光合电子传递链上的重要物质。

4. 促进作物细胞的呼吸作用

铁是一些与呼吸作用有关的酶的成分，当作物缺铁时，作物体内酶的活性降低，并进一步使作物体内一系列氧化—还原作用减弱，电子不能正常传递，呼吸作用受阻，作物生长发育及产量均受到明显影响。

5. 作物缺铁症状

铁在作物不同器官间不易移动，同时铁又是叶绿素合成所必需的，因此缺铁首先可见的典型症状是幼叶失绿，而下部老叶仍保持绿色，随着铁缺乏的加重，植株下部叶片逐渐失绿变白。幼叶失绿开始时往往是脉间失绿，叶脉仍能保持绿色，严重缺铁时，叶片上出现褐色斑点和组织坏死，并导致叶片死亡。作物叶片缺铁的临界浓度范围为 $30\sim50mg/kg$，但不同作物间有显著的差异。各种作物对铁的需要量不同，因而缺铁的临界浓度不同。如水稻缺铁的临界浓度为 $80mg/kg$，玉米为 $15\sim20mg/kg$，棉花为 $30\sim50mg/kg$。

（二）铁肥的种类和性质

1. 硫酸亚铁

分子式 $FeSO_4$，含 Fe19%，淡绿色结晶，易溶于水。

2. 硫酸亚铁铵

分子式 $(NH_4)_2SO_4 \cdot FeSO_4 \cdot 6H_2O$，含 $Fe14\%$，淡蓝绿色结晶，易溶于水。

（三）铁肥的合理施用技术

1. 叶面施肥

一般在作物生长发育的前期用 $0.2\% \sim 1.0\%$ 硫酸亚铁水溶液叶面施肥。由于铁在叶片上不易流动，不能使全叶片复绿，只是喷到硫酸亚铁溶液之处复绿。因此需要多次喷施，每隔 $5 \sim 7$ 天喷施 1 次，共喷施 $2 \sim 3$ 次。果树一般在叶芽萌发后，用 $0.3\% \sim 0.4\%$ 硫酸亚铁溶液叶面施肥。

2. 树干注射

果树、林木还可将 $0.2\% \sim 0.5\%$ 硫酸亚铁溶液注射入树干内，或在树干上钻小孔，每棵树用 $1 \sim 2g$ 硫酸亚铁塞入孔内。

3. 作基肥

基肥一般用硫酸亚铁 $1 \sim 3kg/$ 亩，按 $1 : 100$ 的比例与有机肥料混合施用。

4. 浸种

一般用 $1/1\,000$ 浓度的硫酸亚铁浸种 12 小时后播种。

5. 种籽包衣

用木素磺酸铁作为种籽的包衣剂，包衣剂中含有 $100g/kg$ 铁，用这种方法将铁直接置于种籽外面，有利于矫正作物缺铁。

三、锌的营养作用、种类与锌肥合理施用技术

（一）锌的营养作用

1. 锌是许多酶的组成成分和活化剂

锌是多种脱氢酶特别是谷氨酸脱氢酶、乳酸脱氢酶、乙

醇脱氢酶，以及蛋白酶和肽酶的活化剂，因此，它对作物代谢过程有相当广泛的影响。锌是蛋白质合成时一些酶的组分，在聚合酶的组分中含有锌，它是蛋白质合成所必须的酶。缺锌时作物体内蛋白质含量降低是由于聚合酶降解速率加快所引起的。锌参与呼吸作用及多种物质的代谢，缺锌还会降低作物体内硝酸还原酶和蛋白酶的活性。

2. 锌参与生长素的合成

缺锌时，作物体内吲哚乙酸合成锐减，尤其是在芽和茎中的含量明显减少，导致作物生长发育出现停滞状态，其典型表现是叶片变小，节间缩短等，通常把这种生理病称之为"小叶病"和"簇叶病"。

3. 参与光合作用

在作物中首先发现含锌的酶是碳酸酐酶。它可催化光合作用过程中二氧化碳的水合作用。缺锌时引起叶绿体内膜系统的破坏，并影响叶绿素的形成，作物光合作用的强度大大降低，这不仅与叶绿素含量减少有关，而且也与二氧化碳的水合反应受阻有关。

4. 参与呼吸作用

锌是作物呼吸作用糖酵解过程中乙醇脱氢酶、磷酸甘油醛脱氢酶、乳酸脱氢酶、磷酸甘油酸脱氢酶、醛缩酶、苹果酸脱氢酶的成分，并影响其活性。

5. 参与生长素的合成

锌能促进吲哚和丝氨酸合成色氨酸，然后合成生长素。当缺锌时，作物体内的生长素和色氨酸含量都有所降低，特别是在芽和茎中的含量明显减少，作物生长发育出现了停滞状态。

6. 参与蛋白质合成

锌是影响蛋白质合成最为突出的元素，锌不仅是核糖蛋白体的组成成分，而且也是保持核糖蛋白体结构完整性所必需的。锌与蛋白质代谢作用有密切关系，缺锌导致蛋白质合成受阻，蛋白质含量减少。

7. 促进繁殖器官发育

锌对生殖器官发育和受精作用都有影响。锌是种籽中含量较多的微量元素，且大部分集中在胚中，对繁殖器官形成起重要作用。

8. 增强作物的抗逆性

锌可增强作物对不良环境的抵抗力，它既能提高作物的抗旱性，又有增强作物抗高温的能力。锌能增强高温下叶片蛋白质构象的柔性。锌在供水不足和高温条件下，能增强光合作用强度，提高光合作用效率。此外，锌还能提高作物抗低温或霜冻的能力。锌能增强原生质胶体的稳定性，提高亲水胶体含量和含糖量，从而增强作物抗盐的能力。

9. 作物缺锌症状

作物缺锌的共同特点是光合作用减弱，叶片失绿，节间缩短，植株矮小，生长受限制，产量降低。水稻缺锌时植株呈"红苗病"、"火塘苗"、"缩苗"、"僵苗"、"发红苗"、"稻缩苗"、"赤枯翻秋"、"矮缩苗"、"坐蔸"等。果树缺锌易出现"小叶病"，其特点是新梢生长失常，缩短呈畸形，腋芽丛生，形成大量细瘦小枝，梢端附近轮生小而硬的花斑叶，密生成簇，故又名"簇叶病"，簇生严重程度与树体缺锌程度呈正相关。

（二）锌肥的种类和性质

1. 氧化锌

分子式 ZnO，含 Zn 78%。氧化锌又称锌氧粉、锌白，白色粉末，无臭、无味。如果受热即变成黄色，冷却后又恢复白色。相对密度 5.606，熔点 1 975℃，不溶于水，但溶于酸、碱、氯化铵、氨水。在空气中能缓慢吸收 CO_2 和水而生成碳酸锌。宜作基肥、种肥，不宜作追肥。

2. 硫酸锌

分子式 $ZnSO_4 \cdot 7H_2O$，含 Zn 22.3%。硫酸锌又称皓矾、锌矾，无色针状结晶或粉状结晶。相对密度 1.957，熔点 700℃，易溶于水。可作基肥、种肥、追肥，是最常用的锌肥，肥效快。不可与碱性肥料或磷肥混施。

（三）锌肥的合理施用技术

1. 基肥

对有效锌含量低于 0.5mg/kg 的土壤应在作物播种或移栽前用硫酸锌 0.5～1kg/亩作基肥施用。为了施肥方便，可与生理酸性肥料混匀后施用，但不能与磷肥混施。土壤施锌可保持数年有效，不必每年施用。

2. 浸种

硫酸锌溶液浓度一般为 0.02％～0.05％ 为宜。浸种 12～14 小时，捞出晾干，即可播种。

3. 拌种

一般每 kg 种籽拌硫酸锌 4g 左右，先以少量水将硫酸锌溶解，然后喷洒在种籽上，边喷边拌，拌匀后，晾干备用。

4. 蘸秧根

在秧苗移栽时，可采用 1％氧化锌悬浊液蘸根，浸秧时间 30 秒钟即可。

5. 叶面施肥

硫酸锌作叶面施肥时常用浓度为 0.05％～0.2％，随作物种类而异。测土配方施肥时，对土壤有效锌低于 1mg/kg 的土壤要用硫酸锌 50g 兑水 50kg/亩叶面喷施；果树缺锌可在早春萌芽前一个月喷施 3％～4％硫酸锌溶液，在萌芽后喷施浓度应减低到 1％～1.5％，从蕾期至盛花期喷施浓度为 0.2％。

四、铜的营养作用、种类与铜肥合理施用技术

（一）铜的营养作用

1. 参与体内氧化-还原反应

铜以酶的方式积极参与作物体内的氧化—还原反应，并

对作物的呼吸作用有明显影响。铜还能提高硝酸还原酶的活性，促进脂肪酸的去饱和作用和羧化作用。

2. 构成铜蛋白并参与光合作用

铜离子形成稳定性螯合物的能力很强，它能与氨基酸、肽、蛋白质及其他有机物质形成络合物，如各种含铜的酶和多种含铜的蛋白质。铜参与作物光合作用，铜是叶绿体蛋白——质体蓝素的组成成分，质体蓝素是构成联结光合作用两个光化学系统电子传递链的一部分。作物体内缺铜时，多酚氧化酶、细胞色素氧化酶、抗坏血酸氧化酶等含铜氧化酶活性明显降低。

3. 铜是超氧化物歧化酶的组成成分

铜与锌共同存在于超氧化物歧化酶之中，这种酶是所有好氧有机体所必需的。超氧化物歧化酶的存在，使生物体能在有氧分子存在下得以保持生命，可见铜对所有有机体包括人类有极为重要的作用。

4. 参与蛋白质和碳水化合物的代谢作用

在复杂的蛋白质形成过程中，铜对氨基酸活化及蛋白合成有促进作用。当植株缺铜时，蛋白质合成受到阻碍，体内可溶性含氮化合物增加，游离氨基酸和硝酸盐积累，还原糖含量减少。缺铜对作物氮代谢的另一影响是生物固氮作用受阻。豆科作物供铜不足时，结瘤和固氮作用都受到抑制。

5. 参与生殖生长

铜对谷类作物的生殖过程十分重要，缺铜对谷粒、种籽或果实形成的影响比对营养生长的影响大得多。缺铜时植株花粉发育不良、花药形成受阻、花粉无生活力，不能结实。

6. 参与木质素合成

铜在细胞壁形成中有重要作用，尤其在木质化过程中的作用最大。缺铜时，叶片的细胞壁物质占总干重的比例显著下降，木质部导管的木质化受阻。

7. 作物缺铜症状

当作物体内铜的含量<4mg/kg 时，就有可能缺铜。作物缺铜一般表现为幼叶褪绿、坏死、畸形及叶尖枯死；植株纤细，木质部纤维化和表皮细胞壁木质化及加厚程度减弱。严重缺铜时，韧皮部及木质部的分化受阻，特别是茎部厚壁组织变薄。禾谷类作物缺铜常使分蘖增多，推迟生殖生长。缺铜作物抽穗后贪青不落黄，穗部发生不结实，有的甚至不抽穗；接近成熟时迅速枯萎，呈现出与正常植株不同的黑褐色；双子叶作物缺铜时，叶片卷缩，植株膨压消失而出现凋萎，叶片易折断，叶尖呈黄绿色；果树缺铜时发生顶枯，树皮开裂，有胶状物流出，呈水泡状皮疹，称为郁汁病或枝枯病，而且果实小，果肉僵硬，严重时果树死亡。

（二）铜肥的种类和性质

1. 五水硫酸铜

分子式 $CuSO_4 \cdot 5H_2O$，含 Cu 24%～25%，为蓝色结晶或粉末。

2. 一水硫酸铜

分子式 $CuSO_4 \cdot H_2O$，含 Cu 35%，为蓝色结晶或粉末。

3. 螯合态铜肥

分子式 NaCuEDTA，含 Cu 13%。

（三）铜肥的合理施用技术

1. 作基肥

对缺铜的土壤应在作物播种或移栽前用硫酸铜 1kg/亩，或氧化铜、氧化亚铜 10～15kg/亩，或含铜矿渣 20kg/亩作基肥，每隔 3～5 年施用一次。

2. 叶面施肥

叶面施肥的浓度为 0.1%～0.4%硫酸铜溶液，需连续喷施 2～3 次。为避免药害，最好加入 0.15%～0.25%熟石灰。熟石灰兼有杀菌的作用。

3. 拌种

一般每 kg 种籽拌硫酸铜 0.5～1g，先以少量水将硫酸铜溶解，然后喷洒在种籽上，边喷边拌，拌匀后，晾干备用。

4. 浸种

禾谷类作物一般用 0.01%～0.05% 硫酸铜溶液浸种，浸种 12～14 小时，捞出晾干，即可播种。

五、钼的营养作用、种类与钼肥合理施用技术

（一）钼的营养作用

1. 参与氮素代谢

钼是硝酸还原酶和固氮酶的成分，它们是氮素代谢过程中所不可缺少的酶。钼是硝酸还原酶辅基中的金属元素。钼在硝酸还原酶中与蛋白质部分结合，构成核酶不可缺少的一部分。缺钼时，植株内硝酸盐积累，体内氨基酸和蛋白质的数量明显减少。

2. 参与根瘤菌的固氮作用

固氮酶是由钼铁氧还蛋白和铁氧还蛋白两种蛋白质组成的，这两种蛋白质单独存在时都不能固氮，只有两者结合才具有固氮能力。在固氮过程中，钼铁氧还蛋白直接和游离氮结合，因此它是固氮酶的活性中心。钼不仅直接影响根瘤菌的活性，而且也影响瘤的形成和发育。缺钼时豆科作物的根瘤不仅数量少，且发育不良，固氮能力也弱。

3. 促进作物体内有机磷化合物的合成

钼与作物磷的代谢有密切关系。在作物缺钼的情况下，施钼可使作物体内的无机态磷转化成有机态磷，而且有机态磷与无机态磷的比例显著增大。钼可促进大豆植株对^{32}P的吸收和有机态磷的合成，并能提高产量。

4. 钼是作物体内硝酸还原酶和固氮酶的组成成分

作物体内钼的主要作用是与电子传递系统相联系，例如

硝酸还原酶和固氮酶分别在硝酸还原和氮的固定作用需要钼。钼还参与氨基酸的合成与代谢，阻止核酸降解，有利于蛋白质的合成。缺钼时，植株内硝酸盐积累，氨基酸和蛋白质的数量明显减少。

5. 钼影响光合作用强度和维生素 C 的合成

钼参与碳水化合物的代谢过程，施钼能提高维生素 C 的含量。缺钼时叶绿素含量减少，并会降低光合作用强度，还原糖的含量下降。钼是维持叶绿素的正常结构所必需，叶绿素的丧失往往和缺钼发生在相同的部位。钼能增强作物抵抗病毒病的能力，如施钼能使烟草对花叶病具有免疫性，使患有萎缩病的桑树恢复健康。

6. 参与繁殖器官的建成

钼在作物受精和胚胎发育中有特殊作用。许多作物缺钼时，花的数目减少，而且丧失开放能力。玉米缺钼时植株抽雄延迟，花粉少，花粉粒小且不含淀粉，蔗糖酶活性很低，萌发能力差。

7. 作物缺钼症状

缺钼的一般症状是：叶片出现黄色或橙色大小不一的斑点，有些叶缘向上卷曲而呈杯状，部分叶片的叶肉脱落或叶片发育不全。严重缺钼时，叶片褪绿黄化，斑点变褐，叶缘萎蔫、枯焦而坏死。不同作物缺钼还表现出某些特殊的症状，如十字花科的花椰菜、萝卜和叶菜类蔬菜严重缺钼时的特异症状是"鞭尾症"，首先是叶脉间出现水浸状斑点，随后黄化坏死，破裂穿孔，孔洞继续扩大并连片，叶肉几乎丧失而仅留中脉及其两侧的叶肉残片，使叶片呈鞭状或犬尾状。柑橘则呈典型的"黄斑叶"，叶片脉间失绿变黄，或出现枯黄色斑点，严重时叶缘卷曲、萎蔫而枯死。禾本科作物缺钼严重时表现叶片失绿、黄化，叶尖及叶缘变灰，开花成熟延迟，籽粒皱缩，颖壳生长不正常。对缺钼敏感的作物主要是十字花科作物、豆科作物和豆科绿肥作物，其次是柑橘、蔬菜作物中的叶菜类和黄瓜、番茄等。

（二）钼肥的种类和性质

1. 正钼酸铵

分子式 $(NH_4)_2MoO_4 \cdot H_2O$，含 Mo 49%。为青白色结晶或粉末，可溶于水，相对密度 2.4～3.0。

2. 仲钼酸铵

分子式 $(NH_4)_6Mo_7O_{24} \cdot 4H_2O$，含 Mo 50%～54%。为无色或浅黄绿粉末，含 Mo 50%～54%，易溶于水，相对密度 2.4～3.0，仲钼酸铵的结晶稳定性及溶解度都大于正钼酸铵，农业上使用以仲钼酸铵为主。

3. 钼酸钠

分子式 $Na_2MoO_4 \cdot 2H_2O$，含 Mo 35%～39%。白色结晶粉末，相对密度 3.28，溶于水。在 100℃ 或较长时间加热时失去结晶水。

（三）钼肥的合理施用技术

1. 拌种

一般用仲钼酸铵 2g 拌种 1kg，先将仲钼酸铵用少量热水溶解，再兑水配成 3%～5% 的溶液，用喷雾器在种籽上薄薄地喷一层肥液，边喷边搅拌，充分拌匀后晾干，并及时播种。注意溶液不宜过多，拌种后不宜放置太久，并避免太阳曝晒，以免烂种或种皮皱裂而影响发芽。要特别注意应放在竹、木、陶瓷或塑料薄膜上进行，不要在铁器中，以免钼与铁起作用，损失肥效，也不要在泥土地和在水泥地面拌种，以防止溶液被地面吸收或流失。拌种用水最好是用矿物质少的河水或塘水，不宜用井水。

2. 浸种

根据播种面积确定种子用量，然后将仲钼酸铵配成适当浓度的溶液（一般为 0.01%～0.1%），将种子浸于仲钼酸铵溶液中。浸种时间根据不同作物种子而定，如紫云英种子可浸种 24～48 小时，有的作物种子不宜浸种（如花生、大豆等），浸一定的时间后取出晾干即可播种。

3. 叶面施肥

叶面施肥一般用 0.1% 仲钼酸铵溶液，如大豆、花生和绿肥等，在苗期、初花期和盛花期各喷施一次，喷施时间宜在无风的阴天、下午或傍晚进行为好。

4. 作基肥

作基肥一般用 0.25kg/亩的工业含钼废渣与常用化肥或有机肥混匀施用，沟施或穴施后及时覆土，其肥效一般可持续 2～4 年。

5. 注意事项

（1）仲钼酸铵应放在阴凉干燥处贮存，防止暴晒，用后应立即密封好。

（2）仲钼酸铵一般用 50℃ 水溶解（但应冷凉之后再用），如用热水还不能充分溶解时，可加入少量氨水助溶。

（3）使用仲钼酸铵必须先经过试验，根据土质情况使用钼肥，用量不宜过多，以免产生钼中毒现象。

六、锰的营养作用、种类与锰肥合理施用技术

（一）锰的营养作用

1. 锰在叶绿体中具有结构作用

锰是维持叶绿体结构所必需的营养元素，在所有细胞器中，叶绿体对锰的缺乏最为敏感。缺锰时，叶绿体的结构明显受损伤，叶绿体内的基本结构单位——圆盘或类囊体不能形成片层，膜结构受到破坏导致叶绿体解体，叶绿素含量下降。

2. 参与光合作用

在光合作用中，锰参与水的光解和电子传递作用。缺锰时叶绿体仅能产生少量的氧，因而光合磷酸化作用受阻，糖和纤维素也随之减少。

3. 参与酶的组成，是多种酶的活化剂

锰是作物体内多种酶如苹果酸脱氢酶、羟胺还原酶、二氧化碳还原酶的组成成分，各种作物体内都有含锰的超氧化物歧化酶。它具有保护光合系统免遭活性氧的毒害以及稳定叶绿素的功能。同时，锰也是多种酶的活化剂，锰可以活化糖酵解循环中的磷酸己糖酶与磷酸葡萄糖变位酶。锰能促进碳水化合物的水解和氮素代谢，有利于蛋白质合成，也能促进肽水解生成氨基酸，并运往新生的组织和器官，在这些组织中再合成蛋白质。锰能调节作物体内氧化—还原状况，提高植株的呼吸强度，增加二氧化碳的同化量。

4. 锰对作物的氮素代谢有重要影响

它作为羟胺还原酶的组成成分，参与硝酸还原过程，可以催化羟胺还原成氨，氨的进一步代谢，生成氨基酸、酰胺和蛋白质。当作物缺锰时，硝酸还原酶活性下降，蛋白质合成和硝态氮的还原作用受阻，硝态氮、亚硝酸盐就会在作物体内积累。

5. 锰能促进种子萌发和幼苗生长

锰能促进种籽发芽和幼苗早期生长，加速花粉萌发和花粉管伸长，提高结实率。锰不仅对胚芽鞘的伸长有刺激作用，而且能加速种子内淀粉和蛋白质的水解，从而保证幼苗及时能获得养料。

6. 作物缺锰症状

作物缺锰时，通常表现为新生叶片失绿并出现杂色斑点，而叶脉仍保持绿色。其特征是首先新叶叶脉间呈条纹状黄化，并出现淡灰绿色或黄色斑点。严重时，叶片全部黄化，病斑呈灰白色而坏死，或叶片出现螺旋状扭曲、破裂或折断下垂。豌豆缺锰会出现豌豆杂斑病，并在成熟时种籽出现坏死，子叶的表面出现凹陷。果树缺锰时，一般也是叶脉间失绿黄化。

7. 作物锰中毒症状

典型症状是在较老叶片上有失绿区包围的棕色斑点（即 MnO_2 沉淀），但更明显症状往往是由于高锰诱发其他元素如钙、铁、镁的缺乏症。如棉花、菜豆皱叶病，就是锰中毒诱发的缺钙症。

（二）锰肥的种类和性质

1. 硫酸锰

分子式 $MnSO_4 \cdot 4H_2O$，含 Mn 24%，或 $MnSO_4 \cdot H_2O$，含 Mn 31%。农用锰肥多为 7 水或 3 水硫酸锰，含 Mn 24%～28%。淡玫瑰红色小晶体，易溶于水，相对密度为 2.95。

2. 氯化锰

分子式 $MnCl_2 \cdot 4H_2O$，含 Mn 27%。玫瑰晶体，结晶有两种形态：α 型较稳定，柱状结晶；β 型不稳定，板状结晶，相对密度 2.01%，溶于水，易吸水潮解。

（三）锰肥的合理施用技术

1. 作基肥

含锰肥料及含锰废渣等难溶性肥料均宜做基肥。一般对缺锰的土壤施用含锰炉渣或废渣 50～100kg/亩。硫酸锰等可溶性锰肥施入土壤后，容易转变为高价锰而降低肥效，如与酸性肥料或有机肥混合施用，效果更好。

2. 拌种

一般用硫酸锰 2～8g 拌种 1kg，种籽上均匀沾满肥液后即可播种。

3. 浸种

浸种浓度一般为 0.1% 硫酸锰溶液，浸种时间豆类种籽为 12 小时，稻谷需 48 小时，种籽与溶液比例为 1:1，取出晾干即可播种。

4. 叶面施肥

叶面施肥一般用 0.1%～0.5% 硫酸锰溶液。

5. 注意事项

施用含锰废渣及废水时，必须注意防止重金属对土壤的污染，如有害元素超过环保标准则不能施用。

第一节　复混（合）肥料的种类、营养作用和合理施用技术

一、复混（合）肥料定义

复混（合）肥料是指氮、磷、钾三种养分中，至少有两种养分由化学方法和（或）掺混方法制成的肥料。复混（合）肥料是一类肥料的统称，习惯上就称复混肥料或复混肥。其中含氮、磷、钾三种元素中任何两种元素的肥料称为二元复混肥，同时含有氮、磷、钾三种元素的复混肥料称为三元复混肥。复混肥料中的氮、磷、钾养分含量用 $N-P_2O_5-K_2O$ 配合式表示，如养分含量为 12 - 5 - 8 的复混肥，表示该肥料中含总氮 12%，有效五氧化二磷 5%，水溶性氧化钾 8%。

二、复混（合）肥料种类

复混（合）肥料的分类方法很多，其中根据氮、磷、钾总养分含量高低，分为低浓度（总养分含量≥25%）、中浓度（总养分含量≥30%）和高浓度（总养分含量≥40%）复混肥。根据其制造工艺和加工方法不同，可分为复合肥、复混肥、配方肥和掺混肥。

（一）复合肥料

单独由化学反应而制成的，含有氮、磷、钾中两种或三种元素的肥料。其特点是有固定的分子式，有固定的养分含量和比例。如磷酸二氢钾、硝酸钾、磷酸一铵、磷酸二铵等。复合肥最主要的优点是杂质含量极低，施入土壤后对土壤的影响较小。市场上有很多三元复合肥，其实并不是严格意义上的复合肥，而是复混肥。

（二）复混肥料

是以单质肥料（如尿素、硫酸铵、氯化铵、磷酸铵、过磷酸钙、氯化钾、硫酸钾等）为原料，辅之以添加物，按一定的比例配制、混合、造粒而制成的肥料。目前市场上销售的复混肥料绝大部分都是这类肥料。

（三）配方肥料

配方肥料是一种特殊的复混肥料，它是由农业技术推广部门根据大量的土壤分析、田间试验，经农业专家分析计算后，针对不同作物、不同土壤提出肥料配方，由定点肥料企业生产加工的特殊的复混肥料。因此，配方肥的养分配比是针对某一特定区域、特定作物，针对性地解决该区域农作物不合理施肥问题。施用配方肥一般能做到节肥省工、增产提质、改土培肥的效果。

（四）掺混肥料

是由两种以上粒径相近的单质肥料或复合肥料为原料，按一定比例，通过简单的掺混而形成的混合物。这种肥料一般是农户根据土壤养分状况和作物需要随配随用，或在大农场、大区域种植同种作物的情况下采用。优点是配比比较灵活，价格较低，缺点是需要有较强的农业技术支撑。

复混肥料还根据其氯离子含量区分为含氯复混肥（氯离

子含量≥3％）和含硫复混肥，烟草、茶叶、辣椒、葡萄、薯类等忌氯作物在肥料施用上要特别注意，只能用含硫复混肥。

三、复混（合）肥料的营养作用与合理施用技术

复混肥料是多营养元素肥料，且有效养分组分比较集中，可以同时供给作物几种营养元素，有利于作物吸收。同时，养分之间有互促效应，比分施等量单元肥料效果要好。一般粮食作物可增产 5％～10％，果树蔬菜等增产 10％～30％。

复混肥料除了能以一定比例为作物生长提供所必需的氮、磷、钾等大量营养元素外，还能提供部分钙、镁、硫、硅、硼、锌、锰等中微量元素，如以过磷酸钙为原料生产的复混肥还能提供大量的钙，含硫复混肥能提供硫等。2005年，国家启动测土配方施肥补贴项目以来，我省大力推广测土配方施肥技术，就是充分利用测土配方施肥技术成果，专门针对当地农作物和土壤特性，合理调配了复混肥料的氮、磷、钾配比，针对性地添加了硼、锌、钼等微量元素，满足作物的特殊营养需求。使用复混肥料能起到用肥省、肥效高、增产又增收的效果。

复混肥料以其养分齐全、含量高，能提高作物的产量和品质，增强作物抵抗病虫害的能力，越来越受到广大农民的欢迎。复混肥料在农业生产中使用的比重也逐年上升，到2008年底止，湖南省复混肥使用量占化肥总用量的 23.6％（养分纯量计）。但复混肥料也存在养分比例固定，释放速度较慢，难以满足不同地域、不同作物、不同时期的要求，因此，需要结合复混肥料这些特点，进行合理施用。

1. 作基肥

复混肥具有缓慢释放养分的特点，适合于大多数作物作

基肥，可采取撒施、沟施、穴施等方式，但要结合耕作措施及时盖土，防止肥效损失。作基肥时，一般合理选择复混肥养分配比、含量和施肥量，配合单质氮肥施用，能起到省工、省肥、增产的效果。中低含量的复混肥，通常被用作水稻、玉米等大宗作物作基肥，施用量以满足当季作物生长所需的全部磷、钾养分需求量为准，合理选择复混肥养分配比，可同时满足两种或三种营养需求。不能满足的养分通过追施单质肥料补充。

2. 作追肥

用作追肥的复混肥，一般选用中高含量的品种比较好，低含量复混肥料作追肥效果因养分低、释放慢而表现较差。用作水稻等粮食作物追肥的复混肥不宜超过总用肥量的40%，过多地追施复混肥会造成后期的贪青晚熟和肥料浪费。

3. 作种肥和叶面肥

当复混肥作种肥时不能与种子直接接触，叶面喷施和用作育苗的种肥，还要严格控制肥料用量，防止烧伤叶片与种子。一般作叶面肥喷施浓度控制在1%～2%。

4. 看土施肥

根据土壤的缺素情况以及作物对肥料的特殊需求有选择性地施用这种元素配比高的复混肥。如湖南省早稻低温容易缺磷，要选择含磷比例高一些的复混肥，而晚稻土壤并不缺磷，选用氮、钾二元复混肥或磷含量低的复混肥；对砂性漏水田，保水保肥性能差，应采用浅施和多次施肥的方式。在碱性土壤上，一般施含水溶性磷的复混肥料，而在酸性土壤，则交替施用含枸溶性磷的复混肥与水溶性磷的复混肥效果好。

5. 看作物施肥

水稻玉米等粮食作物以提高产量为主，宜选用中低含量复混肥，以撒施入土的方式作基肥。经济作物以保证产量改善品质为主，宜选用中高含量的肥料，以沟施和穴施等方式多次集中施肥。忌氯作物只选用含硫复混肥，豆科作物选用低氮高磷钾复混肥。

四、复混肥料的市场鉴别与选购方法

2008 年、2009 年湖南省农业厅和湖南省工商行政管理局肥料市场抽检结果表明，复混肥料产品质量水平总体来说不高。2008 年，湖南省农业厅在全省 14 个市（州）肥料市场抽查复混肥料（含有机、无机复混肥）157 批次，总体合格率为 68.2％；2009 年，抽查复混肥料 237 批次，合格样品 206 批次，总体合格率为 74.6％，较上年同期上升了 6.4 个百分点。湖南省工商行政管理局 2008 年上半年肥料市场抽检的复混肥料样品合格率为 60.0％，2009 年同期抽检的复混肥料合格率为 67.4％，较上年提高了 7.4 个百分点。尽管复混肥料产品质量有所提高，但总体合格率并不是太高，这些不合格复混肥主要表现在以下几个方面：

（1）有效养分含量不合格：总有效养分和分养分含量低于标识值，市场上甚至有总养分大大低于标识含量的恶意造假行为出现。造成养分偏低的主要原因是企业在组织生产时，对原材料把关不严，生产中养分配比不合理。个别不法企业故意降低肥料中磷、钾养分含量，谋取非法暴利。

（2）含水量超标：含水量超过国家标准的复混肥料，易使肥料颗粒度不结实，容易结块，不耐储存。

（3）包装标识不规范行为：按照国家肥料标志标准规定，复混肥料中的养分含量是指氮、磷、钾三元素的总量，有些企业故意将钙、镁、硫等的含量也标进其中，充当养分含量，虚假标称含量达到 40％甚至 50％以上高价出售，误导消费者。

因此农民在选购复混肥时，需要睁大眼睛分辨真伪。按下述简易识别方面，一般可以买到货真价实的复混肥料。

（1）认厂家、认品牌：农资市场复混肥品种繁多，质量参差不齐。一般而言，大型化肥生产企业生产技术与设备先进，管理严格，产品质量稳定可靠。在购买时要有针对性地选择大厂、品牌产品。

（2）看包装标识内容：复混肥料外包装袋应印有商标、生产许可证号、肥料登记证、标准代号、总养分含量及养分配合式、生产企业名称和地址等。如上述标识不全，就有可能是伪劣产品。再看标识内容：复混肥料的总养分含量必须（也只能）是氮、磷、钾各含量之和，且必须≥25％。标有其他元素的含量，且计入总养分含量的必定是想误导消费者。

（3）闻气味：好的复混肥料一般无异味（有机-无机复混肥除外），个别肥料放置过久也可能闻到氨味，如有其他异味则是伪劣复混肥。

（4）观颜色、摸手感：复混肥浓度越高，颜色越浅。低含量为灰黑色，高含量为白色。手抓一把肥料反复搓揉，手上会有灰白色粉末，好的复混肥黏着感强。

（5）做水溶性试验：一般来说，含量越高的复混肥，溶解的速度越快。可将十几粒复混肥料放入透明杯中，加入温水并稍加振荡后观察，优质复混肥会慢慢崩散溶解，水中长时间不溶散则是伪劣复混肥。

特别提醒农民朋友，选购肥料时要到正规的销售单位，经营信誉好的单位。一定索要购货凭证，肥料使用后最好保留少量的肥料样品，万一肥料质量出现问题，作为索赔的重要证据。不要被新概念所迷惑，不要贪图便宜而购买价格明显偏低的肥料。发现假肥料及时举报，使用中出现肥害等不正常现象，应向当地农业、技术监督、工商等部门及时反映，保护自己的合法利益。

第二节 主要复合肥料

一、磷酸一铵

磷酸一铵（$NH_4H_2PO_4$），又称磷酸二氢铵，水溶液呈酸性，是一种水溶性高浓度速效复合肥料，有效磷（AP_2O_5）与总氮（TN）含量的比例约 5.44：1，是高浓度磷复肥的主要品种之一。该产品一般作追肥，也是生产三元复混肥、BB 肥最主要的基础原料，广泛适用于水稻、小麦、玉米、高粱、棉花、瓜果、蔬菜等各种粮食作物和经济作物；适用于水稻土、红壤、黄壤、紫色土、棕壤、潮土等各种土壤，产品除富含氮、磷养分外，还含有钙、镁、硫、硅、铁等作物生长所需要的中量、微量元素。根据磷酸一铵国家标准 GB 10205—2001，产品主要技术指标见表 7-1。

表 7-1　农业用磷酸一铵的技术指标

项　目	料浆法磷酸一铵（%）		
	优等品	一等品	合格品
	11-47-0	11-44-0	10-42-0
总养分（$N+P_2O_5$）≥	58.0	55.0	52.0
总氮（N）≥	10.0	10.0	9.0
有效磷（以 P_2O_5 计）≥	46.0	43.0	41.0
水溶性磷占有效磷百分率≥	80	75	70
水分（H_2O）≤	2.0	2.0	2.5
粒度（1.00～4.00mm）≥	90	80	80

二、磷酸二铵

磷酸二铵（$(NH_4)_2HPO_4$）又称磷酸氢二铵，是一种含氮、磷两种营养成分的高浓度速效复合肥料，呈灰白色或深灰色颗粒，易溶于水，有一定吸湿性，在潮湿空气中易分解，挥发出氨变成磷酸二氢铵。水溶液呈弱碱性，pH8.0，适用于各种作物和土壤，特别适用于喜铵需磷的作物，作基肥或追肥均可，宜深施，尤其适合于干旱少雨的地区作基肥、种肥、追肥。作种肥时，不能与种子直接接触；作基肥时，不能离作物太近，以免灼伤作物。按照传统法生产磷酸二铵，国家标准 GB10205－2001 规定的主要技术指标见表7－2。

表7－2　农业用磷酸二铵的技术指标

项　　　目	料浆法磷酸二铵（％）		
	优等品	一等品	合格品
	15－46－0	15－42－0	13－38－0
总养分（N＋P_2O_5）≥	61.0	57.0	51.0
总氮（N）≥	17.0	14.0	12.0
有效磷（以 P_2O_5 计）≥	45.0	41.0	37.0
水溶性磷占有效磷百分率≥	90	85	80
水分（H_2O）≤	2.0	2.0	2.5
粒度（1.00～4.00mm）≥	90	80	80

三、磷酸二氢钾

磷酸二氢钾（KH_2PO_4），是一种高浓度磷、钾二元素复合肥料，其中含 P_2O_5 52％左右，含 K_2O 34％左右，为无色结晶或白色颗粒状粉末。目前已广泛应用于粮油经作、瓜果、蔬菜等作物，具有显著增产增收、提质、抗倒伏、抗病虫害、防治早衰等作用，能有效克服作物生长后期根系老化吸收能力下降而导致的营养不足，不仅是是烤烟生产的理想肥料，而且能够控制棉花徒长，增加植株花苞数量。在设施农业园区已广泛运用于滴管喷灌系统中。在水稻生产上，对磷、钾养分比较缺乏的沙土、壤质土可在整地时底施磷酸二氢钾，播前用磷酸二氢钾溶液浸种，在水稻分蘖高峰期、拔节期、孕穗期、灌浆期均可叶面喷施；对磷、钾养分较丰富的中壤和黏土上，可用磷酸二氢钾溶液浸种，在孕穗拔节、灌浆期追施。一般基施每亩以 8～10kg 为宜，配合施用

25kg 尿素，可达到氮、磷、钾配比平衡的目的；浸种时每亩用磷酸二氢钾 200g 即可；叶面喷施应在无风晴朗天气的上午 10 时前或下午 4 时后，每亩每次控制在 300～700g，兑水 40～60kg，喷洒浓度为 0.8%～1%。

第三节　湖南省各县（市、区）主要农作物专用肥配方

湖南省自 2005 年启动测土配方施肥补贴项目以来，全省共有 113 个项目单位实施了测土配方施肥项目，各项目单位通过招投标共确定了 27 家配方肥定点生产企业，有项目单位向配方肥定点企业提供了当地专用肥配方。通过复混肥料生产企业积极参与，配方肥逐步得到广泛应用，有力推进了测土配方施肥技术的进村入户。

2008 年 4 月，湖南省土壤肥料工作站组织有关专家，根据 58 个测土配方施肥补贴项目县（市、区）土壤测试结果和田间肥效试验数据，对各测土配方施肥补贴项目单位上报的专用肥配方分四大区域进行了汇总分析，形成了全省主要农作物专用肥区域系列配方，并通过《湖南省科技报》和湖南土壤肥料信息网向社会进行了公布，为引导全省肥料生产企业按照配方生产、方便广大农民选购发挥了积极作用。2011 年 4 月，湖南省土壤肥料工作站根据三年多的配方校验试验结果统计汇总分析，又对公布的区域配方进行了调整优化（见表 7-3）。

表 7-3　湖南省 2011 年主要作物区域配方设计

序号	生态区域	配方名称	肥料配方	适用区域或施用时期	推荐施用量（kg/亩）
1	湘北区	早稻配方肥	25%（12-6-7）	湘北早稻种植区（基施）	40～50
2	湘北区	早稻配方肥	30%（15-7-8）	湘北早稻种植区（基施）	35～45
3	湘北区	早稻配方肥	40%（19-10-11）	湘北早稻种植区（基施）	30～40

（续）

序号	生态区域	配方名称	肥料配方	适用区域或施用时期	推荐施用量（kg/亩）
4	湘南区	早稻配方肥	25％（12-6-7）	湘南早稻种植区（基施）	40～50
5	湘南区	早稻配方肥	30％（14-8-8）	湘南早稻种植区（基施）	37～45
6	湘南区	早稻配方肥	40％（19-9-12）	湘南早稻种植区（基施）	30～40
7	湘中区	早稻配方肥	25％（12-6-7）	湘中早稻种植区（基施）	40～50
8	湘中区	早稻配方肥	30％（14-9-7）	湘中早稻种植区（基施）	35～45
9	湘中区	早稻配方肥	40％（19-9-12）	湘中早稻种植区（基施）	30～40
10	湘北区	晚稻配方肥	25％（13-4-8）	湘北晚稻种植区（基施）	40～50
11	湘北区	晚稻配方肥	30％（15-5-10）	湘北晚稻种植区（基施）	35～40
12	湘北区	晚稻配方肥	40％（21-7-12）	湘北晚稻种植区（基施）	30～35
13	湘南区	晚稻配方肥	25％（13-5-7）	湘南晚稻种植区（基施）	40～50
14	湘南区	晚稻配方肥	30％（15-6-9）	湘南晚稻种植区（基施）	35～40
15	湘南区	晚稻配方肥	40％（20-9-11）	湘南晚稻种植区（基施）	25～30
16	湘中区	晚稻配方肥	25％（13-4-8）	湘中晚稻种植区（基施）	40～50
17	湘中区	晚稻配方肥	30％（17-5-8）	湘中晚稻种植区（基施）	30～40
18	湘中区	晚稻配方肥	40％（21-7-12）	湘中晚稻种植区（基施）	25～30
19	湘北区	中稻配方肥	25％（11-7-7）	湘北中稻种植区（基施）	45～50
20	湘北区	中稻配方肥	30％（13-9-8）	湘北中稻种植区（基施）	40～45
21	湘北区	中稻配方肥	40％（19-10-11）	湘北中稻种植区（基施）	35～40
22	湘南区	中稻配方肥	25％（12-6-7）	湘南中稻种植区（基施）	45～50
23	湘南区	中稻配方肥	30％（15-7-8）	湘南中稻种植区（基施）	40～45
24	湘南区	中稻配方肥	40％（17-11-12）	湘南中稻种植区（基施）	35～40
25	湘东（中）区	中稻配方肥	25％（11-7-7）	湘中中稻种植区（基施）	45～50
26	湘东（中）区	中稻配方肥	30％（14-8-8）	湘中中稻种植区（基施）	40～45
27	湘东（中）区	中稻配方肥	40％（19-10-11）	湘中中稻种植区（基施）	35～40
28	湘西南区	中稻配方肥	25％（11-7-7）	湘西中稻种植区（基施）	45～50
29	湘西南区	中稻配方肥	30％（12-9-9）	湘西中稻种植区（基施）	40～45
30	湘西南区	中稻配方肥	40％（16-11-13）	湘西中稻种植区（基施）	35～40
31	湖南省	玉米配方肥	25％（12-7-6）	全省玉米种植区（基施）	45～50

（续）

序号	生态区域	配方名称	肥料配方	适用区域或施用时期	推荐施用量（kg/亩）
32	湖南省	玉米配方肥	30%（14-9-7）	全省玉米种植区（基施）	35～45
33	湖南省	玉米配方肥	40%（18-12-10）	全省玉米种植区（基施）	35～40
34	湖南省	棉花配方肥	40%（18-10-12）	全省棉花种植区（基施）	45～55
35	湖南省	棉花配方肥	45%（16-12-17）	全省棉花种植区（基施）	40～50
36	湖南省	油菜配方肥	25%（11-7-7）	全省油菜种植区（基施）	40～50
37	湖南省	油菜配方肥	30%（14-8-8）	全省油菜种植区（基施）	35～45
38	湖南省	油菜配方肥	40%（16-12-12）	全省油菜种植区（基施）	25～35

注：1. 湘东（中）区：包括长沙市、株洲市、湘潭市、邵阳市、娄底市 5 市的宁乡县、浏阳市、长沙县、望城县、岳麓区、芙蓉区、天心区、开福区、雨花区、茶陵县、醴陵市、株洲县、攸县、炎陵县、天元区、荷塘区、芦淞区、石峰区、湘潭县、湘乡市、韶山市、岳塘区、雨湖区、邵东县、隆回县、邵阳县、武冈市、新邵县、洞口县、绥宁县、城步县、新宁县、双清区、大祥区、北塔区、涟源市、双峰县、新化县、娄星区、冷水江市等 40 个县（市、区）。

2. 湘南区：包括衡阳市、郴州市、永州市 3 市的耒阳市、衡阳县、衡山县、衡南县、衡东县、祁东县、常宁市、雁峰区、珠晖区、石鼓区、蒸湘区、南岳区、桂阳县、宜章县、苏仙区、汝城县、资兴市、安仁县、永兴县、临武县、嘉禾县、桂东县、北湖区、冷水滩区、道县、东安县、零陵区、祁阳县、宁远县、蓝山县、江永县、双牌县、江华县、新田县、回龙圩管理区、金洞管理区等 36 个县（市、区）。

3. 湘西南区：包括怀化市、张家界市、湘西土家族苗族自治州 3 市（州）的慈利县、桑植县、永定区、陵源区、芷江县、靖州县、洪江市、溆浦县、沅陵县、中方县、麻阳县、会同县、辰溪县、新晃县、鹤城区、通道县、洪江区、永顺县、花垣县、保靖县、龙山县、吉首市、凤凰县、古丈县、泸溪县等 26 个县（市、区）。

4. 湘北区：包括岳阳市、常德市、益阳市 3 市的湘阴县、华容县、汨罗市、岳阳县、平江县、临湘市、岳阳楼区、君山区、云溪区、屈原区、澧县、桃源县、临澧县、安乡县、鼎城区、石门县、汉寿县、津市市、武陵区、西湖管理区、西洞庭管理区、沅江市、桃江县、安化县、资阳区、南县、赫山区、大通湖区等 29 个县（市、区）。

2009 年，湖南省土壤肥料工作站汇总各项目县测土配方施肥技术成果，制定发布了 2009 年主要作物县域专用肥配方 329 个，涉及 88 个项目县的早稻、中稻、晚稻、玉米、油菜、棉花、蜜橘、冰糖橙、椪柑、香柚、脐橙、葡萄、茶叶、烟叶、席草、黄花菜、马铃薯、西瓜、香芋、苎麻、蔬菜等23种作物。2011年4月，又根据三年多的配方校验和调查统计，对主要县域配方进行了重新审核与调整优化，归并调整为303个。具体配方信息见表7-4。

表7-4　2011年湖南省主要农作物专用肥县域配方汇总表

序号	县域名称	配方名称	肥料配方	适用区域或施用时期	推荐施用量(kg/亩)
1	长沙县	茶叶配方肥	28%（16-6-6）	全县（基施）	90～100
2	长沙县	氨基酸叶菜类配方肥	29%（18-6-5）氨基酸≥10%	全县（基施）	50～60
3	浏阳市	晚稻配方肥	25%（13-4-8）	东南地区水稻土（基施）	40～50
4	浏阳市	烟叶配方肥	30%（8-11-11）	中肥力地区（基施）	50～70
5	浏阳市	晚稻配方肥	40%（22-8-10）	西北地区水稻土（基施）	20～30
6	宁乡县	红薯配方肥	25%（10-7-8）	全县（基施）	40～50
7	宁乡县	早稻配方肥	25%（14-5-6）	全县（基施）	45～50
8	宁乡县	蔬菜配方肥	29%（12-8-9）	全县（茄果类蔬菜）	50～60
9	宁乡县	晚稻配方肥	29%（17-4-8）	全县（基施）	40～50
10	宁乡县	晚稻配方肥	29%（18-5-6）	全县（基施）	40～50
11	宁乡县	晚稻配方肥	40%（22-7-11）	全县（基施）	25～35
12	安乡县	棉花配方肥	25%（8-10-7）	低肥力区（基施）	45～50
13	安乡县	油菜配方肥	30%（12-6-12）	全县棉油轮作区（基肥）	30～35
14	安乡县	油菜配方肥	30%（15-7-8）	全县稻油作区（基肥）	40～45
15	安乡县	早稻配方肥	40%（18-15-7）	早稻种植区（基施）	40～45
16	安乡县	晚稻配方肥	40%（20-5-15）	晚稻种植区（基施）	40～45
17	常德市	棉花配方肥	45%（18-9-18）	西湖管理区（基肥）	40～50
18	澧县	中稻配方肥	46%（20-12-14）	中稻种植区（基施）	30～40
19	鼎城区	油菜配方肥	25%（14-4-7）	低肥力区（基施）	30～40
20	鼎城区	晚稻配方肥	42%（22-8-12）	晚稻种植区（基施）	25～35
21	鼎城区	棉花配方肥	51%（25-10-16）	高产区（基施、花铃期）	40～60
22	汉寿县	油菜配方肥	29%（13-8-8）	全县旱地土壤（基肥）	40～50

（续）

序号	县域名称	配方名称	肥料配方	适用区域或施用时期	推荐施用量（kg/亩）
23	汉寿县	晚稻配方肥	34%（16-8-10）	潴育型水稻土区（基施）	35～40
24	津市市	油菜配方肥	25%（12-6-7）	油菜种植区（基施）	30～35
25	津市市	棉花配方肥	40%（18-10-12）	棉花种植区（基施）	50～60
26	澧县	葡萄配方肥	25%（9-6-10）	全县（基施）	80～100
27	临澧县	油菜配方肥	25%（14-5-6）	高肥力区（基施）	35～45
28	临澧县	晚稻配方肥	30%（16-5-9）	晚稻低肥力种植区（基施）	45～50
29	临澧县	棉花配方肥	40%（18-8-14）	高肥力区（基施）	50～65
30	临澧县	棉花配方肥	40%（20-8-12）	低肥力区（基施）	45～55
31	石门县	玉米配方肥	25%（12-6-7）	低肥力区（基施）	40～50
32	石门县	茶叶配方肥	25%（13-8-4）	全县茶叶基地（基施）	60～80
33	石门县	蜜橘配方肥	30%（16-5-9）	全县蜜橘种植区（基施）	100～120
34	桃源县	油菜配方肥	25%（10-7-8+硼）	山、丘区中稻油菜（基施）	35～40
35	桃源县	晚稻配方肥	36%（20-4-12）	全县晚稻（基施）	25～30
36	桃源县	油菜配方肥	40%（15-12-13+硼）	全县稻田油菜（基施）	25～30
37	桃源县	棉花配方肥	45%（18-12-15）	丘陵红壤区（基肥、花桃）	30～40
38	桃源县	柑橘配方肥	45%（19-10-16）	全县成龄橘园（基肥和壮果肥）	50～60
39	桃源县	棉花配方肥	45%（20-10-15）	平原潮土区（基肥、花桃）	40～50
40	北湖区	中稻配方肥	40%（17-10-13）	中稻种植区（基肥）	30～40
41	北湖区	蔬菜配方肥	45%（20-10-15）	叶菜类蔬菜种植区（基肥）	50～60
42	桂东县	茶叶配方肥	25%（13-5-7）	清泉镇桥头乡	80～100
43	桂阳县	烤烟配方肥	30%（7-14-9-B0.5）	中低肥力田（基肥）	40～50
44	桂阳县	烤烟配方肥	30%（9-10-11）	高肥力田（基肥）	50～70
45	桂阳县	烤烟配方肥	34%（7-17-10）	高肥力田（基肥）	40～50
46	桂阳县	晚稻配方肥	38%（17-9-12）	高肥力田（基肥）	40～45
47	桂阳县	早稻配方肥	40%（17-10-13-Zn0.5）	中低肥力田（基肥）	35～40

（续）

序号	县域名称	配方名称	肥料配方	适用区域或施用时期	推荐施用量（kg/亩）
48	桂阳县	玉米配方肥	40%（20-10-10）	玉米种植区（基肥）	35～45
49	桂阳县	烤烟配方肥	42%（10-0-32）	烟草种植区（追肥）	35～45
50	嘉禾县	早稻配方肥	25%（10-10-5）	早稻种植区（基肥）	40～50
51	嘉禾县	中稻配方肥	34%（14-13-7）	中稻种植区（基肥）	35～45
52	临武县	玉米配方肥	40%（17-16-7）	玉米种植区（基肥）	22～31
53	临武县	香芋配方肥	45%（19-10-16）	香芋种植区（基肥）	80～100
54	临武县	玉米配方肥	48%（24-14-10）	玉米种植区（基肥）	25～35
55	汝城县	中稻配方肥	40%（15-10-15）	超级中稻种植区（基肥）	35～50
56	苏仙区	中稻配方肥	40%（16-12-12）	中稻种植区（基肥）	35～45
57	苏仙区	早稻配方肥	40%（17-10-13）	早稻种植区（基肥）	30～40
58	苏仙区	葡萄配方肥	45%（16-14-15）	葡萄种植区（基肥）	30～40
59	宜章县	脐橙配方肥	40%（15-10-15）	脐橙种植区（基肥）	40～60
60	宜章县	玉米配方肥	40%（17-10-13）	玉米种植区（基肥）	30～50
61	宜章县	晚稻配方肥	45%（16-14-15）	晚稻田种植区（基肥）	18～22
62	宜章县	早稻配方肥	45%（16-14-15）	早稻田种植区（基肥）	30～35
63	宜章县	中稻配方肥	45%（16-14-15）	中稻田种植区（基肥）	30～40
64	永兴县	晚稻配方肥	25%（14-3-8）	潴育性水稻土（晚稻基肥）	35～50
65	永兴县	早稻配方肥	40%（21-8-11）	潴育性水稻土（早稻基肥）	25～40
66	永兴县	冰糖橙配方肥	42%（16-13-13）	冰糖橙种植区（基肥）	50～75
67	永兴县	冰糖橙配方肥	45%（17-14-14）	冰糖橙种植区（基肥）	53～80
68	资兴市	晚稻配方肥	26%（14-4-8）	潴育型水稻田（基施）	30～35
69	资兴市	中稻配方肥	34%（16-10-8）	潴育型水稻田（基施）	35～45
70	资兴市	梨配方肥	36%（13-9-14）	梨种植区（基肥）	42～52
71	常宁市	水稻配方肥	40%（15-10-15）	缺钾水稻种植地区（基施）	20～25
72	衡东县	油菜配方肥	25%（12-4-9）+B	杨林、草市、高湖、高塘等耕型第四纪红土红壤（基肥）	38～45
73	衡东县	红薯配方肥	25%（12-7-6）	杨桥、荣桓、蓬源等耕型板页岩红壤（基肥）	45～50

第七章 复混（合）肥料

（续）

序号	县域名称	配方名称	肥料配方	适用区域或施用时期	推荐施用量（kg/亩）
74	衡东县	早稻配方肥	36%（18-9-9）	石滩、新塘地区淹育型水稻土（基施）	30～38
75	衡东县	辣椒配方肥	45%（18-12-15）	石湾、三樟、大桥等耕型河潮土（基肥）	48～55
76	衡南县	晚稻配方肥	25%（12-6-7）	晚稻（基施）	35～45
77	衡南县	玉米配方肥	30%（15-11-4）	中肥力地区（基施）	30～40
78	衡南县	棉花配方肥	40%（15-10-15）	高肥力地区（基施）	35～50
79	衡南县	柑橘配方肥	40%（16-14-10）	高肥力地区（基施）	30～40
80	衡山县	油菜配方肥	40%（14-9-17）	高肥力地区（基施）	25～30
81	衡山县	席草配方肥	40%（20-7-13）	中肥力地区（基施）	50～60
82	衡阳县	中稻配方肥	30%（16-6-8）	一季稻地区（基施）	50～60
83	耒阳市	中稻配方肥	30%（13-7-10）	中稻（基施）	45～50
84	耒阳市	中稻配方肥	34%（14-9-11）	中稻（基施）	40～45
85	耒阳市	晚稻配方肥	34%（18-6-10）	晚稻（基施）	36～43
86	祁东县	早稻配方肥	40%（15-10-15）	红壤地区（基施）	20～25
87	辰溪县	中稻配方肥	30%（11-9-10）	中稻地区（基施）	40～50
88	鹤城区	蔬菜配方肥	26%（12-5-9）（S）有机质20%，腐植酸10%	全区（基施）重点用于瓜类等经济作物	75～90
89	鹤城区	中稻配方肥	45%（25-10-10）（Zn）	全区水稻种植区（基肥）	40～50
90	靖州县	油菜配方肥	25%（11-6-8）	油菜种植区（基肥）	30～50
91	麻阳县	油菜配方肥	40%（16-14-10）	全县（基施）	20～30
92	麻阳县	柑橘配方肥	40%（17-10-13）	全县（基施）	60～80
93	通道县	中稻配方肥	40%（17-10-13）	全县中稻种植区（基肥）	30～40
94	新晃县	玉米配方肥	25%（12-5-8）	全县玉米种植区（基肥）	45～50
95	溆浦县	玉米配方肥	25%（8-12-5）	玉米种植区	35～45
96	溆浦县	中稻配方肥	30%（12-10-8）	超级中稻种植区	40～50
97	沅陵县	晚稻配方肥	40%（18-10-12）	一季晚稻田（基肥）	25～50

（续）

序号	县域名称	配方名称	肥料配方	适用区域或施用时期	推荐施用量（kg/亩）
98	芷江县	油菜配方肥	25%（12-5-8）	全县油菜种植区（基肥）	45~50
99	芷江县	柑橘配方肥	40%（17-10-13）	柑橘种植区（基肥）	50~60
100	芷江县	柑橘配方肥	40%（18-10-12）	柑橘种植区（基肥）	50~60
101	中方县	中稻配方肥	40%（17-10-13）	水稻田（基肥）	30~40
102	城步县	油菜配方肥	25%（9-7-9）	低肥力油菜种植区（基施）	53~62
103	城步县	玉米配方肥	30%（15-11-4）	玉米种植区（基施）	45~50
104	城步县	番茄配方肥	35%（13-9-13）	番茄种植区（基施）	65~71
105	城步县	中稻配方肥	40%（18-9-13）	高肥力地区（基施）	35~45
106	城步县	番茄配方肥	45%（16-12-17）	番茄种植区（基施）	48~54
107	城步县	油菜配方肥	45%（16-13-16）	高肥力油菜种植区（基施）	29~33
108	洞口县	柑橘配方肥	30%（13-7-10）（硫基）	第四纪红土红壤蜜橘种植区（基肥、壮果肥）	60~90
109	洞口县	油菜配方肥	30%（14-9-7）	油菜种植区	20~35
110	洞口县	早稻配方肥	30%（14-9-7）	早稻基肥	30~40
111	洞口县	中、晚稻配方肥	40%（16-12-12）	一季稻和双季晚稻基肥	25~40
112	洞口县	中、晚稻配方肥	45%（12-17-16）	潜育型水稻土区中晚稻（基肥）	30~35
113	洞口县	柑橘配方肥	45%（18-12-15）（硫基）	石灰岩红壤蜜橘种植区（基肥、壮果肥）	50~80
114	隆回县	晚稻配方肥	25%（14-5-6）	晚稻种植地区（基施）	32~50
115	隆回县	超级中稻配方肥	40%（20-8-12）	超级中稻地区（基施）	35~50
116	邵东县	早稻配方肥	25%（12-7-6）	早稻田（基肥）	40~50
117	邵东县	黄花菜配方肥	40%（16-12-12）	黄花菜种植区（基肥）	30~40
118	邵东县	中稻配方肥	40%（18-12-10）	中稻田（基肥）	35~40
119	邵阳三区	蔬菜配方肥	40%（18-8-14）	邵阳三区蔬菜	40~50
120	邵阳三区	晚稻配方肥	40%（22-6-12）	邵阳三区晚稻	30~40
121	邵阳县	玉米配方肥	48%（22-12-14）	玉米种植地区（基施）	30~40
122	绥宁县	中稻配方肥	25%（11-6-8）	中稻种植地区（基施）	45~50

（续）

序号	县域名称	配方名称	肥料配方	适用区域或施用时期	推荐施用量（kg/亩）
123	武冈市	晚稻配方肥	25%（11-6-8）	晚稻种植地区（基施）	35～40
124	武冈市	玉米配方肥	40%（18-10-12）	玉米种植区（基施）	45～50
125	新宁县	柑橘配方肥	29%（17-6-6）	柑橘	80～100
126	新宁县	晚稻配方肥	40%（26-0-14）	双季晚稻	20～30
127	新邵县	玉米配方肥	45%（16-16-13）	全县（基施）	20～30
128	新邵县	中稻配方肥	45%（20-10-15）	中稻种植区（基施）	40～50
129	韶山市	晚稻配方肥	35%（20-5-10）	晚稻种植地区（基施）	20～25
130	雨湖区	蔬菜配方肥	42%（18-12-12）	瓜果类蔬菜种植区（基）	40～70
131	保靖县	中稻配方肥	25%（12-6-7＋Zn0.5kg）	全县中稻土区（基肥）	45～50
132	保靖县	柑橘配方肥	40%（17-10-13 B0.5kg）	石灰岩地区椪柑种植区（追肥）	54～60
133	凤凰县	油菜配方肥	26%（11-6-9）	油菜种植区（基肥）	40～55
134	凤凰县	玉米配方肥	27%（12-6-9）	玉米种植区（基肥）	45～50
135	凤凰县	柑橘配方肥	36%（15-8-13）	柑橘种植区（基肥）	70～90
136	古丈县	柑橘配方肥	45%（22-10-13）	柑橘种植区（基肥）	50～55
137	古丈县	茶叶配方肥	45%（22-13-10）	茶叶种植区（基肥）	45～50
138	花垣县	玉米配方肥	25%（12-7-6）	玉米种植区（基肥）	40～50
139	花垣县	玉米配方肥	30%（14-9-7）	玉米种植区（基肥）	25～35
140	吉首市	玉米配方肥	25%（12-6-7）	玉米种植区（基肥）	45～50
141	吉首市	中稻配方肥	25%（12-7-6）	潴育型中稻土区（基肥）	40～50
142	吉首市	玉米配方肥	30%（15-7-8）	玉米种植区（基肥）	40～50
143	吉首市	中稻配方肥	30%（15-9-6）	潜育型中稻土区（基肥）	35～45
144	吉首市	柑橘配方肥	40%（17-10-13）	柑橘种植区（基肥）	45～60
145	吉首市	蔬菜配方肥	40%（18-15-7）	叶菜类蔬菜种植区（基肥）	45～50
146	龙山县	中稻配方肥	25%（10-7-8）	潴育型中稻土区（基肥）	45～50
147	龙山县	马铃薯配方肥	25%（11-6-8）	马铃薯种植区（基肥）	40～50
148	龙山县	烟叶配方肥	45%（13-15-17）	烤烟种植区（基肥）	35～40

（续）

序号	县域名称	配方名称	肥料配方	适用区域或施用时期	推荐施用量（kg/亩）
149	泸溪县	椪柑配方肥	40%（20-8-12）	椪柑种植区（基肥）	45～60
150	永顺县	油菜配方肥	25%（12-6-7）	油菜种植区（基肥）	45～50
151	永顺县	玉米配方肥	25%（12-7-6）	玉米种植区（基肥）	40～50
152	永顺县	马铃薯配方肥	28%（9-5-14）	马铃薯种植区（基肥）	75～100
153	永顺县	柑橘配方肥	30%（10-7-13）	柑橘种植区（基肥）	75～100
154	永顺县	柑橘配方肥	40%（13-12-15）	柑橘种植区（基肥）	50～75
155	永顺县	辣椒配方肥	40%（15-7-18）	辣椒种植区（基肥）	75～100
156	永顺县	猕猴桃配方肥	40%（17-10-13）	猕猴桃种植区（基肥）	75～100
157	永顺县	马铃薯配方肥	40%（18-7-15）	马铃薯种植区（基肥）	50～75
158	安化县	油菜配方肥	25%（12-5-8）	油菜种植区（基施）	25～30
159	安化县	早稻配方肥	40%（17-11-12）	早稻种植区（基施）	25～35
160	安化县	茶叶配方肥	40%（22-8-10）	茶叶种植区（基施）	80～90
161	安化县	玉米配方肥	42%（18-8-16）	玉米种植区（基施）	30～35
162	大通湖区	南瓜配方肥	40%（18-7-15）	南瓜种植区（基肥）	50～55
163	赫山区	早稻配方肥	40%（21-9-10）	早稻种植区（基施）	33～37
164	赫山区	中稻配方肥	40%（21-9-10）	全区潴育型水稻土区（中稻或一季晚稻基施）	43～47
165	南　县	晚稻配方肥	40%（18-11-11）	潴育型水稻土晚稻种植区	30～35
166	南　县	晚稻配方肥	40%（19-11-10）	潜育型水稻土晚稻种植区	30～35
167	南　县	中稻配方肥	40%（19-11-10）	潜育型水稻土中稻种植区	30～35
168	南　县	棉花配方肥	45%（23-7-15）	棉花种植区（基肥）	40～50
169	桃江县	晚稻配方肥	25%（13-4-8）	晚稻种植区（基施）	42～46
170	桃江县	晚稻配方肥	40%（24-4-12）	晚稻种植区（基施）	25～30
171	桃江县	早稻配方肥	45%（22-11-12）	早稻种植区（基施）	27～36
172	桃江县	中稻配方肥	45%（22-11-12）	中稻种植区（基施）	27～36
173	沅江市	柑橘配方肥	25%（9-8-8）	柑橘种植区（基肥）	60～70
174	沅江市	苎麻配方肥	40%（18-12-10）	苎麻种植区（基肥）	25～30

（续）

序号	县域名称	配方名称	肥料配方	适用区域或施用时期	推荐施用量（kg/亩）
175	沅江市	晚稻配方肥	40%（20-6-14）	晚稻田（基肥）	20～30
176	资阳区	油菜配方肥	25%（9-9-7）	油菜种植区（基施）	35～50
177	资阳区	棉花配方肥	40%（18-12-10）	棉花种植区（基肥）	40～50
178	资阳区	蜜橘配方肥	40%（20-8-12）	蜜橘种植区（基施）	40～50
179	大通湖区	早稻配方肥	48%（18-18-12）	早稻田（基肥）	25～30
180	大通湖区	中稻配方肥	48%（18-18-12）	中稻田（基肥）	30～32
181	大通湖区	棉花配方肥	48%（18-14-16）	棉花种植区（基肥）	35～45
182	道县	晚稻配方肥	30%（12-6-12）	晚稻种植区（基肥）	30～50
183	道县	早稻配方肥	30%（15-6-9）	早稻种植区（基肥）	40～50
184	道县	脐橙配方肥	40%（16-11-13）	脐橙种植区（基肥）	50～75
185	道县	脐橙配方肥	40%（20-10-10）	脐橙种植区（基肥）	50～75
186	东安县	中稻配方肥	40%（16-12-12）	中稻（基肥）	35～45
187	东安县	早稻配方肥	45%（18-12-15）	早稻（基肥）	30～45
188	江华县	中稻配方肥	25%（12-6-7）	潴育型水稻土（中稻）	45～50
189	江华县	玉米配方肥	40%（14-12-14）	江华县旱土	45～50
190	江永县	油菜配方肥	25%（9-7-9）	油菜种植区（基肥）	40～50
191	江永县	香柚配方肥	40%（16-8-16）	香柚种植区（基肥）	40～50
192	江永县	烟叶配方肥	40%（18-12-10）	烤烟种植区（基肥）	40～50
193	江永县	香芋配方肥	45%（18-9-18）	香芋种植区（基肥）	40～50
194	蓝山县	早稻配方肥	27%（12-7-8）	早稻田（基肥）	35～45
195	蓝山县	玉米配方肥	30%（12-10-8）	玉米种植区（基肥）	30～40
196	蓝山县	油菜配方肥	30%（13-9-8）	油菜种植区（基肥）	30～40
197	蓝山县	晚稻配方肥	35%（14-9-12）	晚稻田（基肥）	30～40
198	蓝山县	中稻配方肥	35%（16-10-9）	中稻田（基肥）	40～50
199	冷水滩区	早稻配方肥	34%（18-8-8）	早稻田（基肥）	30～35
200	冷水滩区	晚稻配方肥	38%（16-8-14）	潴育性晚稻田（基肥）	28～35
201	冷水滩区	中稻配方肥	40%（16-10-14）	中稻田（基肥）	30～42
202	冷水滩区	晚稻配方肥	40%（18-9-13）	晚稻田（基肥）	25～35

（续）

序号	县域名称	配方名称	肥料配方	适用区域或施用时期	推荐施用量（kg/亩）
203	冷水滩区	早稻配方肥	45%（18-10-17）	潜育性早稻田（基肥）	30～35
204	冷水滩区	晚稻配方肥	45%（20-8-17）	潜育性晚稻田（基肥）	28～35
205	冷水滩区	早稻配方肥	46%（20-12-14）	潜育性早稻田（基肥）	26～33
206	零陵区	早、晚稻配方肥	34%（18-6-10）	早、晚稻田（基肥）	40～50
207	零陵区	早、晚稻配方肥	40%（20-8-12）	早、晚稻田（基肥）	25～30
208	宁远县	晚稻配方肥	36%（15-6-15）	晚稻田（基肥）	15～20
209	祁阳县	晚稻配方肥	34%（16-6-12）	晚稻田（基肥）	30～40
210	双牌县	早稻配方肥	30%（12-8-10）	早稻田（基肥）	40～50
211	双牌县	早、晚稻配方肥	38%（16-9-13）	早、晚稻田（基肥）	30～40
212	双牌县	中稻配方肥	45%（19-11-15）	中稻田（基肥）	30～40
213	新田县	早稻配方肥	36%（18-8-10）	早稻田（基肥）	25～40
214	新田县	蔬菜配方肥	45%（20-10-15）	蔬菜种植区（基肥）	50～60
215	华容县	早稻配方肥	25%（13-7-5）	早稻种植区（基施）	40～50
216	华容县	棉花配方肥	45%（18-10-17）	中肥力地区（基施）	35～50
217	华容县	蔬菜配方肥	45%（20-10-15）	叶菜类种植区（基施）	35～50
218	君山区	棉花配方肥	45%（18-9-18）	棉花种植区（基施）	35～50
219	临湘市	油菜配方肥	30%（11-8-11）	中肥力区（基施）	30～40
220	临湘市	晚稻配方肥	30%（17-4-9）	晚稻种植区（基施）	30～35
221	临湘市	中稻配方肥	45%（22-10-13）	中稻种植区（基施）	30～40
222	汨罗市	玉米配方肥	30%（12-8-10）	全市（基施）	45～50
223	汨罗市	晚稻配方肥	30%（15-5-10）	全市（基施）	35～45
224	平江县	油菜配方肥	25%（10-6-9）	油菜种植区（基施）	50～60
225	平江县	玉米配方肥	25%（13-5-7）	玉米种植区（基施）	45～50
226	平江县	晚稻配方肥	30%（14-4-12）	晚稻种植区（基施）	35～40
227	屈原区	晚稻配方肥	25%（16-4-5）	晚稻种植区（基施）	37～50
228	屈原区	玉米配方肥	30%（13-7-10）	中肥力地区（基施）	34～50

（续）

序号	县域名称	配方名称	肥料配方	适用区域或施用时期	推荐施用量（kg/亩）
229	屈原区	早稻配方肥	40%（22-8-10）	早稻种植区（基施）	30～40
230	屈原区	晚稻配方肥	40%（23-6-11）	晚稻种植区（基施）	29～38
231	岳阳市（二区一所）	中稻配方肥	25%（11-7-7）	中稻种植区（基施）	40～50
232	岳阳市（二区一所）	晚稻配方肥	40%（19-8-13）	晚稻种植区（基施）	20～30
233	岳阳县	茶叶配方肥	40%（17-10-13）	黄沙街茶场（基施）	50～60
234	岳阳县	油菜配方肥	40%（20-9-11）	中西部油菜种植区（基施）	15～30
235	岳阳县	早稻配方肥	40%（20-9-11）	早稻种植区（基施）	35～45
236	岳阳县	晚稻配方肥	40%（22-7-11）	晚稻种植区（基施）	20～30
237	岳阳县	葡萄配方肥	45%（16-12-17）	西部葡萄种植区（基施）	40～50
238	云溪区	蔬菜配方肥	45%（18-12-15）	蔬菜种植区（基施）	30～50
239	云溪区	湘莲配方肥	45%（20-10-15）	湘莲种植区（基施）	20～40
240	慈利县	玉米配方肥	25%（10-6-9）	玉米种植区（基肥）	40～50
241	慈利县	柑橘配方肥	25%（10-7-8）	柑橘种植区（基肥）	75～100
242	慈利县	油菜配方肥	30%（12-10-8）	油菜种植区（基肥）	30～40
243	慈利县	柑橘配方肥	30%（12-8-10）	柑橘种植区（基肥）	65～80
244	慈利县	玉米配方肥	30%（14-8-8）	玉米种植区（基肥）	30～40
245	慈利县	中稻配方肥	40%（16-14-10）	丘陵区中稻田（基肥）	20～30
246	慈利县	柑橘配方肥	40%（20-10-10）	柑橘种植区（基肥）	50～70
247	桑植县	中稻配方肥	25%（10-7-8）	中稻田（基肥）	45～50
248	桑植县	柑橘配方肥	25%（9-7-9）	柑橘种植区（基肥）	60～80
249	桑植县	油菜配方肥	30%（12-8-10）	油菜种植区（基肥）	40～60
250	桑植县	玉米配方肥	40%（16-11-13）	玉米种植区（基肥）	40～50
251	桑植县	中稻配方肥	40%（16-11-13）	中稻田（基肥）	40～50
252	永定区	柑橘配方肥	25%（11-6-8）	柑橘种植区（基肥）	79～84
253	永定区	油菜配方肥	25%（9-9-7）	油菜种植区（基肥）	50～60
254	永定区	中稻配方肥	30%（12-7-11）	中稻田（基肥）	45～50
255	永定区	油菜配方肥	40%（15-15-10）	油菜种植区（基肥）	30～35

（续）

序号	县域名称	配方名称	肥料配方	适用区域或施用时期	推荐施用量（kg/亩）
256	永定区	中稻配方肥	40%（16-9-15）	中稻田（基肥）	35～40
257	永定区	柑橘配方肥	40%（18-9-13）	柑橘种植区（基肥）	48～52
258	茶陵县	早稻配方肥	25%（10-6-9）	早稻种植区（基施）	35～45
259	茶陵县	晚稻及中稻配方肥	40%（18-8-14）	晚稻及中稻种植区（基）	30～35
260	茶陵县	中稻配方肥	40%（20-10-10）	中稻种植区（基肥）	30～40
261	醴陵市	早稻配方肥	34%（16-6-12）	潴育型水稻田（基施）	40～50
262	炎陵县	蔬菜配方肥	28%（11-8-9）	叶菜类种植地区（基施）	80～100
263	攸县	早稻配方肥	26%（14-5-7）	潴育型中部丘岗地区（早稻基施）	40～50
264	攸县	晚稻配方肥	28%（15-4-9）	潴育型中部丘岗地区（晚稻基施）	40～50
265	麻阳县	柑橘配方肥	46%（18-12-16）	全县（基施）	50～60
266	祁东县、江永县	晚稻配方肥	30%（15-6-9）	祁东县紫色页岩地区、江永晚稻种植区（基施）	25～35
267	津市市、岳阳县、君山区	中稻配方肥	40%（19-10-11）	津市市、岳阳县、君山区中稻种植区（基施）	35～40
268	湘潭县、衡东县	早稻配方肥	25%（13-5-7）	湘潭县低肥力地区、衡东县杨林、吴集、杨桥镇淹育型水稻土（基施）	40～50
269	安化县、云溪区	晚稻配方肥	40%（20-7-13）	安化县、云溪区晚稻种植区（基施）	25～35
270	安乡县、邵阳三区	中稻配方肥	40%（20-8-12）	安乡县、邵阳三区中稻种植区（基施）	40～50
271	长沙县、望城县、江华县、平江县、湘阴县	晚稻配方肥	25%（12-4-9）	长沙县、望城县、江华县、平江县、湘阴县潴育型水稻土地区（基施）	40～50
272	鼎城区、赫山区	晚稻配方肥	40%（21-7-12）	鼎城区、赫山区晚稻种植区（基施）	25～40
273	鼎城区、邵阳县、湘潭县	早稻配方肥	40%（20-8-12）	鼎城区、邵阳县、湘潭县早稻种植区（基施）	25～40
274	古丈县、云溪区、吉首市、龙山县、桑植县	油菜配方肥	25%（12-6-7）	古丈县、云溪区、吉首市、龙山县、桑植县油菜种植区（基肥）	30～50

（续）

序号	县域名称	配方名称	肥料配方	适用区域或施用时期	推荐施用量（kg/亩）
275	衡东县、君山区、湘潭县	晚稻配方肥	25%（13-5-7）	衡东县、君山区、湘潭县潴育型水稻土晚稻种植地区（基施）	40～48
276	衡东县、醴陵市、株洲县、资阳县、安仁县、望城县	晚稻配方肥	40%（20-8-12）	衡东县、醴陵市、株洲县、资阳区、安仁县、望城县晚稻种植地区（基施）	20～30
277	衡南县、城步县、新宁县	玉米配方肥	40%（20-15-5）	衡南县、城步县、新宁县玉米种植区（基施）	25～40
278	衡阳县、洞口县	晚稻配方肥	25%（15-5-5）	衡阳县、洞口县潴育型水稻土晚稻种植地区（基施）	40～50
279	花垣县、新晃县	油菜配方肥	25%（9-8-8）	花垣县、新晃县油菜种植区（基肥）	30～40
280	华容县、双牌县	晚稻配方肥	25%（10-6-9）	华容县、双牌县晚稻田（基肥）	30～50
281	吉首市、临澧县、沅江市	油菜配方肥	30%（15-7-8）	吉首市、临澧县、沅江市油菜种植区（基肥）	35～45
282	吉首市、永定区	柑橘配方肥	30%（14-7-9）	吉首市、永定区柑橘种植区（基肥）	60～75
283	嘉禾县、东安县	晚稻配方肥	45%（20-10-15）	嘉禾县、东安县晚稻种植区（基肥）	25～30
284	江永县、邵阳县	烟叶配方肥	42%（10-0-32）	江永县、邵阳县烤烟种植区（基肥）	40～50
285	津市市、澧县、邵东县	晚稻配方肥	25%（13-6-6）	津市市、澧县、邵东县晚稻种植区（基施）	40～50
286	澧县、保靖县、慈利县、桑植县	玉米配方肥	25%（11-6-8）	澧县、保靖县、慈利县、桑植县玉米种植区（基施）	40～50
287	澧县、芷江县、华容县、慈利县、屈原区	油菜配方肥	25%（10-7-8）	澧县、芷江县、华容县、慈利县、屈原区油菜种植区、（基施）	40～50
288	临澧县、常宁市、君山区	早稻配方肥	25%（13-6-6）	临澧县、常宁市、君山区早稻种植地区（基施）	35～50
289	临澧县、道县	早稻配方肥	30%（15-8-7）	临澧县早稻低肥力种植区、道县早稻种植区（基施）	30～40
290	临武县、安化县、零陵区、绥宁县、炎陵县、祁东县	中稻配方肥	40%（18-10-12）	临武县、安化县、零陵区、绥宁县、炎陵县、祁东县中稻种植区（基施）	35～50

（续）

序号	县域名称	配方名称	肥料配方	适用区域或施用时期	推荐施用量（kg/亩）
291	临湘市、君山区	晚稻配方肥	40%（21-8-11）	临湘市、君山区晚稻种植区（基施）	20~35
292	浏阳市、赫山区、韶山市、桃江县	中稻配方肥	40%（20-10-10）	浏阳市、赫山区、韶山市、桃江县中稻种植区（基施）	30~45
293	浏阳市、衡阳县、耒阳市、平江县、江华县、江永县	早稻配方肥	25%（12-5-8）	浏阳市、衡阳县、耒阳市、平江县、江华县、江永县早稻种植区（基施）	40~50
294	汨罗市、平江县	早稻配方肥	30%（15-7-8）	汨罗市中南部地区、平江县早稻种植区（基施）	35~45
295	南县、君山区	早稻配方肥	40%（20-9-11）	南县、君山区早稻种植区	25~35
296	南县、君山区、岳阳市（二区一所）	中稻配方肥	40%（18-11-11）	南县潴育型水稻土、君山区平原区、岳阳市（二区一所）中稻种植区	30~45
297	桃江县、常宁市	晚稻配方肥	40%（20-10-10）	桃江县、常宁市晚稻种植区（基施）	25~30
298	桃江县、宁乡县、资阳区、祁阳县、君山区、望城县、安仁县	早稻配方肥	40%（20-10-10）	桃江县、宁乡县、资阳区、祁阳县、君山区、望城县、安仁县早稻种植区（基施）	25~40
299	桃源县、邵阳市（三区）、岳阳市（二区一所）、云溪区、新宁县	早稻配方肥	40%（18-10-12）	桃源县、邵阳市（三区）、岳阳市（二区一所）、云溪区、新宁县早稻种植区（基施）	25~35
300	湘潭县、雨湖区	晚稻配方肥	25%（13-0-12）	湘潭县、雨湖区晚稻种植区（基施）	40~50
301	岳阳市（二区一所）、茶陵县、湘乡市、新田县、辰溪县	晚稻配方肥	25%（12-5-8）	岳阳市（二区一所）、茶陵县、湘乡市、新田县、辰溪县晚稻种植区（基施）	30~50
302	岳阳市（二区一所）、衡阳县、澧县、津市市	早稻配方肥	25%（12-6-7）	岳阳市（二区一所）、衡阳县、澧县、津市市早稻种植区（基施）	40~50
303	岳阳县、临澧县、衡山县、君山区	晚稻配方肥	25%（14-4-7）	岳阳县、临澧县、衡山县、君山区晚稻种植区（基施）	30~50

第八章
叶面肥料

第一节　叶面肥料特点

　　叶面营养是作物根外营养的重要途径，叶面肥料的推广应用是测土配方施肥技术的重要组成部分之一。作物除了可以通过根系吸收养分外，还能通过叶片（或茎）吸收养分，这种营养方式称为作物的叶部营养，又叫根外营养。通过作物根系以外的营养表面施用肥料的措施叫做根外施肥，也就是通常所称的叶面施肥，用于叶面施肥的肥料称为叶面肥料。叶面施肥相对传统土壤施肥具有灵活、便捷的优点，是发展现代农业"立体施肥"模式的重要元素。高产、优质、高效、经济、环保是现代农业的主要目标，要求一切技术措施（包括施肥）经济易行，现代农业的发展促使叶面施肥逐渐成为生产中一项重要的施肥技术措施。与土壤施肥相比，叶面施肥具有以下特点：

一、养分吸收快，肥效快

　　叶面喷施养分吸收速率远大于根部吸收速率，一般数小时可达到吸收高峰，因此常将叶面施肥作为及时矫正作物缺素症状和补救水灾、冻害而损伤作物的有效措施。该施肥方法对于及时补充作物苗期和生长后期由于根系吸收能力减弱而造成的营养失衡问题显得尤为重要。

二、养分损失减少，肥料利用率高

叶面施肥对土壤条件依赖性小，减少了土壤对养分的固定作用及反硝化、淋失等作用导致的养分损失和有效性降低问题，从而提高了肥料养分的利用率。多种肥料，尤其是中微量元素肥料，作物需要量少，适宜范围窄，通过叶面施肥养分吸收效率远高于土壤施用。

三、受外界影响小，施用方便

叶面施肥既不受土壤温度、湿度、盐碱、微生物等土壤条件的限制，施肥效果相对稳定，也不受作物生育期影响，作物的大部分生育期都可以进行叶面施肥，尤其是作物植株长大封垄后不便于根部施肥，而叶面施肥基本不受植株高度、密度等因素的影响。同时，可以与其他农业药剂同时喷洒，既提高养分吸收效果、增强作物抗逆性，又防治了病虫害，省工省时。

叶面肥作为肥料，由于其喷施浓度和施用量均有限，毕竟是一种作物营养的辅助调节措施，因而它对作物所需养分的供应，只能作为根系吸收养分的补充形式，而不能替代土壤施肥。

第二节　常用复合（配）型叶面肥料种类

20世纪80年代以来，我国复合（配）型叶面肥料生产与使用取得了长足的发展，依据产品原料组成、生产工艺和作用特点不同，可将目前市场上广泛销售使用且具有行业标准的复合（配）型叶面肥料分为大量元素水溶肥料、微量元素水溶肥料、含氨基酸水溶肥料和含腐植酸水溶肥料等4大类。

一、大量元素水溶肥料

该肥料系无机营养型叶面肥料，主要由大量营养元素、微量营养元素和表面活性剂三部分组成。按添加中量、微量元素类型分为中量元素型和微量元素型，执行标准为 NY 1107—2010。其中中量元素型产品主要技术指标为：大量元素含量≥50.0%（大量元素含量是指 N、P_2O_5、K_2O 含量之和。产品应至少包含两种大量元素。大量元素单一养分含量不低于4.0%），中量元素含量≥1.0%（中量元素含量指钙、镁元素含量之和。产品应至少包含一种中量元素。含量不低于0.1%的单一中量元素均应计入中量元素含量中）。微量元素型产品主要技术指标为：大量元素含量≥50.0%，微量元素含量0.2%～3.0%（微量元素含量是指铜、锌、铁、锰、硼、钼元素之和，产品应至少包含一种微量元素。含量不低于0.05%的单一微量元素均应计入微量元素含量中。钼元素含量不高于0.5%）。该类肥料氮、磷、钾等养分含量较高，主要功能是为作物提供多种营养元素，改善作物营养状况，尤其适宜于作物生长后期各种营养的补充。

二、微量元素水溶肥料

该肥料系无机营养型叶面肥料，其主要原料为硫酸锌、硫酸铜、硼砂、硼酸、硫酸锰、硫酸亚铁、钼酸铵、枸橼酸铁（柠檬酸铁）等，执行标准为 NY 1428—2010，其产品主要技术指标为：微量元素含量≥10.0%（微量元素含量是指铜、锌、铁、锰、硼、钼元素之和，产品应至少包含一种微量元素。含量不低于0.05%的单一微量元素均应计入微量元素含量中。钼元素含量不高于1.0%，单质含钼微量元素产品除外）。将微量元素用于叶面喷施，可以避免土壤对微量元素的固定、转化，其效果明显优于等量根部施肥。

三、含氨基酸水溶肥料

该肥料系生物型叶面肥料，主要由氨基酸、中微量营养元素和表面活性剂三部分组成，氨基酸主要来源于一些动植物下脚料或其他物质的发酵或水解产物。执行标准为 NY 1429—2010，按氨基酸添加营养元素类型将产品分为微量元素型和中量元素型产品。其中含氨基酸水溶肥料（微量元素型）产品主要技术指标为：游离氨基酸含量≥10％，微量元素含量≥2.0％（微量元素含量是指铜、锌、铁、锰、硼、钼元素之和。产品应至少包含一种微量元素。含量不低于 0.05％的单一微量元素均应计入微量元素含量中，钼元素含量不高于 0.5％）。含氨基酸水溶肥料（中量元素型）产品主要技术指标为：游离氨基酸含量≥10％，中量元素含量≥3.0％（中量元素含量指钙、镁元素含量之和。产品应至少包含一种中量元素。含量不低于 0.1％的单一中量元素均应计入中量元素含量中）。

四、含腐植酸水溶肥料

该肥料系复合型叶面肥料，主要由腐植酸、大量营养元素、微量营养元素和表面活性剂等部分组成。执行标准为 NY 1106—2010，按腐植酸添加营养元素类型将产品分为大量元素型和微量元素型产品。其中含腐植酸水溶肥料（大量元素型）产品主要技术指标为：腐植酸含量≥3.0％，大量元素含量≥20.0％（大量元素含量是指 N、P_2O_5、K_2O 含量之和。产品应至少包含两种大量元素。大量元素单一养分含量不低于 2.0％）。含腐植酸水溶肥料（微量元素型）产品主要技术指标为：腐植酸含量≥3.0％，微量元素含量≥6.0％（微量元素含量是指铜、锌、铁、锰、硼、钼元素含量之和。产品应至少包含一种微量元素。含量不低于

0.05％的单一微量元素均应计入微量元素含量中。钼元素含量不高于0.5％）。

第三节　叶面肥料施用方法与注意事项

每种叶面肥料根据其特定的作用机理、最佳喷施时期、喷施浓度、喷施次数和最佳方法，使用者必须对照产品使用说明，准确把握，切实提高针对性。为了提高叶面肥料喷施效果，必须掌握影响施肥效果的主要因素。

一、喷施作物种类

棉花、烤烟、桑树、马铃薯、蚕豆、西红柿等双子叶植物的叶面积大，角质层薄，溶液中的养分容易被吸收，常有较好的效果；水稻、小麦、韭菜等单子叶植物的叶面积小，溶液中的养分较难被吸收，其喷施肥效果则相对较低。

二、喷施部位

应喷在新陈代谢旺盛的幼叶及功能叶片上。由于叶片背面气孔比正面多，溶液易被吸收，所以应多喷些。

三、喷施浓度

叶面肥料的喷施浓度，以既不伤害作物的叶面，又要节省肥料，提高功效为目的。不同叶面肥料种类其喷施浓度各异。尿素为0.5％～1.0％，磷酸二氢钾为0.2％～0.5％，微量元素为0.1％～0.2％，氨基酸水溶肥料为0.05％～0.1％，喷施溶液亩用量以50kg为宜。

四、喷施时间

　　叶片对养分吸收的数量与溶液湿润叶片的时间长短有关，湿润时间越长，叶片吸收养分越多，效果越好。通常溶液湿润叶面时间要求能维持 0.5～1.0 小时。中午温度较高，溶液中水分容易蒸发，不利于对养分吸收，露水未干时，也不宜施用，通常以下午 4 点后无风时喷施为宜。为提高肥效，可在喷洒溶液中加入少量湿润剂，可用中性肥皂或表面活性剂，浓度为 0.1%～0.2%，减少溶液表面张力，增加溶液在叶片上的滞留时间，从而增加养分吸收量。

第九章
商品有机肥

　　我国有施用有机肥料的传统，有机肥料含有丰富的大量、中量和微量营养元素，养分齐全，肥效长久。长期施用有机肥料能增加土壤有机质，改善土壤水、肥、气、热状况，增强土壤的保肥能力和提高土壤的供肥性能。同时，有机肥料还是化肥养分和土壤中矿质养分的共同载体，也是使化肥养分得以充分利用和发挥长期后效的重要途径。有机肥料对于改良土壤、培肥地力、提高化肥肥效、发展可持续农业有着重要作用。而我们通常说的有机肥有广义有机肥和狭义有机肥之分，广义有机肥俗称农家肥，包括以各种动物、植物残体或代谢物组成，如人畜粪便、秸秆、动物残体、屠宰场废弃物等。另外还包括饼肥（菜籽饼、棉籽饼、豆饼、芝麻饼、蓖麻饼、茶籽饼等）、堆肥（各类秸秆、落叶、青草、动植物残体、人畜粪便为原料，按比例相互混合或与少量泥土混合进行好氧发酵腐熟而成的一种肥料）、沤肥（所用原料与堆肥基本相同，只是在淹水条件下进行发酵而成）、厩肥（指猪、牛、马、羊、鸡、鸭等畜禽的粪尿与秸秆垫料堆沤制成的肥料）、沼肥（沼气池中有机物腐解产生沼气后的沼液和残渣）、绿肥等。狭义有机肥：专指以各种动物废弃物（包括动物粪便、动物加工废弃物）和植物残体（饼肥类、作物秸秆、落叶、枯枝、草炭等），采用物理、化学、生物或三者兼有的处理技术，经过一定的加工工艺（包括但不限于堆制、高温、厌氧等），消除其中的有害物质（病原菌、病虫卵、杂草种籽等）达到无害化标准而形成的，符合国家相关标准（NY 525—2011）的一类肥料。本节所述商品有机肥就是特指在市场上出售的该类狭义有机肥。

　　有机肥是经生物物质、动植物废弃物、植物残体加工而来，消除了其中的有毒有害物质，富含大量有益物质，包括：多种有机酸、肽类，以及包括氮、磷、钾在内的丰富营养元素。有机肥料不仅能为农作物提供全面营养，而且肥效长，可增加和更新土壤有机质，促进微生物繁殖，改善土壤的理化性质和生物活性，是有机食品、绿色食品生产的主要养分来源。虽然有机肥的养分种类较多，但是每种养分的含量相对较少，特别是其中对作物生产影响较大的速效氮、磷、钾成分含量低，养分释放速度慢，只施有机肥很难适应高产的需要，它与化学肥料配合使用，效果更好。因此现代商品有机肥料加工上，将有机肥料中加入速效的化学氮、磷、钾肥，制成有机无机复混肥，达到满足作物短期速效肥料需求和长期改土培肥的目的。

　　一般根据有机肥中是否添加了化学肥料将有机肥分为纯有机肥和有机无机复混肥，根据有机肥中是否添加了特定有益微生物，分为一般有机肥和生物有机肥。当然还有很多分类方法，不再赘述。

第一节　有机肥料

　　本手册所称有机肥料专指有机质含量在 45％ 以上的商品有机肥，其执行标准为 NY 525—2011。原料多来自于农业废弃物，一般由农作物秸秆或禽畜粪便经腐熟、发酵、灭菌、混拌、粉碎等工艺精加工而成。这些原料有机物经历微生物发酵过程，有机质发生降解和再合成作用，有机养分有效化和腐殖化，形成较高含量有机质和腐殖质，丰富的氮、磷、钾元素和多种中微量元素养分，以及多种特有的生物活性物质，是一种有别于传统有机肥料的浓缩型高效活性有机肥料。

　　精制有机肥的肥效作用之一是通过有机物矿化，为作物提供矿质养分；其二是通过有机肥本身的施入，改善根系生长和土壤微生物繁殖的土壤环境，协调土壤养分供给，肥沃土壤；其三是肥料中的活性物质能刺激作物根系，增强根系吸收能力。

精制有机肥宜做基肥，可采用全层混施、条施、沟施或穴施等方式，而很少用作追肥。基于生产成本考虑，一般大宗作物精制有机肥施用量为 $100\sim200kg/$ 亩，配以化学肥料效果更好。对蔬菜、果树等有营养品质和口感要求的作物，可适当增加到 $200\sim400kg/$ 亩，并采用条施、沟施、穴施方式，将有机肥施在作物根际周围。

精制有机肥按养分含量计算，其市场价格较一般的有机肥高，最适用于生产市场价值高的有机食品和绿色食品，也可与其他肥料配合，用于大棚、温室生产高效经济作物。精制有机肥还可作为加工有机无机复混肥、生物有机肥的原料。

第二节　有机无机复混肥料

有机无机复混肥料是指含有有机物质和无机营养的复混肥料。根据有机无机复混肥国家标准（GB 18877—2002）要求，有机无机复混肥料中有机质含量不能低于 20%，无机氮、磷、钾成分不低于 15%，水分小于 10%，另外对重金属元素和卫生指标也有严格的规定。由此可见，有机无机复混肥料实质就是添加了有机质的复混肥料。其有机物质大都采用加工过后的有机肥料（如畜禽粪便、城市垃圾有机物、污泥、秸秆、木屑、食品加工废料等），以及含有机质的物质（草炭、风化煤、褐煤、腐殖酸等）。

有机无机复混肥料施入土壤后，化肥部分被水溶解，一部分被作物吸收，一部分被有机物吸附，对化肥的供应强度起到一定的缓冲作用。有机无机复混肥就是借助于肥料中的无机化肥成分对作物起到速效，借助肥料中的有机物质吸附一部分无机化肥成分，在作物生育期内自身分解缓慢释放出营养物质，协调肥料的速效和缓效作用，这是其优于纯有机肥的特点。

有机无机复混肥料中的有机成分比较复杂，有些是经过腐熟的有机肥，有些仅是粉碎过的有机物质，有些甚至标称含有有益的微生物，如何正确看待有机无机复混肥的组成成分和作用呢？

1. 有机无机复混肥料的肥效主要是其中的无机养分，有机部分的肥效不会很高。假如某有机无机肥的有机质含量20%，无机成分15%，亩施用量为100kg。那么，其肥效相当于施用30%的中含量复混肥50kg。施入土壤中的有机物质仅为40kg，与平时施用农家肥1 500kg（含水量30%计，有机物质为1 050kg）相差甚远。有机物质在有机无机复混肥料中最大的作用可能是对无机养分的吸附缓释作用。所以在购买和施用有机无机复混肥料时，要注意肥料中的氮、磷、钾养分含量和比例，还要考虑价格以及施用效果。由于加入了有机物质，有机物质的费用及其加工量增加的费用都会附加到有机无机复混肥料价格上，使得有机无机复混肥的价格高于同含量的普通复混肥料。

2. 有机无机复混肥料中的微生物作用不会有多大。众所周知，微生物在一定环境条件下才有活性，这个环境要求是很高的。就算有机无机复混肥中化学肥料是盐类，溶解度很大，会形成高渗透压，很容易就对微生物的活性起到杀灭或抑制作用。有机无机复混肥料加工过程中的化肥采用的是干物料，含水量少，对微生物的活性起抑制作用。这种肥料施入土壤后，吸收水分后，形成高浓度的肥料溶液极可能将肥料中的微生物杀死。所以，市场上出售的活性生物有机无机复混肥，其中的微生物活性肥效是不能肯定的。

近些年来的肥料试验研究证明，有机无机复混肥不仅能提高化肥的利用效率，还能提高水果的糖酸比和维生素C含量，降低蔬菜对重金属元素的吸收和累积，能较好地协调农产品产量、营养和安全品质及口感。

有机无机复混肥料的施用量主要根据作物实际需要量和肥料中的氮、磷、钾含量计算确定，施用方法与普通复混肥料相似。

第三节　生物有机肥

生物有机肥是以动植物残体（如畜禽粪便、农作物秸秆等）为主要来源，经腐熟和无害化处理后，与特定功能微生物复合而成的有机物料。这种肥料集有机肥料和生物肥料优点于一体，既有利于增产增收，又能培肥土壤，改善土壤微生态系统，减少无机肥料用量，提高并改善农产品品质，符合我国农业可持续发展和绿色食品生产方向，这几年发展较快。目前市场上各种冠以生物、活性、生态等名词的生物有机肥品种繁多，质量良莠不齐，效果差异很大。经销商和农民需要加强对生物有机肥的认识，增强辨别能力，正确使用生物有机肥。

一、生物有机肥产品特点

生物有机肥的实质就是在有机肥上接种有益微生物而成的肥料，兼具微生物肥和有机肥双重效应。严格来说，接种的微生物要具有特定的功效，要能解决特定生产问题，这也是生物有机肥在选购时，应当特别注意它是否适合你。生物有机肥中的主要成分为有机质，其速效性氮、磷、钾营养元素并不高，与一般有机肥并无多大区别。

生物有机肥和一般堆制发酵腐熟的商品有机肥料的不同在于其含有特定功能的微生物，所含微生物在低水分含量和低温状态下，微生物活体不活跃或呈休眠状态，施入田地后必须在温度、水分和营养等条件均具备时，功能菌才开始萌发繁殖发挥作用。根据肥料中特定微生物的功效分为营养促进型生物有机肥和抗病型生物有机肥。营养促进型生物有机肥的功能菌有固氮菌、解磷菌、硅酸盐细菌、乳酸菌等，此类生物有机肥具有提高土壤养分活性、增进土壤肥力以及改善农产品品质等方面的作用。如固氮菌能固定空气中的氮，使之转化为植物能够吸收利用的氮素，可以提高作物品质；解磷菌能使土壤中难溶的磷酸钙、磷酸铝转化成水溶性磷，供作物吸收利用；硅酸盐细菌能分解钾长石、云母等含钾矿物，释放出植物可吸收利用的钾。抗病型生物有机肥的功能菌在繁殖过程中能分泌出多种抗生素及植物生长激素，能抑制植物病原微生物的活动，可减少或降低作物病虫害的发生，同时对农作物的生长有良好的刺激与调控作用。

二、生物有机肥产品功效

（一）培肥地力，活化土壤

施用生物有机肥后，直接增加了土壤的有机质和氮、磷、钾等养分，新的有机质加入，会促进土壤中原有有机物质的矿化。生物有机肥中的有益微生物，能分解土壤中各种动、植物残体及矿物质，形成土壤腐殖质，改善土壤结构和理化性状。营养型功能微生物还能溶解土壤中被固化的营养成分，将植物不能利用的养分转化为有效养分，供作物吸收利用，解磷、释钾、固氮，提高肥料转化率和利用率，达到化肥减量增效目的。

（二）促进生长，增产增收

生物有机肥施入土壤后，有益微生物在土中迅速繁殖，会产生多种对作物有益的代谢产物，如生长素、赤霉素、吲哚乙酸及多种维生素。这些代谢产物可刺激作物，使作物生长健壮，达到增产增收目的。

（三）抑制病害，增强抗性

抗病型生物肥施入土壤后，其有益菌快速繁殖，在植物根系周围形成优势菌群，抑制土壤中的有害菌。有些微生物还能释放抗生素类物质，使病原微生物难以繁殖。还有的能诱导植物产生的过氧化物酶、多酚氧化酶等，增强作物抗病能力，促进作物健康生长。

（四）提高品质，改善口感

施用生物有机肥增加作物的有机质、腐殖酸、氨基酸等有机营养，有利于作物糖分的积累和维生素合成，解决了偏施化肥所造成的"菜不香、果不甜"的难题。

（五）降低污染，保护环境

长期大量施用化肥、农药，土壤中的污染物质不断累积，对土壤本身、地下水和生长的作物都产生一定的毒性，直接和间接对人带来危害。消除土壤污染对农业产地环境治理非常重要。施用生物有机肥，能减少化肥农药的施用量，降解和转化土壤中有毒物质，是一种经济有效的土壤生物修复措施。

三、生物有机肥贮存与使用技术

生物有机肥的市场价格较高，如贮存、选购和使用不当，轻则达不到理想效果，重则会造成较大经济损失，正确使用生物有机肥才能起到增产增收的效果。

（一）贮存

生物有机肥产品一般应贮存在室内或背光处，温度不应超过 20℃，如果贮存条件不具备，要尽快施用。生物有机肥有效期一般为 6～12 个月。如果超过有效期，温度过高，杂菌数量大大增加，特定微生物数量下降，达不到保证其有效性的数量，将会影响生物有机肥的应用效果。

（二）选购

从成本和效果因素考虑，并不是所有的作物和土壤都适宜施用生物有机肥。有些微生物只适宜于某些种类的作物，如固氮菌只适于豆科作物一样，其效果才被证明有效。试验研究表明，生物有机肥在中低肥力水平的地区使用效果好，土壤肥力本身就很高的地方使用效果较差，酸碱反应中性的土壤施用效果好，旱地效果好于水田。对于抗病型生物有机肥，要对症下药，不要相信"包治百病"的宣传。要详细阅读使用说明书，搞清楚功能菌的种类和适用对象，如果使用说明书不详，就不要购买。最好的办法是要求生产企业或经销商出具在本地试验示范的权威试验示范报告，不可盲目购买。

（三）使用

营养促进型生物有机肥功能菌主要以活化和释放土壤养分为主，应采取撒施的方法，用量可以大一些；抗病型生物有机肥效果好的价格较贵，采用条施或穴施的方法用量可以少一些，对于育苗移栽的作物，可在营养钵中加入生物有机肥育苗。施用后要根据田间水分状况适当比照产品说明书的水分要求决定是否要浇水。同时，生物有机肥是活菌制剂，应避免和杀菌剂、杀虫剂混用。施用时避免阳光曝晒，以免紫外线杀死功能菌。

生物有机肥要经过农业部门严格效果认定，并符合生物有机肥料行业标准（NY 884—2004）才能进行生产销售，目前国家对生物有机肥实行登记许可制度，消费者或农资经销商购买、经营生物有机肥时，应仔细查看微生物肥料登记证号，登记信息可上中国种植业信息网查询（http：//www.zzys.gov.cn/feiliao.aspx）。

下篇

主要作物推荐施肥

第十章

主要粮食作物

第一节　早　　稻

湖南省早稻常年种植面积在 2 360 万亩左右，最高年份（1973 年）达到 3 178 万亩，年平均单产 394kg/亩（2006～2008 年三年平均）。全省除湘西、湘西南山区以单季稻为主外，均有双季早稻种植，其中以湘北洞庭湖区、湘中、湘东及湘东南地区种植面积较大。

一、作物特性

湖南省早稻品种（含杂交稻组合）以中熟当家，比例超过 40%，杂交早稻发展迅速，面积比例达到 30%左右。

（一）生育期

湖南省双季早稻全生育期一般在 100～115 天不等。早稻依据生育特点和栽培管理不同，一般可分为秧田期、返青期、分蘖期、孕穗期、抽穗期、成熟期。

1. 秧田期

湖南省早稻一般在 3 月底至 4 月初播种，4 月底 5 月初移栽，秧田期 30 天以内，三熟制早稻一般 4 月上旬播种，5 月 10 日左右移栽，秧田期 35 天左右。我省早稻育秧期多低温寒潮，导致烂秧，秧田期主攻目标就是培育适龄壮秧，防止烂秧。

2. 返青期分蘖期

水稻从秧盘（秧田）抛（插）到本田后至幼穗分化为返青分蘖期。早稻开始分蘖的日平均温度为 16～18℃，分蘖最适日平均温度为 22～25℃，同时分蘖需要充足的光照、水分和无机养分，叶片含氮（N）、磷（P_2O_5）、钾（K_2O）分别达到 5%、0.2% 和 1.5% 时分蘖速度最快。这一时期田间管理的主要任务是创造有利的环境条件，促进早发快发；形成更多的低位有效分蘖，为提高成穗率、争取穗大粒重打下基础，特别是应防止因低温寡照、缺素等各种不利因素造成的僵苗不发。

3. 孕穗抽穗期

湖南双季早稻一般 5 月底进入孕穗期。这一时期是决定穗粒形成和发育的重要阶段，主攻目标是争大穗，要求叶色青绿，叶挺不披，有弹性。最适温度 26～30℃，在昼温 35℃、夜温 25℃左右温差时最利于形成大穗。若遇低温寡照，对幼穗分化不利。抽穗扬花最适日平均温度为 25～30℃，同时要求光照充足，遇连续阴雨天等不利气候条件时，不利于抽穗扬花，影响结实率。

4. 灌浆成熟期

湖南双季早稻于 6 月下旬进入乳熟期，部分早熟品种于 7 月上旬开始收割，7 月中旬为集中收割期。灌浆成熟阶段要求昼夜温差大，光照足，主攻目标是养根保叶，防止早衰，增加千粒重。

（二）产量构成及影响因素

水稻产量构成因素包括：有效穗数、每穗粒数（单位面积颖花量）、结实率和粒重。水稻营养生长阶段决定有效穗数，营养生长与生殖生长并进阶段决定每穗粒数，生殖生长阶段决定结实率和粒重。影响早稻产量结构的因素有品种、土壤、施肥和气候等。施肥对早稻产量构成因素有明显的影响，桃源杂交早稻肥效试验结果显示，每亩最高苗、每亩有效穗与施氮水平分别呈极显著和显著对数正相关，R^2 值分别为 0.939 3** 和 0.878 9*；每穗总粒数与施氮水平呈极显著正相关，R^2 值为 0.948 0**；千粒重和施氮水平呈显著对数负相关（$R^2 = 0.901 4$*）。在缺磷土壤增施磷肥能够促进早稻早发，增加有效穗，从而提高产量。随着钾肥用量的增加，每穗实粒数、结实率均有明显的增加，千粒重随着施钾水平的提高有增加的趋势。

二、需肥特性

（一）氮、磷、钾养分吸收量

早稻氮、磷、钾养分吸收量，因品种、土壤肥力、产量水平及生长环境不同而有所差异，根据湖南省 5 年来的田间试验结果，早稻每 100kg 稻谷氮（N）、磷（P_2O_5）、钾（K_2O）的吸收量分别为 2.30kg、0.94kg 和 2.73kg。

（二）不同生育期氮、磷、钾养分吸收量

早稻吸氮高峰出现在分蘖—拔节期，约占总吸氮量的60%，至孕穗期，早稻吸收的氮占到全生育期吸氮总量的80%以上，吸收磷、钾的高峰期可从分蘖期一直持续到抽穗期以后，至孕穗期，早稻吸收磷、钾量分别占到全生育期磷、钾吸收总量的 63% 和 78%（见表 10-1）。各生育阶段的吸氮量与稻谷产量均呈显著正相关，而中后期的磷、钾吸收多为奢侈吸收，它与稻谷产量无相关性。

表 10-1　早稻不同生育期 N、P、K 养分吸收量

养分	项目	秧苗期	返青期	分蘖期	拔节期	孕穗期	抽穗期	灌浆成熟期	合计
N	kg/亩	0.06	0.82	2.00	1.84	0.87	0.55	0.48	6.62
	%	0.90	12.32	30.17	27.85	13.08	8.37	7.30	100.0

（续）

养分	项目	秧苗期	返青期	分蘖期	拔节期	孕穗期	抽穗期	灌浆成熟期	合计
P_2O_5	kg/亩	0.01	0.08	0.24	0.37	0.33	0.31	0.29	1.63
	%	0.65	4.79	14.64	22.82	20.37	18.81	17.79	100.0
K_2O	kg/亩	0.06	0.77	2.13	2.93	2.40	1.43	1.11	10.83
	%	0.57	7.12	19.64	27.07	22.17	13.21	10.24	100.0

（三）不同产量水平氮、磷、钾养分吸收量

早稻不同产量水平养分吸收量有明显差异，高产田块早稻氮吸收量明显高于低产田块，但单位产量氮吸收量低于低产田块；随着产量水平提高，早稻钾的吸收量和单位产量钾吸收量均明显提高（见表 10 - 2）。

表 10 - 2 早稻不同产量水平 N、P、K 养分吸收量

产量水平（kg/亩）	平均产量（kg/亩）	养分吸收量（kg/亩）			100kg 产量养分吸收量（kg）		
		N	P_2O_5	K_2O	N	P_2O_5	K_2O
<350	310.5	6.3	1.6	8.7	2.02	0.51	2.81
351~400	391.3	7.4	2.7	9.7	1.90	0.68	2.49
401~450	424.7	7.3	2.2	10.1	1.71	0.53	2.38
451~500	474.0	9.0	3.7	13.5	1.90	0.79	2.85
>500	524.0	8.7	3.3	15.6	1.66	0.63	2.97

三、推荐施肥方案

（一）氮肥推荐

早稻氮肥施用量应综合考虑土壤肥力水平、品种生产潜力、目标产量等因素确定，表 10 - 3 是根据湖南省 5 年来田间试验结果建立早稻氮肥效应模型，计算得出的早稻氮肥最

佳施肥量。

表 10 - 3　双季早稻氮肥推荐施用量

肥力水平	地力产量 （kg/亩）	推荐施氮（N）量（kg/亩）			
		目标产量 <400	目标产量 400～450	目标产量 450～500	目标产量 >500
低	<200	8.5～9	9～10	—	—
中	200～300	8～9	9～9.5	10.5～11	11～12
高	>300	—	8.5～9	10～10.5	10～10.5

（二）磷肥推荐

根据多年多点田间试验结果，确定湖南省不同区域早稻磷肥推荐施肥量（见表 10 - 4）。

表 10 - 4　双季早稻磷肥推荐施肥量

区域	土壤有效磷分级		磷肥 （P_2O_5） 用量（kg/亩）
	丰缺等级	mg/kg	
湘北环洞庭湖区	低	<7	3.5～5.0
	中	7～14	2.5～4.5
	较高	14～26	2.0～3.5
	高	>26	0
湘东湘中区	低	<6.5	4.8～6.8
	中	6.5～16.5	3.3～4.8
	高	>16.5	<3.3
湘南区	低	<2.5	>4.9
	中	2.5～20	3.9～4.9
	高	>20	<3.9

（三）钾肥推荐

湖南省不同区域早稻钾肥推荐施肥量见表 10 - 5。

表 10-5 双季早稻钾肥推荐施肥量

区域	土壤速效钾分级		钾肥（P_2O_5）用量（kg/亩）
	丰缺等级	mg/kg	
湘北环洞庭湖区	低	<55	5.5～7.5
	中	55～95	4.0～6.5
	较高	95～160	2.0～4.0
	高	>160	0～2.0
湘东湘中区	低	<65	7.1～8.4
	中	65～140	5.8～7.1
	高	>140	<5.8
湘南区	低	<45	>4.7
	中	45～140	4.0～4.7
	高	>140	<4.0

四、施肥指导意见

早稻因为大田营养生长期短，秧苗小，移栽时温度低，早活蔸、早发是关键。早稻施肥采取有机肥与无机肥相结合，控制氮肥总量，调整基追肥比例，减少前期氮肥用量，实行氮肥施用适当后移，磷、钾养分长期恒量监控，中微量元素因缺补缺，基肥秒田深施，追肥与中耕结合，对缺锌土壤补施锌肥的施肥策略。

（一）增施有机肥，坚持有机肥与化肥配合施用

有机肥料的特点是肥效缓、稳、长、养分齐全，而化肥的特点是肥效快、猛、短。两者配合施用，可以取长补短、缓急相济，既有速效，又有后劲；既能改良土壤、培肥地力，又能促进增产、提高品质。早稻要求根据前作等具体情况施用足够的有机肥，一般每亩施用绿肥 1 000～1 500kg，或人畜粪 750～1 000kg/亩，或商品有机肥 50～100kg；三熟制早稻推广油菜秸秆还田。

（二）合理确定氮肥用量

测土配方施肥首先要准确确定氮肥的用量，表10-3是根据田间试验结果得出的不同土壤肥力、不同目标产量条件下每亩纯氮的用量，实际应用时应依据土壤肥力状况和品种特性等因素适当增减。土壤肥力水平较高时，土壤供氮能力强，氮肥用量适当减少，相反，土壤肥力水平较低、土壤供氮能力较弱时应适当增氮。相同肥力水平条件下，杂交早稻与常规早稻比较具有更大的增产潜力，应适当增加氮肥的用量。高产地区注意减氮，低产地区注意增氮。

（三）测土施磷、钾

早稻磷肥和钾肥的用量根据土壤有效磷和速效钾实际含量来确定（见表10-4、表10-5），湖南省早稻磷肥用量一般为：缺磷土壤施用过磷酸钙或钙镁磷肥30～40kg/亩，中磷土壤20～30kg/亩，丰磷土壤0～20kg/亩。早稻钾肥用量一般为：缺钾土壤施用氯化钾9.5～12.5kg/亩，中钾土壤6.5～10kg/亩，高钾土壤3.5～6.5kg/亩。施用农家肥较多的适当减少磷、钾肥的用量。

（四）针对性施用微肥

土壤有效锌含量在0.5mg/kg以下的，每亩用1.5～2kg硫酸锌作面肥，土壤有效锌0.5～1.0mg/kg的，亩施1～1.5kg硫酸锌做面肥。也可用硫酸锌300克左右加细干土，配成0.5%～2%的硫酸锌泥浆溶液沾秧根，效果很好。

一般稻田土壤pH越高，锌的有效性越低，另外，潜育性稻田往往缺锌，因此，碱紫泥、紫潮泥、灰泥田等石灰性母质发育的碱性稻田以及潜育型稻田应特别注重锌肥的施用。严重缺锌田（有效锌0.3mg/kg左右）可年年施用或隔年施用一次，一般缺锌田（有效锌0.6 mg/kg左右）可隔年施用一次。

（五）酸性稻田适当施用石灰

第二次土壤普查以后，我省稻田普遍停止了施用石灰，稻田土壤 pH 普遍下降，据湖南省测土配方施肥土壤样品测试结果统计，全省稻田土壤 pH 普遍下降，部分稻田 pH 降到 5.5 以下。为了促进水稻正常生长发育，提高水稻产量，pH 5.5 以下的稻田，早稻每亩施用石灰 30～50kg，施用石灰可在整田时作基肥施用，也可在中耕促蘖时施。石灰施用与否及用量应根据土壤酸碱度严格掌握，且逐年递减，当 pH 达到 6.5 左右时，停止施用石灰。

（六）确定科学的肥料运筹方案

早稻氮肥用量的 50％～60％作基肥，40％～50％作分蘖肥，杂交早稻或迟熟品种可按 5∶4∶1 的比例施用基肥、分蘖肥和穗粒肥，直播早稻 40％作基肥，60％作分蘖肥。磷肥全部作基肥施用，钾肥基、追肥各半。在施用有机肥基础上，早稻具体施肥方案为：

1. 尿素或碳铵（氮用量 50％～60％）＋磷肥＋氯化钾 50％做基肥，尿素（氮用量 40％～50％）＋氯化钾 50％做追肥。

2. 配方肥（或复合肥）做基肥，追肥用尿素和氯化钾补足氮和钾的用量。

推荐选用配方肥方案。

（七）喷施叶面肥

叶面肥具有吸收快，养分利用率高，施用方便等特点，特别是在水稻生育后期，根系活力降低，配合喷施叶面肥可延长剑叶寿命，促进光合产物运输，提高粒重，实现高产。在水稻抽穗后两周内，视其叶色深浅、群体大小和叶片披垂程度，每亩喷施 0.2％～0.3％磷酸二氢钾溶液 50～60kg；在缺锌症状出现后，每亩喷施 0.1％～0.3％硫酸锌溶液50～60kg。

第二节　晚　稻

　　湖南省晚稻常年种植面积在 2540 万亩左右，最高年份达到 3 147 万亩，2006～2008 年平均单产 400kg/亩。湖南双季晚稻主要分布在湘北洞庭湖区、湘中湘东地区以及湘南地区。湖南省双季晚稻以杂交稻占主导地位，"八五"、"九五"期间年播种面积比例超过了 84％；常规晚稻年播种面积及比例仅在 15％左右，且以优质稻品种为主。

一、作物特性

（一）生育期

　　晚稻全生育期一般在 112～125 天不等。晚稻依据生育特点和栽培管理不同，一般可分为秧田期、返青分蘖期、孕穗抽穗期、灌浆成熟期。

1. 秧田期

　　湖南省晚稻根据熟期不同，一般在 6 月 8 日～23 日播种，秧龄期 25～30 天。秧田期主攻目标是培育适龄多蘖壮秧。

2. 返青分蘖期

　　水稻从秧盘（秧田）抛（插）到本田后至幼穗分化为返青分蘖期。晚稻分蘖最适日平均温度为 22～30℃，同时分蘖需要充足的光照、水分和无机养分。主攻目标是插足基本苗，移栽后 5 天开始分蘖，幼穗分化开始前 15 天左右，总苗数达到丰产需要的穗数。

3. 孕穗抽穗期

　　晚稻孕穗期是决定穗粒形成和发育的重要阶段，主攻目标是争大穗，要求叶色青绿，叶挺不披，有弹性。最适温度 26～30℃，在昼温 35℃、夜温 25℃左右温差时最利于形成大穗。抽穗扬花最适日平均温度为 25～30℃，杂交晚稻对气温反应更加敏感，要求日平均气温不低于 22.5℃，不高于 29℃。同时要求光照充足，遇连续阴雨天等不利气候条件，不利于抽穗扬花，影响结实率。

4. 灌浆成熟期

灌浆成熟阶段要求昼夜温差大，光照足，主攻目标是养根保叶，防止早衰，增加千粒重。

确保晚稻安全齐穗是晚稻高产稳产的关键，根据晚稻安全齐穗对温度的要求和湖南的气候特点，杂交晚稻在湘北、湘西保证在 9 月 10 日前齐穗，湘中、湘东南分别保证在 9 月 15 日和 9 月 20 日前齐穗。

（二）产量构成及影响因素

晚稻产量构成：有效穗数、每穗粒数、结实率、粒重。总粒数与产量关系最密切，对增产的贡献率最高，而穗数是制约总粒数的主要因素。水稻高产群体必须在抽穗前建造足够大的库容，抽穗后尽可能提高籽粒充实度。湖南省双季晚稻目标产量 500kg/亩左右时，产量结构一般为 19～21 万穗/亩，总粒数 120～150 粒/穗，结实率 85％以上，千粒重 25g 左右。影响晚稻产量结构的因素有品种、土壤、施肥和气候等。施肥对晚稻产量构成因素有明显的影响，桃源杂交晚稻田间肥效试验结果显示，随着氮肥用量的增加，有效穗明显增加，千粒重亦有随着施氮量加大而增加的趋势；随着钾肥用量增加，晚稻每穗实粒数、结实率和千粒重均明显的增加。

二、需肥特性

（一）氮、磷、钾养分吸收量

晚稻氮、磷、钾养分吸收量，因品种、土壤肥力、产量水平及生长环境不同而有所差异，根据湖南省 5 年来的田间试验结果，晚稻每 100kg 稻谷氮（N）、磷（P_2O_5）、钾（K_2O）的吸收量分别为 2.39kg、0.86kg 和 2.71kg，氮磷钾三要素比为 1：0.40：1.13。

（二）不同生育期氮磷钾养分吸收量

晚稻在分蘖期和孕穗—抽穗期出现两个吸氮高峰，分别占总吸氮量的 40% 和 24% 左右，晚稻吸收磷、钾的高峰期仅在分蘖期，其吸收量占全生育期吸收量的 55% 以上（见表 10-6）。晚稻的磷、钾养分（尤其是磷素）利用效率比早稻高，晚稻吸收较少的养分而生产较多的稻谷。

表 10-6　晚稻不同生育期 N、P、K 养分吸收量

养分	项目	秧苗期	返青期	分蘖期	拔节期	孕穗期	抽穗期	灌浆成熟期	合计
N	kg/亩	0.39	1.32	3.99	0.51	1.36	1.07	1.28	9.92
	%	3.91	13.26	40.26	5.15	13.67	10.81	12.88	100.0
P_2O_5	kg/亩	0.079	0.231	0.907	0.143	0.106	0.063	0.038	1.57
	%	5.02	14.77	57.90	9.11	6.77	4.00	2.43	100.0
K_2O	kg/亩	0.39	1.57	7.79	2.07	1.18	0.82	0.30	14.11
	%	2.75	11.11	55.19	14.68	8.37	5.81	2.10	100.0

（三）不同产量水平氮、磷、钾养分吸收量

晚稻不同产量水平养分吸收量有明显差异，高产丘块晚稻氮、磷、钾吸收总量明显高于低产丘块，但单位产量氮吸收量低于低产田块，随着产量水平提高，晚稻单位产量氮吸收量减少，钾吸收量明显增加（见表 10-7）。

表 10-7　晚稻不同产量水平 N、P、K 养分吸收量

产量水平（kg/亩）	平均产量（kg/亩）	养分吸收量（kg/亩）			100kg 产量养分吸收量（kg）		
		N	P_2O_5	K_2O	N	P_2O_5	K_2O
<400	367.0	6.64	2.54	9.83	1.81	0.69	2.68

（续）

产量水平 （kg/亩）	平均产量 （kg/亩）	养分吸收量 （kg/亩）			100kg 产量养分吸收量 （kg）		
		N	P_2O_5	K_2O	N	P_2O_5	K_2O
401～450	428.3	8.04	2.79	11.59	1.88	0.65	2.71
451～500	482.1	8.03	3.52	14.32	1.67	0.73	2.97
501～550	526.6	8.93	3.85	15.38	1.70	0.73	2.92
＞550	599.8	8.99	4.00	18.32	1.50	0.67	3.05

三、推荐施肥方案

（一）氮肥推荐

表 10-8 是根据湖南省 5 年来田间试验结果建立晚稻氮肥效应模型，计算得出的晚稻氮肥最佳施肥量。中等肥力稻田，目标产量 450～500kg/亩，每亩纯氮（N）用量 10.0kg 左右。

表 10-8　双季晚稻氮肥推荐施肥量

肥力水平	地力产量 （kg/亩）	氮肥（N）推荐施肥量（kg/亩）			
		目标产量 ＜400	目标产量 400～450	目标产量 450～500	目标产量 ＞500
低	＜250	9.5～10	10～12	—	—
中	250～350	9～9.5	9.5～10	10～11	11～12
高	＞350	—	8～9	9～10.5	10.5～11.5

（二）磷肥推荐

磷肥在晚稻上的增产效果与土壤有效磷含量有关，土壤有效磷低于 7.0mg/kg 时，磷肥的增产效果为 7.6%～35.6%，平均 18.8%；有效磷 7.0～14.0mg/kg 时，磷肥的增产效果为 -8%～23.7%，平均 10.3%；有效磷高于

14.0mg/kg 时，磷肥增产效果为 $-7.3\%\sim17.9\%$，平均 5.7%。根据多年多点田间试验结果，确定湖南省不同区域晚稻磷肥推荐施肥量（见表 10-9）。

表 10-9　双季晚稻磷肥推荐施肥量

区域	土壤有效磷分级		磷肥（P_2O_5）用量（kg/亩）
	丰缺等级	mg/kg	
湘北环洞庭湖区	低	<4	2.6
	中	4~8	2.0~2.5
	较高	8~15	1.5~2.5
	高	>15	0
湘东湘中区	低	<6.5	4.7~8.0
	中	6.5~16.5	2.0~4.7
	高	>16.5	<2.0
湘南区	低	<4.5	>4.8
	中	4.5~13	2.2~4.8
	高	>13	<2.2

（三）钾肥推荐

钾肥施用量应依据土壤速效钾含量水平确定，根据多年来的田间试验结果，拟定湖南省稻田土壤速效钾养分丰缺等级标准及相应的钾肥推荐施肥量（见表 10-10）。

表 10-10　双季晚稻钾肥推荐施肥量

区域	土壤速效钾分级		钾肥（K_2O）用量（kg/亩）
	丰缺等级	mg/kg	
湘北环洞庭湖区	低	<35	6.5~7.5
	中	35~65	4.0~7.0
	较高	65~135	3.5~5.5
	高	>135	2.0~4.0

（续）

区域	土壤速效钾分级		钾肥（K_2O）用量（kg/亩）
	丰缺等级	mg/kg	
湘东湘中区	极低	＜30	＞8.9
	低	30～65	7.3～8.9
	中	65～140	5.7～7.3
	高	＞140	＜5.7
湘南区	低	＜65	＞7.1
	中	65～125	4.7～7.1
	高	＞125	＜4.7

四、施肥指导意见

（一）晚稻秧田控氮增钾

晚稻秧田的施肥技术与早、中稻有显著不同。育秧期气温和泥温都比较高，土壤中养分释放和肥料分解均比较快，秧龄又比较长，育秧的要求是既需要秧苗粗壮清秀，又必须避免秧苗生长过旺，出现徒长秧和拔节秧。因此，晚稻秧田宜用肥效缓而持久的有机肥料如塘泥、猪粪尿等作基肥，氯化钾 8kg/亩左右作面肥。一般不用或少用化学氮肥作基肥，以利控制秧苗生长。氮肥作追肥，必须严格看苗施用，秧苗中期无缺肥现象则不追氮肥。一般在移栽前两三天施起身肥，每亩追施尿素 2.5kg。

（二）重视有机肥施用

晚稻田推广稻草还田，应该注意稻草还田必须配和施用 15～25kg/亩速效氮肥（碳铵）作基肥，防止生物夺氮。建议使用秸秆腐熟剂，以加速稻草的腐熟。

（三）确定合理的氮、磷、钾用量

晚稻氮肥用量须根据土壤肥力状况和作物品种特性适当增减，在建议平均施氮量基础上，高肥力田块减少施氮量 1～1.5kg/亩，低肥力田块增加氮肥用量 1～1.5kg/亩。杂交晚稻增产潜力大，增加氮肥用量 1～2kg/亩，优质晚稻应适当控制、减少氮肥用量，以确保稻米品质，防止倒伏。

随着淹水时间的增加和气温的升高，晚稻生长期土壤磷的有效性提高，晚稻施用磷肥的效果明显低于早稻。土壤有效磷大于 14.0mg/kg 时不推荐施磷肥，低于 14.0mg/kg 时，晚稻推荐施用磷肥 12.5～20kg/亩。施用农家肥较多的情况下可以少施或不施磷肥。

晚稻应重视钾肥的施用，晚稻钾肥的用量须根据土壤速效钾含量水平确定，缺钾土壤，晚稻钾肥推荐施肥量为氯化钾 10～12.5kg/亩，中钾土壤 6.5～10kg/亩，高钾土壤 3.5～6.5kg/亩。未稻草还田和施用其他有机肥的情况下，应增加钾肥用量 2～2.5kg/亩。

（四）确定适宜的基、追肥比例

氮肥的 50%～60% 作基肥，40%～50% 作追肥，黏性稻田基肥的比例适当偏重。磷肥全部作基肥，钾肥采用基、追肥比例各半。推荐用水稻（或晚稻）专用配方肥做基肥，用量以晚稻纯氮用量的 50%～60% 计，追肥用尿素和氯化钾补足氮、钾用量。基肥在移栽前施下，移栽后一周左右追施分蘖肥，晒田复水后至抽穗前 15 天看苗追施穗肥，每亩用尿素 3～5kg。

（五）后期重视叶面肥的施用

在晚稻抽穗至齐穗期，每亩用磷酸二氢钾 200g，兑水 50kg，叶面喷施，以加快灌浆速率，提高千粒重。如果晚稻抽穗期遭遇"寒露风"，"包颈"现象严重，不能安全齐穗的田块，在始穗期（抽穗 10％）每亩用"九二〇"1g、磷酸二氢钾 200g，兑水 50kg 叶面喷施。

第三节 中 稻

湖南省中稻常年种植面积在 1400 万亩左右，占全省水稻种植面积的 1/5。全省各地都有中稻种植，其中湘西、湘西南部分地区因气候条件只适宜种植中稻。中稻生育过程内光、温、水资源优越，匹配较好，单产较高。

一、作物特性

与早、晚稻相比，中稻具有以下三个方面的明显特点：

（1）生育期长，中稻生长期由低温到高温，再由高温到低温，生育期较早、晚稻长。

（2）营养生长期长，中稻一般分蘖力强，分蘖多，营养生长期较长。

（3）季节矛盾小，中稻播期调节范围较大，有利于前后季作物的播种和收获。

（一）生育期

中稻全生育期一般 130～160 天，整个生育过程可以分为秧田期、移栽返青期、分蘖期、幼穗分化至抽穗期、灌浆黄熟期。

1. 秧田期

我省双季稻区一般 4 月上旬到 4 月中旬播种，5 月上旬到 5 月中旬移栽，湘西、湘西南山区一般 4 月中旬到 4 月下旬播种，5 月中旬到 5 月下旬移栽，中稻秧龄一般是 30～35 天。秧田期主攻目标是控长促蘖、培育壮秧。

2. 移栽返青期

移栽返青期一般为 5 天左右。此阶段的目标是插足基本苗，恢复禾苗生机。

3. 分蘖期

插秧 5 天后，禾苗进入分蘖期，到幼穗分化前 15 天，大田苗数基本上达到丰产所需要的苗数。此期的目标是促蘖增穗。

4. 幼穗分化至抽穗期

此阶段是中稻产量形成的关键时期，分蘖盛期后，进入生殖生长期，中稻开始幼穗分化，禾苗叶面积逐渐增大，干物质积累逐渐增多。目标是保穗增粒，达到穗、粒并重。

5. 灌浆黄熟期

中稻抽穗以后直至成熟，禾苗的光合作用促进淀粉形成和贮存，促进籽粒饱满，提高千粒重，增加产量。目标是促粒饱，减少空秕，增加产量。

（二）产量构成及影响因素

构成中稻产量的因素有：有效穗数、每穗粒数、结实率、粒重。水稻营养生长阶段决定有效穗数，营养生长与生殖生长并进阶段决定每穗粒数，生殖生长阶段决定结实率和粒重。中稻产量 600kg/亩左右时，每亩有效穗 18～20 万穗，每穗总粒数 130～180 粒，结实率 80% 左右，千粒重 25g 左右。影响中稻产量的因素有品种、土壤、施肥和气候等。

二、需肥特性

（一）氮、磷、钾养分吸收量

中稻对氮、磷、钾的吸收总量一般是通过水稻收获物的总量和含量计算出来的。根据湖南省 2005～2009 年田间试验结果，每生产 100kg 稻谷需吸收氮（N）2.04～2.36kg、磷（P_2O_5）0.92～1.22kg、钾（K_2O）2.5～3.16kg，氮、磷、钾的比例约为 1：0.49：1.29。因栽培地区、品种类型、土壤肥力、施肥和产量水平等不同，中稻对氮、磷、钾的吸收量会发生一些变化。

（二）不同生育期氮、磷、钾养分吸收量

中稻吸肥有两个明显的高峰期，一个出现在分蘖期，另一个出现在幼穗分化期，且后期吸肥高峰比前期高。

1. 秧田期

此阶段秧苗吸收的养分占水稻全生育期的 10% 左右，需要的养分以氮为最多，其次为磷、钾等。

2. 移栽返青期

禾苗主要是恢复生机，需肥量很少。

3. 分蘖期

是中稻吸肥高峰，氮的吸收率约占全生育期吸氮量的 30%，磷的吸收占 16%～18%，钾的吸收约占 20%。

4. 幼穗分化至抽穗期

这是中稻一生中吸收养分数量最多和强度最大时期，吸收氮、磷、钾养分几乎占水稻全生育期养分吸收总量的一半左右。

5. 灌浆黄熟期

禾苗进入后熟期，植株生理机能逐渐衰竭，根系吸收能力减弱，吸收养分的数量显著减少，氮的吸收率为 16%～19%，磷的吸收率为 24%～36%，钾的吸收率为 16%～27%。

（三）不同产量水平氮、磷、钾养分吸收量

根据 2005～2009 年湖南省中稻田间肥效试验结果，不同产量水平养分吸收量有明显差异，高产丘块氮、磷、钾吸收总均量明显高于低产丘块，但随着产量水平提高，单位产量氮吸收量减少，而钾的吸收量明显增加（见表 10 - 11）。

表 10 - 11 不同产量水平下中稻 N、P、K 的吸收量

产量水平 (kg/亩)	平均产量 (kg/亩)	养分吸收量 (kg/亩)			100kg 产量养分吸收量 (kg)		
		N	P_2O_5	K_2O	N	P_2O_5	K_2O
<450	428.2	10.11	5.22	10.71	2.36	1.22	2.50
450~500	462.8	10.69	5.28	12.03	2.31	1.14	2.60
500~550	526.4	11.79	5.69	14.32	2.24	1.08	2.72
550~600	573.5	12.39	5.79	16.52	2.16	1.01	2.88
>600	628.3	12.82	5.78	19.85	2.04	0.92	3.16

三、推荐施肥方案

（一）氮肥推荐

基础地力产量决定目标产量，基础地力可划分为高、中、低肥力水平。高、中、低肥力水平对应的基础地力产量分别为：≥400kg/亩、300~400kg/亩、<300kg/亩。汇总湖南省 2005~2009 年田间试验得出的最佳推荐施肥量，提出不同目标产量下的氮肥推荐施用量（见表 10 - 12）。

表 10 - 12 中稻推荐施氮（N）量

地力水平	地力产量 (kg/亩)	目标产量（kg/亩）				
		<450	450~500	500~550	550~600	≥600
低	<300	9.5	9.5~10.4	10.4~11.5	11.5~12.8	12.8~14
中	300~400	—	8.8~9.5	9.8~10.4	10.5~11.5	11.5~13
高	≥400	—	—	9~9.8	9.5~10.5	10.5~12

（二）磷肥推荐

磷肥推荐施用量与土壤磷的有效性相关，根据土壤检测

和田间试验结果将土壤有效磷含量分为高、较高、中、较低、低肥力水平，高、中、低肥力土壤有效磷含量分别是 $\geqslant 24\text{mg/kg}$、$24\sim18\text{mg/kg}$、$18\sim12\text{mg/kg}$、$12\sim6\text{mg/kg}$、$<6\text{mg/kg}$。根据土壤有效磷丰缺指标拟定中稻磷肥推荐施用量（见表 10 - 13）。

表 10 - 13　中稻推荐施磷量

土壤有效磷丰缺指标	土壤有效磷（mg/kg）	磷肥（P_2O_5）用量（kg/亩）
低	<6	$\geqslant 6$
较低	$6\sim12$	$6\sim5.4$
中	$12\sim18$	$5.4\sim4.2$
较高	$18\sim24$	$4.2\sim3$
高	$\geqslant 24$	<3

（三）钾肥推荐

钾肥施用与土壤钾的有效性相关，土壤速效钾含量分为高、较高、中、较低、低肥力水平，对应的土壤速效钾含量分别 $\geqslant 150\text{mg/kg}$、$150\sim120\text{mg/kg}$、$120\sim90\text{mg/kg}$、$90\sim60\text{mg/kg}$、$<60\text{mg/kg}$，缺钾区相对产量分别为 $\geqslant 90\%$、$80\%\sim90\%$、$70\%\sim80\%$、$60\%\sim70\%$、$<60\%$。汇总湖南省 2005～2009 年田间肥效试验最佳施钾量结果，提出不同土壤速效钾水平下的钾肥施用量（见表 10 - 14）。

表 10 - 14　中稻推荐施钾量

养分丰缺状况	土壤速效钾（mg/kg）	钾肥（K_2O）用量（kg/亩）
低	<60	$\geqslant 9$
较低	$60\sim90$	$9\sim6.6$
中	$90\sim120$	$6.6\sim5.4$
较高	$120\sim150$	$5.4\sim3.6$
高	$\geqslant 150$	<3.6

四、施肥指导意见

（一）施肥原则

1. 有机、无机肥料配合使用

有机、无机肥料配合施用可保证土壤的有机质平衡，是提高土壤肥力和肥料利用率，与调节当季中稻营养条件相结合的一种施肥制度，同时，有机肥钾含量可占水稻吸收的一半以上。

2. 氮、磷、钾肥料配合使用

由于各种养分对中稻生长发育具有不同的作用，因此，在中稻施肥上必须重视氮、磷、钾肥料的配合使用，使各种营养元素之间的比例协调，互相促进，有利于水稻高产。

3. 合理施用中微量元素肥料

在缺锌的地区施用锌肥，保持秧苗体内具有一定的锌浓度，能使移栽后早返青、早分蘖，有利于提高产量。施用硅肥能增强中稻对病虫害的抵抗能力和抗倒伏能力，起到增产的作用，并能提高稻米品质。

4. 注重施肥时期与施用方法

缺磷对中稻的影响，以秧苗期为最大，分蘖期次之，分蘖期以后的影响则甚小。因此，磷肥以早期用作基肥为宜。钾肥都可用作基肥，但在代换量小，钾的淋溶损失较大的沙质土壤上，也可以一部分用作追肥使用。

5. 坚持以水调肥

做到浅水返青、湿润分蘖，每亩苗数达到 20 万株时开始露田或晒田，采取多次轻晒方法。幼穗分化后灌水并保持浅水层，足水抽穗，干湿壮籽，后期保持湿润至成熟，收获前 7 天断水，切忌断水过早。

（二）秧田施肥

秧田基肥应重施优质有机肥，一般每亩施用 500～

1 000kg，同时每亩施用尿素 7.5～10kg、过磷酸钙 25～30kg、氯化钾 5～6kg 或亩施复合肥（15 - 15 - 15）20～25kg，促使苗壮苗齐。移栽前 4～5 天，每亩施用尿素 6～7kg 作为送嫁肥，以利秧苗移栽后尽快返青，恢复生长。

（三）大田施肥

1. 重施基肥

一般亩施有机肥 1 000～1 500kg，碳铵 40～50kg、过磷酸钙 40～50kg、氯化钾 8～10kg 或亩施复合肥（15 - 15 - 15）30～40kg，另外缺锌稻田每亩施用硫酸锌 1～1.5kg。大田基肥应在插秧前结合耕耙施用，防止流失。

2. 早施分蘖肥

移栽返青后 5～7 天施用分蘖肥，以促进低节位分蘖，起到增穗作用。一般亩施尿素 10～15kg、氯化钾 5～10kg。

3. 巧施穗肥

在幼穗分化前 5～7 天视其群体和叶色落黄情况施保花或促花肥。对于群体较小、长势较弱的田块，可采用促保兼顾，亩施 5kg 尿素做穗肥；对于群体过大、长势过旺的田块，穗肥不必施用。

4. 补施粒肥

在水稻抽穗后 15 天之内，视其叶色深浅、群体大小和叶片披垂程度，叶面喷施磷酸二氢钾、尿素或过磷酸钙浸提液等，可延长剑叶寿命，促进光合产物运输，提高粒重，实现高产。一般每亩喷施 0.2％～0.3％磷酸二氢钾溶液 50～60kg；有缺锌症状的，每亩喷施 0.1％～0.3％硫酸锌溶液 50～60kg；对抽穗前叶片有褪绿发黄的地块，可亩施尿素 3～4kg。应当注意，前期肥足、中期分蘖过多过旺、叶色浓绿、有贪青晚熟趋势的田块，不应追施粒肥。

第四节　超　级　稻

超级稻即超高产水稻，是采用理想株型塑造与杂种优势利用相结合的技术路线等有效途径育成的，产量潜力大，配套超高产栽培技术后，比现有水稻品种在产量上有大幅度的提高，并兼顾品质和抗性的水稻新品种。超级稻具有分蘖适中、剑叶挺直、高矮适宜、坚韧抗倒、穗大粒多的形态结构，光合效率高、根系活力强、源库流协调的生理机能和高产、高抗等优良性状聚合的遗传基础。种植超级稻已成为广大种粮农民增产增收的一条有效途径。

一、作物特性

(一) 区域布局与品种选择

我国的超级稻包括超级杂交稻和超级常规稻。湖南省目前大面积种植的超级稻主要是超级杂交稻。由于我省水稻种植的生态区域、稻作制度和品种类型较为复杂，气候、土壤和肥水差异大，超级稻品种本身特征差异大，不可能有一个在全省都适合种植的品种。所以，在超级稻推广应用时，必须先考虑品种的生态适应性，通过试验和示范，才能大面积种植。截至 2009 年，农业部评审并向全国推荐了 69 个符合超级稻标准的水稻品种（组合），湖南省农业厅评审推荐了 14 个省级超级稻品种（组合）。通过全省各地几年的试验、示范与推广种植，从部、省评审推荐的级超级稻品种（组合）中，筛选出一批适宜湖南省种植的超级稻品种（组合）。目前适宜湖南省种植的主要超级早稻品种（组合）有：株两优 819、两优 287、中早 22、陆两优 996、株两优 02 和株两优 30；主要超级中稻品种（组合）有：Y 两优 1 号、两优培九、准两优 527、国稻 1 号、国稻 6 号、中浙优 1 号、D优 527、Ⅱ优明 86、Ⅱ优航 1 号、Q 优 6 号、天优 998、内

2优6号、Y两优3218、Y两优302、Y两优7号、C两优396、资优1007和科优21；主要超级晚稻品种（组合）有：丰优299、金优299、T优640、T优272、Y两优372和天优华占。超级杂交稻既有早稻、晚稻、一季稻的稻作季别之分，也有早熟、中熟和迟熟的品种熟期之分，更有湘东、湘南、湘西和湘北的种植区域之分。生产上，双季稻栽培要求两季都高产，必须根据当地的光照、温度及灌溉水源等条件搞好早晚两季品种搭配。例如，湘南地区光、温资源条件好，双季稻生长的时间较长，可选择迟配迟；而湘北地区双季稻生长的时间较短，可选择中配中。

（二）生育期

1. 秧田期

当前，我省的主要育秧方式有：湿润育秧、薄膜保温育秧、两段育秧、半旱式育秧、旱育秧和塑料软盘育秧。超级早稻一般在3月20日～3月底播种，湘南稍早，湘北稍迟；旱育秧稍早，水秧稍迟。软盘育秧秧龄20天左右，3叶1心开始抛秧；湿润秧秧龄28天以内，不超过30天。一季稻可在4月中旬～5月下旬播种，一般采取半旱式育秧，保持秧田厢面湿润和厢沟有水，秧龄28～30天，叶龄5叶1心插秧。晚稻以最佳抽穗扬花期确定播种期，根据各品种生育期长短，一般6月中下旬播种，以两段育秧为主，出苗后1叶1心期在秧厢无水条件下每亩秧田喷施15％多效唑200克，兑水100kg，喷施后12～24小时灌水，同时注意秧田施肥和防治病虫害。

2. 移栽返青期

移栽返青期长短因天气条件和秧苗大小而定，一般4～7天。栽培时实行浅水插秧活棵，移栽后露田2～3天，然后结合施肥除草，保持浅水（2～3cm）4～5天，切忌灌水过深，移栽后如遇低温，可采用白天灌浅水，晚上则灌深水以保温。

3. 大田分蘖期

超级杂交稻在移栽后 5～7 天，如果日平均温度达到 20℃ 以上，分蘖开始生长。分蘖生长的速度与温度有关，分蘖动态存在品种间差异和年度间差异。在同一地点的相同日期播种和移栽，不同超级稻品种的分蘖增长速度不同，但达到最高分蘖期（即群体最高苗数）的日期相同。生产上，超级杂交稻在移栽后 20～25 天，达到最高分蘖期，一般早稻为 5 月 25 日左右，晚稻为 8 月 10 日左右，一季中稻为 6 月 30 日左右。在移栽后约 15 天，达到有效分蘖终止期，一般早稻为 8.3～9.3 叶，晚稻为 9.7～10.1 叶，一季中稻为 9.6～10.1 叶。栽培上分蘖期以无水层或湿润露田为主，促分蘖早发、快发，多生低位蘖。当分蘖达到预期穗数后，要控制无效分蘖的发生，方法是排水晒田。晒田时期根据具体品种苗数决定。如果欲控制 n＋1 叶龄期产生的无效分蘖，合适的晒田时期应提前在 n－1 叶，如主茎总叶数为 17 叶、伸长节间数 5 的品种，希望在 13 叶控制无效分蘖发生，那么在 11 叶就要开始晒田。

4. 幼穗分化与抽穗扬花期

水稻在完成一定的营养生长后，茎的生长点便转入幼穗分化。3 月 25 日播种的超级早稻，5 月 16 日左右进入幼穗分化，6 月 15 日左右抽穗；4 月 26 日播种的中稻，7 月 13 日进入幼穗分化，7 月 24 日左右抽穗。大穗是超级杂交稻高产的显著特点，促进大穗形成是超级杂交稻是否高产的关键。培育大穗要主攻四个环节：一是选定大穗型品种；二是促茎秆粗壮，根系发达；三是加强肥水管理，在幼穗分化 Ⅱ～Ⅲ 期施好保花肥；四是创造一个形成大穗的优良环境。幼穗分化的最适温度为 26～30℃，而以昼温 35℃、夜温 25℃ 最利于形成大穗，昼夜温差大的地区更易形成大穗。通过对大穗加以调控，确保每穗颖花数在 200～250 粒，每亩总颖花数达到 4 000 万以上。稻穗分化形成后，就依次进入抽穗、开花和受精。这一阶段一是保证安全齐穗；二是提高结实率，实行干湿交替的灌溉方式，施好粒肥。

5. 成熟期

水稻开花授粉后 10～15 天，进入灌浆期，然后逐步成熟。早稻成熟期 30 天左右，晚稻 35 天左右，中稻 45 天左右，一季晚稻 35 天左右。这一时期要采取干干湿湿的灌溉方式，达到以气养根，以根保叶，青杆黄熟，籽粒饱满的目的。同时，由于超级杂交稻大都属于大穗型品种，两次灌浆高峰比较明显，虽然每穗的强势花与弱势花开花时间差别不大，但两者灌浆时间相差 10 天以上，因此切忌断水过早，要保持田间湿润至收获。

二、养分需求规律

超级稻群体大，营养生长期较长，需肥量较大，为了给高产提供物质保证，实行定目标产量，定肥料指标。施肥应考虑植株各生育期对氮、磷、钾的需求，采取分期施用，早稻一般每亩施纯氮（N）10～12kg、磷（P_2O_5）5～6kg、钾（K_2O）11～13kg，氮：磷：钾＝1：0.5：1.1。中稻一般每亩施纯氮（N）13～15kg、磷（P_2O_5）5～7kg、钾（K_2O）13～14kg，氮：磷：钾＝1：0.5：1。晚稻一般每亩施纯氮（N）11～13kg、磷（P_2O_5）0～2kg、钾（K_2O）11～13kg，氮：磷：钾＝1：0.2：1。

超级稻不同产量水平氮、磷、钾养分吸收量见表10-15。

表 10-15　不同产量水平下超级稻氮、磷、钾的吸收量

品种	产量水平（kg/亩）	养分吸收量（kg/亩）		
		N	P_2O_5	K_2O
超级早稻	400～450	9.5～10.5	4～4.5	10～11
	450～500	10.5～11	4.5～5	11～12
	500～550	11～12	5～5.5	12～13

（续）

品种	产量水平（kg/亩）	养分吸收量（kg/亩）		
		N	P$_2$O$_5$	K$_2$O
超级中稻	500～600	10.5～11.5	5～5.5	11～12
	600～700	11.5～12.5	5.5～6	12～13
	700～750	12.5～14	6～6.5	13～14
超级晚稻	400～450	10～11	2～2.5	10～11
	450～500	11～11.5	2.5～3	11～12
	500～550	11.5～12	3～3.5	12～13

三、推荐施肥

超级稻施肥应掌握"攻头、稳中、保尾"的原则，施肥方法是：基肥一般亩施猪、牛栏粪或人粪尿 1 000～2 000kg，满足超级稻对各营养元素的需求，结合犁耙田施纯氮（N）7～8kg、过磷酸钙 40～50kg、氯化钾 10kg；栽后 6～7 天施分蘖肥，亩施氮（N）3～4kg 加氯化钾 5kg；当苗数达到所需有效穗后进行搁田，控制无效分蘖。穗肥在幼穗分化二期施用，亩施尿素 3～5kg、氯化钾 5kg。由于超级稻一般有两段灌浆现象，后期一定要强调粒肥和根外追肥，延缓衰老，达到养根保叶作用；穗肥施后 7 天施粒肥，这次施肥应结合气候、水稻长相科学施用，如水稻生长旺盛，叶片过长，阴雨天气，应少施或不施；如水稻长相较健壮，叶片挺直，长短适宜，阳光充足，可适当多施，一般亩施三元复合肥 5～7kg；在破口、齐穗期用 0.25kg 磷酸二氢钾兑水 60kg 各喷施一次，确保超级稻需肥要求。

（一）氮肥推荐

根据 2005～2009 年全省各地超级稻田间肥效试验和典

型农户施肥情况调查结果，适宜各地超级早、中、晚稻高产栽培氮肥最佳施肥量推荐指标见表 10-16。

表 10-16 不同目标产量超级稻氮肥（N）推荐指标

（单位：kg/亩）

地力产量		目标产量		
		400～450	450～500	500～550
超级早稻	高	9.0～9.5	9.5～10.0	10.0～10.5
	中	9.5～10.0	10.0～10.5	10.5～11.0
	低	10.0～11.0	11.0～11.5	11.5～12.0

地力产量		目标产量		
		400～450	450～500	500～550
超级晚稻	高	9.5～10.0	10.0～10.5	10.5～11.0
	中	10.0～10.5	10.5～11.0	11.0～11.5
	低	10.5～11.0	11.0～11.5	11.5～12.0

地力产量		目标产量		
		450～550	550～650	650～750
超级中稻	高	9.5～10.5	10.5～11.5	11.5～12.5
	中	10.5～11.5	11.5～12.5	12.5～13.5
	低	11.5～12.5	12.5～13.5	13.5～14.5

（二）磷肥推荐

根据 2005～2009 年全省各地超级稻田间肥效试验和典型农户施肥情况调查结果，适宜各地超级早、中、晚稻高产栽培磷肥最佳施肥量推荐指标见表 10-17。

（三）钾肥推荐

根据 2005～2009 年全省各地超级稻田间肥效试验和典型农户施肥情况调查结果，适宜各地超级早、中、晚稻高产栽培钾肥最佳施肥量推荐指标见表 10-18。

表 10-17　不同目标产量超级稻磷肥（P_2O_5）推荐指标

（单位：kg/亩）

地力产量		目标产量		
		400～450	450～500	500～550
超级早稻	高	4.0～4.5	4.5～5.0	5.0～5.5
	中	4.5～5.0	5.0～5.5	5.5～6.0
	低	5.0～5.5	5.5～6.0	6.0～6.5
地力产量		目标产量		
		400～450	450～500	500～550
超级晚稻	高	0～1.0	1.0～1.5	1.5～2.0
	中	0～1.0	1.0～1.5	1.5～2.0
	低	1～1.5	1.5～2.0	2.0～3.0
地力产量		目标产量		
		450～550	550～650	650～750
超级中稻	高	4.0～4.5	4.5～5.0	5.0～5.5
	中	4.5～5.0	5.0～5.5	5.5～6.0
	低	5.0～5.5	5.5～6.0	6.0～6.5

表 10-18　不同目标产量超级稻钾肥（K_2O）推荐指标

（单位：kg/亩）

地力产量		目标产量		
		400～450	450～500	500～550
超级早稻	高	6.0～6.5	6.5～7.0	7.0～7.5
	中	6.5～7.0	7.0～7.5	7.5～8.0
	低	7.0～7.5	7.5～8.0	8.0～8.5
地力产量		目标产量		
		400～450	450～500	500～550
超级晚稻	高	6.0～6.5	6.5～7.0	7.0～7.5
	中	6.5～7.0	7.0～7.5	7.5～8.0
	低	7.0～7.5	7.5～8.5	8.5～9.0

（续）

地力产量		目标产量		
		450～550	550～650	650～750
超级中稻	高	6.5～7.0	7.0～7.5	7.5～8.0
	中	7.0～7.5	7.5～8.0	8.0～8.5
	低	7.5～8.0	8.0～8.5	8.5～9.5

（四）中微量元素肥料推荐

目前我们通常所指的中微量元素肥料是指硅、钙、镁、硫、锌、硼、钼、锰、铁、铜、氯等 11 种元素。是作物必须的营养元素，需要量不大，但不可缺少，这些元素土壤中贮存数量一般较多，一般情况可满足作物的需求，但不同成土母质的土壤含量不同，不同土壤质地、不同作物对中微量元素的需求存在一定的差异，应根据土壤中微量元素有效含量，确定其丰缺情况（见表 10－19），做到缺素补素。一般情况下，在土壤中微量元素有效含量低时作物易产生缺素症，所补给的中微量元素才能达到增产效果。各地应根据土壤化验结果合理补施中微量元素。

表 10－19　土壤微量元素有效含量丰缺指标

微量元素	级别（mg/kg）				
	很低	低	中	高	很高
锌（Zn）	＜0.5	0.5～1.0	1.1～2.0	2.1～4	＞4.0
硼（B）	＜0.25	0.25～0.5	0.5～1.0	1.1～2.0	＞2.0
钼（Mo）	＜0.1	0.1～0.15	0.16～0.2	0.21～0.3	＞0.3
锰（Mn）	＜5	5.1～10	10.1～20	20.1～30.0	＞30
铁（Fe）	＜2.5	2.5～4.5	4.5～10	10～20	＞20
铜（Cu）	＜0.1	0.1～0.2	0.2～1.0	1.1～2.0	＞2.0

（五）叶面肥推荐

超级稻生育期较长，根系发达，茎秆粗壮，需肥量比一般杂交水稻要大，大部分超级稻有二次灌浆现象，因此在后期需要喷施叶面肥，以补充后期养分的不足，一般在破口、齐穗期用 0.25kg 磷酸二氢钾兑水 60kg 叶面喷施一次，确保超级稻需肥要求。

四、施肥指导意见

（一）增施有机肥

有机肥养分含量全面，且含有作物必需的多种活性物质；能提高土壤肥力，改善土壤理化性状；能增加土壤保水、保肥能力，提高化肥利用率；有利于提高农产品品质和安全，减轻农业环境污染。有机肥与无机肥合理搭配施用可以全面供应作物生长所需养分。化肥的特点是养分含量高，肥效快，但持续期短，养分单一，因此，两者搭配施用可取长补短，满足作物各生长期对养分的需要。有机肥还可以减少土壤对无机肥养分固定，进一步提高肥效。

（二）合理施用氮、磷、钾三要素肥料

超级稻生育期较长，根系发达，茎秆粗壮，需肥量比一般杂交水稻要大，各地应根据土壤化验结果和本地实际，参照推荐施肥指标，适当增减氮、磷、钾肥的用量。

（三）合理施用微量元素肥料

各地应充分利用多年来开展测土配方施肥所取得的化验数据等一系列成果，指导农民合理施用锌、硼肥。一般在超级稻分蘖期叶面喷施为宜。

（四）科学确定基、追肥比例

不同土壤质地条件，基、追肥的比例不同，根据全省多年多点基、追肥的比例试验，土壤质地为黏壤的田块，其保水、保肥能力强，养分分解释放慢，基、追肥的比例（氮、钾肥）以 8∶2 为宜，磷肥作基肥一次施入；土壤质地为壤土的田块，其保水、保肥能力好，基、追肥的比例（氮、钾肥）以 7∶3 为宜，磷肥作基肥一次施入；土壤质地为砂壤的田块，其保水、保肥能力差，基、追肥的比例（氮、钾肥）以 5∶3∶2 为宜，磷肥作基肥一次施入。

（五）注重与丰产栽培技术相结合

合理施肥是超级稻丰产的基础，丰产栽培技术是超级稻丰产的关键，在合理施肥的基础上，培育壮秧、适时移栽、科学管水、及时防治病虫害，才能夺取超级稻高产丰收。

（六）合理施用石灰，调节土壤酸碱度

经取土化验，pH＜5.5 的土壤，在翻耕时亩施生石灰 10～15 kg，调节土壤酸碱度，改良土壤理化性状，促进禾苗生长，提高超级稻产量。

（七）加强水分管理

超级稻需水的变化规律是由小到大，再由大到小。超级稻在分蘖期实行薄水勤灌，以利提高水温和泥温，增加土壤氧气，增强根系吸肥能力，促进早发分蘖，提高分蘖成穗率；足苗期及时搁田，以控制无效分蘖，有利于主茎和大蘖优生快长，以达到穗多、穗大、籽粒饱满、千粒重高的目的；幼穗分化期浅水常灌，促进小穗和颖花生长发育；孕穗始期保持田面 8～10cm 的深水层，以水调温，提高株间的空气湿度；灌浆乳熟期干湿交替灌溉，防止叶片早衰，增强根系活力，提高光合效率，提高籽粒的千粒重。从而达到高

产稳产的目的。

第五节　玉　　米

玉米亦称包谷、苞米、棒子，属一年生禾本科草本植物，是世界上分布最广泛的粮食作物之一，种植面积仅次于小麦和水稻。玉米原产美洲，在 16 世纪传入中国，中国年产玉米占世界第二位，我省常年播种面积 460 万亩左右。

一、作物特性

（一）营养器官的生长与功能

1. 根的形态与生长

玉米属须根系，由胚根与节根组成。

（1）胚根：胚根又称初生根或种子根。主胚根和次生胚根组成初生根系，是幼苗期的主要根系。

（2）节根：节根又叫次生根或永久根。包括不定根、地下节根和地上节根。着生在茎的节间居间分生组织基部的为不定根，着生在地下茎节上的根为地下节根，一般 4～8 层。着生在地上茎节的根为地上节根又称气生根、支持根，一般 2～3 层。

2. 茎的形态与生长

胚轴分化发育形成茎，茎由节和节间组成。玉米节间数一般有 15～24 个。位于地下部的不伸长茎节一般 3～7 个。

3. 叶的形态与生长

玉米的叶着生在茎节上，由叶鞘、叶片和叶舌组成。叶鞘紧包茎杆，质地坚硬，有保护茎杆和增强茎杆和抗倒抗折的作用。叶舌着生在叶片与叶鞘交接的内侧，有防止病虫进入叶鞘内侧的作用。玉米的叶数为 14～24 片，叶身宽而长，叶缘常呈波浪型。不同节位叶对产量的贡献也有差别，一般中部叶片贡献大于上部叶片，上部叶片又大于下部叶片。

（二）生殖器官的形成与发育

1. 花序与花

玉米属雌雄同株异花，异形异位的异花授粉作物。雄花着生在植株顶部，雌花着生在植株中上部茎节上。

雄花序为圆锥花序，由主轴和若干分枝组成，主轴上着生若干行成对小穗，分枝较细。一般是主花序穗轴中上部小花，首先开放，然后从靠近主轴分枝开始向下部分枝依次开放。

雌花序为肉穗状花序，为 1 个变态的侧枝，由茎节上叶腋中的腋芽形成，由穗柄、苞叶和果穗组成。穗柄由多个短的茎节组成，果穗着生于穗柄上。包叶相互重叠，包住果穗。玉米果穗子粒行数呈偶数，一般多为 14～18 行。

玉米雌穗花丝一般在雄花始花的 1～5 天开始伸长，果穗中下部花丝最先伸长，然后是果穗基部和顶部花丝伸长。玉米花丝受精能力一般保持 7 天左右。

2. 雌雄穗的分化与发育

（1）雄穗的分化与发育：①生长锥未伸长期：生长锥突起，表面光滑呈半球状圆锥体，长宽相近，基部由叶原基包围，植株尚未拔节。②生长锥伸长期：生长锥已明显伸长，表面仍为光滑的圆锥体，长度约为宽度的 2 倍。③小穗分化期：生长锥基部出现分枝原基，中部出现小穗原基（裂片）。④小花分化期：每一个小穗的颖片原基上方又分化出 2 个大小不等的小花原基，随后小花原基形成 3 个雄蕊原始体，中央为 1 个雌蕊原始体，表现为两性花。⑤性器官形成期：雄蕊迅速生长并产生花药，花粉囊中花粉母细胞进入四分体期。

（2）雌穗的分化与发育：①生长锥未伸长期：生长锥表面光滑，体积很小，宽度大于长度。②生长锥伸长期：生长锥已明显伸长，长度大于宽度，其后基部出现分节和叶原基突起。此期是争取大穗的关键时期。③小穗分化期：生长锥继续伸长，在叶原基突起的叶腋间出现小穗原基（裂片）。④小花分化期：小穗原基分化出上下 2 个大小不等的小花原基，上方较大的发育为结实花，下方较小的退化为不孕花。⑤性器官形成期：雌蕊柱头渐长，基部遮盖胚珠并形成柱头通道，顶部分杈。同时，子房膨大，果穗急剧增长，花丝抽出苞叶。

（三）生长发育对温、光的要求和反应

1. 温度

玉米发芽最适宜的温度为 $25\sim35℃$，当 $10\sim12℃$ 时即可发芽，表土温度稳定在 $10\sim12℃$ 时是播种的适宜时期。抽雄开花期 $25\sim28℃$ 授粉良好，温度高于 $32\sim35℃$，相对湿度 30％ 以下时，花粉易失水而丧失生命力，即所谓的高温杀雄。子粒形成和灌浆期，$20\sim24℃$ 为宜，温度低于 $16℃$ 或高于 $25℃$，对养分的转运与累积均不利。

2. 光照

玉米是短日照作物，喜光，全生育期都要求强烈的光照。出苗后在 $8\sim12$ 小时的日照下，发育快、开花早，生育期缩短，反之则延长。玉米的光补偿点较低，故不耐阴。玉米的光饱和点较高，因此，要求适宜的密度，一播全苗、要匀留苗、留匀苗，否则，光照不足、大苗吃小苗，造成严重减产。

（四）对土壤的适应性

玉米在砂壤、壤土、黏土上均可生长。玉米适宜的土壤 pH 为 $5\sim8$，以 $6.5\sim7.0$ 最适，耐盐碱能力差，特别是氯离子对玉米为害较大。

二、养分需求

玉米是需肥较多的作物，在生长发育过程需要吸收大量营养元素，其中氮、磷、钾三元素需要量最多。其次是钙、镁、硫、硼、锌、硅等元素。玉米不同生育时期对氮、磷、钾三要素的吸收总趋势是：苗期生长量小，吸收量也少；穗期增加，到开花达最高峰；开花到灌浆有机养分集中向籽粒输送，吸收量仍较多，以后养分的吸收减少（见表 10 - 20）。一般每生产 100kg 籽粒，需纯氮（N）2～4kg，磷（P_2O_5）0.7～1.5kg，钾（K_2O）1.5～4kg。

玉米不同产量水平氮、磷、钾养分吸收量见表 10 - 21。

表 10 - 20　玉米不同生育期对氮、磷、钾的吸收量占总吸收量的比值

肥料	苗期	穗期	花粒期
N	2%	51%	47%
P_2O_5	1%	64%	35%
K_2O	3%	97%	—

表 10 - 21　不同产量水平下玉米对氮、磷、钾的吸收量

产量水平（kg/亩）	养分吸收量（kg/亩）		
	N	P_2O_5	K_2O
400	8～16	2.8～6.0	6.0～14
450	9～18	3.6～6.7	6.7～16
500	10～20	4.5～7.5	7.5～20
550	11～22	5.5～8.2	8.2～22

三、玉米推荐施肥

（一）氮肥推荐

土壤的供肥能力直接影响玉米的产量，地力产量较高的土壤，由于土壤本身供肥能力较强，对应的最佳施氮量减少。反之，肥力低的土壤，对应相同的目标产量，施氮量增加（见表 10-22）。

表 10-22　玉米氮肥（N）推荐用量

（单位：kg/亩）

地力产量	目标产量			
	<400	400～450	450～500	>500
100	5.0～10.0	5.8～11.6	6.6～13.2	7.5～15.0
150	4.1～8.2	5.0～10.0	5.8～11.6	6.6～13.2
200	3.3～6.6	4.1～8.2	5.0～10.0	5.8～11.6
250	2.5～5.0	3.3～6.6	4.1～8.2	5.0～10.0
300	1.6～3.3	2.5～5.0	3.3～6.6	4.1～8.2

（二）磷素推荐

用函数法推荐磷肥施用量，将不同肥力水平下的磷肥最佳施用量与对应的土壤有效磷含量作散点图，拟合推荐施肥量函数，通过函数和土壤养分丰缺指标，求得不同肥力水平下的推荐施肥量（见表 10-23）。

表 10-23　玉米磷肥推荐用量

土壤养分丰缺状况	土壤有效磷（mg/kg）	推荐施磷（P_2O_5）量（kg/亩）
高	>50	<3.3
较高	25～50	3.3～4.2
中	11～25	4.0～6.6
较低	<11	6.7～8.9

（三）钾肥推荐

推荐方法同磷肥推荐（见表 10 - 24）。

表 10 - 24　玉米钾肥推荐用量

土壤养分丰缺状况	土壤速效钾（mg/kg）	推荐施钾（K_2O）量（kg/亩）
高	＞180	＜4.5
较高	160～180	4.5～6.0
中	80～160	6.0～7.5
较低	40～80	7.5～9.0
低	＜40	9.0～11.5

（四）锌肥推荐

一般土壤有效锌含量低于 0.8mg/kg 时，玉米生产出现缺锌症状。锌肥作基肥每亩用 1～2kg 硫酸锌拌细土 10～15kg 混匀，在播种前开沟条施，锌肥施入土壤后具有后效，一般 2 年施用一次。或在玉米吐丝期喷施 1％ 硫酸锌溶液 50kg。

四、施肥指导意见

1. 增施有机肥

直播露地春玉米每亩应施优质腐熟有机肥 1 000kg 以上，同时与所需的磷、钾、锌和部分氮素肥料混匀作基肥一次施入。基肥可全部深施，也可在播种前通过翻耕施入。

2. 玉米的施肥原则

施足基肥、轻施苗肥、重施拔节肥、巧施粒肥。具体来说，砂性土壤玉米基肥一般占总施肥量的 40％～60％，玉米追肥一般占总施肥量的 30％～60％；黏性土壤玉米基肥一般占总施肥量的 50％～70％，追肥占 30％～40％。玉米生长发育快，需肥较多，其吸收量是氮大于钾、钾大于磷，且随产量的提高，需肥量明显增加，特别是钾的需求增加较多。根据土壤肥力条件，坚持大量元素与中、微量元素相结合，平衡施肥。

同时，为了达到高产高效，玉米生产必须坚持科学施肥与玉米高产栽培技术相结合。

第六节　红　　薯

红薯，又称甘薯、地瓜、番薯等，为旋花科一年生植物。红薯是粮食、蔬菜兼用作物，营养价值高，又是工业生产所需原料，近年种植越来越受到重视，它具有适应性广，抗逆性强，耐旱耐瘠，病虫害较少等特点。随着市场的不同需求，红薯的品种也向多样化专用化发展，按红薯产品的用途可分为：烤食型、鲜食型、加工型、保健型、叶用型等；按栽培季节不同可分为：夏薯、秋薯，在湖南省主要为夏薯。

红薯是湖南省第二大粮食作物，在全省各个地方都有种植。全省薯类种植总面积达 619.425 万亩，总产量达 173.23 万 t，分别占全省粮食作物种植总面积的 7.8％、粮食总产量的 6.0％。

一、营养特性

（一）生育期

红薯的生长过程分为 4 个阶段。

（1）发根缓苗阶段：指薯苗栽插后，入土各节发根成活，地上苗开始长出新叶。

（2）分枝结薯阶段：这个阶段根系继续发展，腋芽和主蔓延长，叶数明显增多，此期小薯块开始形成。

（3）茎叶旺长阶段：指茎叶从覆盖地面开始到生长最高峰。这一时期茎叶迅速生长，生长量约占整个生长期总量的 60％，地下薯块明显增重，也称为蔓薯同长阶段。

（4）茎叶衰退薯块迅速肥大阶段：指茎叶生长由盛转衰直至收获期，以薯块肥大为中心。

（二）需肥规律

红薯一生对氮、磷、钾三要素的需求，以钾最多，氮次之，磷较少。在红薯整个生育过程中的不同生长阶段吸收氮、磷、钾的数量和速率有显著的差异。对氮素的吸收于生长的前、中期速度快，需量大，主要用于茎叶生长，茎叶生长盛期对氮素的吸收利用达到高峰，后期茎叶衰退，薯块迅速膨大，对氮素吸收速度变慢，需量减少；对磷素的吸收利用，随着茎叶的生长，吸收量逐渐增大，到薯块膨大期吸收利用量达到高峰；对钾素的吸收利用，从开始生长到收获较氮、磷都高。随着叶蔓的生长，吸收钾量逐渐增大，地上部从盛长逐渐转向缓慢，其叶面积系数开始下降，茎叶重逐渐降低，薯块快速膨大期特别需要吸收大量的钾素，红薯需要氮、磷、钾三要素的总的趋势是前、中期吸收迅速，后期缓慢。红薯一生对必需微量元素的吸收量虽然很小，但若土壤缺乏，正常生长也会受到严重的影响。如土壤有效锌含量在 0.5mg/kg 以下，红薯出现叶色淡、叶片小，分枝少，抗旱能力降低；当叶片镁含量低于 0.05％ 时，即出现小叶向上翻卷，老叶叶脉间变黄等缺镁症状。因此，生产上还必须密切重视土壤中微量元素的含量变化动态，倘若缺乏，需及时补充。

二、养分需求

红薯根系深而广，茎蔓能着地生根，吸肥能力很强，在贫瘠的土壤上也能得到一定产量，这往往使人误认为红薯不需要施肥，实践证明，红薯是需肥性很强的作物。红薯对主要养分的需求：据研究，亩产鲜薯 3 500～5 000kg 的田块，每生产 1 000kg 红薯要从土壤中吸收 3.5kg 纯氮（N）、1.8kg 磷（P_2O_5）和 5.5kg 钾（K_2O），氮、磷、钾比例为 1：0.5：1.5。红薯是喜钾作物，增施钾肥对产量和品质均有明显作用。同时又是忌氯作物，施肥时应尽量施用不含氯的肥料。

三、红薯推荐施肥

（一）施肥量

根据中国农业科学院祁阳红壤实验站田间试验，用函数法推荐施肥量，将不同肥力水平下的最佳施肥量与对应的土壤有效养分含量作散点图，拟合推荐施肥量函数，通过函数和土壤养分丰缺指标，求得不同肥力水平下的氮、磷、钾施肥量。在亩施优质农家肥 1 000kg 的基础上，不同肥力状况的土壤推荐施肥量见表 10 - 25。

表 10 - 25　红薯氮、磷、钾肥推荐用量

（单位：kg/亩）

土壤肥力水平	氮肥（N）	磷肥（P_2O_5）	钾肥（K_2O）
低	8.0	5.0	10.0
中	7.5	4.5	9.0
高	7.0	4.0	8.5

（二）根据红薯产品用途不同，施肥应有所区别

1. 在种植高淀粉含量的加工型红薯时，按表 10-25 推荐的施肥量可适当少施 1～2kg 氮肥，增施 1～2kg 钾肥。

2. 在种植鲜食型红薯时，按表 10-25 推荐的施肥量可适当少施 2～4kg 氮肥。

3. 在种植叶用型红薯时，按表 10-25 推荐的施肥量可适当增施 2～4kg 氮肥，增施 2～4kg 磷肥。

（三）施肥方法

红薯的施肥要根据气候、土壤特征和植株各生长发育阶段的生长情况采取适宜的施肥方法。

1. 基肥

基肥是红薯施肥的主要措施。基肥应以优质的有机肥料为主，配合化肥施用。砂土地通透性好，昼夜温差大，保水保肥能力差，宜用半腐熟的有机肥做基肥；黏土地宜施腐熟的有机肥料。基肥应占施肥总量的 60%～80%，施底肥应采用粗肥打底、精肥浅施的分层施肥法，用量多的可条施，一般可穴施。即在起垄后栽苗前，按行、穴距开沟或挖穴，将底肥施入沟内或穴中，随即用锄耖和，使土肥混匀。也可采用包厢肥的集中施肥法，即在包厢时，顺厢施肥，再刨厢，把肥料包在厢内。采取这些集中施肥法，可减少肥料损失，达到经济用肥的目的。

2. 追肥

追肥宜分 3 次。第 1 次攻苗肥，在插植后 10 天左右；第 2 次在插植后 60 天左右；第 3 次在插植后 80～100 天进行。具体追肥时期应灵活掌握。如苗肥应根据底肥多少、天气和苗长势适量施用，防止施用过多造成苗徒长。也可采取弱苗多施、旺苗少施的方法，促进全田平衡生长。进入薯块迅速膨胀期，块根逐渐膨大，需肥较多，长势好和施过苗肥

的以钾肥为主，氮肥少施；长势差的适当多施氮肥，配合钾肥。如果茎叶早衰，叶面积指数下降较快，落叶率增大时，可以追施1～2次氮肥，用量根据气候条件和苗情定。当土壤开裂，薯块胀大时，如遇天旱，茎叶转黄较早，黄叶数增多时，应多施人畜粪水。如土壤湿润，秋雨多，茎叶转黄时，可多用草木灰，天久晴不雨，可多施1～2次，反之则应减少。总之，红薯追肥的原则是砂土地追肥宜少量多次，黏土地追肥次数减少，而每次用量可适当增多；水源充足，水分条件良好的条件下，应控制氮肥用量，以免引起茎叶徒长，影响薯块生长，否则将会减产，肥效不高。

四、施肥指导意见

红薯是喜钾作物，增施钾肥对产量和品质均有明显作用。红薯又是忌氯作物，当施用氯化铵、氯化钾等含氯化肥超过一定量时，不但会使薯块淀粉含量降低，而且薯块不耐贮藏。

施肥注意事项：（1）氮肥若施用碳酸氢铵不宜撒施、面施，可制成混肥颗粒深施。（2）追肥施用的人畜粪尿应充分腐熟。（3）若施用草木灰则不能和氮、磷肥料混合，要分别施用。（4）不要施用含氯高的肥料。

适当根外追肥：在薯块膨大阶段，约在栽后90～140天，是红薯生长的后期，喷施磷、钾肥不但能增产，还能改进薯块质量。用2%～5%过磷酸钙溶液或0.3%磷酸二氢钾溶液或5%～10%过滤的草木灰水，在午后3时以后喷施，每亩喷液75～100kg。每隔15天喷1次，共喷2次。

第七节　大　　豆

大豆为一年生草本植物，属于豆科，蝶形花亚科，大豆属，是"粮、油"兼用作物。大豆一般含蛋白质40%、脂肪 20％、碳水化合物 30％。大豆在湖南种植历史悠久，分布较广，常年种植面积 300 万亩左右，总产量 40～50 万 t。经过长期自然与人工选择，形成了春大豆、夏大豆、秋大豆三大类型。根据气候、土壤条件和耕作制度来分，全省有 4 大种植区：湘北春夏大豆区，湘中、湘东春大豆区，湘南春、秋大豆区，湘西夏大豆。

一、作物特性

（一）生育期

1. 萌发期

大豆播种后，自种子萌发到幼苗出土的时间叫萌发期。大豆种子在日平均温度达到 6～7℃时，即可开始萌动发芽，但十分缓慢；种子发芽的适宜温度 18～20℃，因此，在生产上应考虑大豆种子发芽所需要的温度，确定适宜的播种时期。大豆种子吸水达本身重量的 1.2～1.5 倍时，才能发芽。适宜的空气条件可以提高种子呼吸强度，促进种子内养分转化为可溶性物质，利于胚芽的生长。因此，播种时要求土壤平整疏松，防止田间积水。

2. 幼苗期

自幼苗出土到花芽分化之前的时期叫幼苗期。大豆幼苗期的适宜温度为日平均温度 20℃以上。

3. 花芽分化期

大豆自花芽开始分化到始花之前的时期叫花芽分化期。大豆在出苗后 20～30 天开始花芽分化。花芽分化一般要 25～30 天，花芽分化期的适宜温度一般为日平均气温 22～25℃。

4. 开花期

大豆始花到开花结束的时期叫开花期。大豆开花最适宜的温度为昼间 22～29℃，夜间 18～24℃。空气湿度为 74％～80％，如开花期遇到连日阴雨，田间密度过大，就将出现开花数少，花荚脱落增加。

5. 结荚鼓粒期

自终花到黄叶之前的时期叫结荚鼓粒期。此期若遇温度过高，光照、水分和养分不足，都将造成大量的落荚和种子不饱满，形成瘪荚、瘪粒。

6. 成熟期

自黄叶开始到完全成熟的时期叫做成熟期。这一时期，大豆整个生长发育逐渐延缓下来，最后完全停止，而进入黄熟期。

（二）产量构成及影响因素

大豆籽粒产量由每亩株数、每株荚数、每荚粒数和粒重四个因子构成。在一定栽培条件下，采取优良农艺措施，克服不利因素，促进四个因子同时增加，才能达到理想的产量。

二、养分需求

（一）大豆的需肥较多

大豆生长发育需要大量的营养元素。据研究，大豆对氮、磷、钾养分的需求，与粮谷作物有很大的不同，每100kg经济产量吸收氮（N）7.2kg、磷（P_2O_5）1.8kg、钾（K_2O）4.0kg、钙4.6kg、镁2.0kg、硫1.34kg、铁0.8kg、硼6g、锰0.34g、钼0.6g、锌12g、铜6g。一般大豆施肥量为氮（N）3～5kg/亩、磷（P_2O_5）2～4kg/亩、钾（K_2O）3～8kg/亩，包括有机肥和无机肥中纯有效养分含量之和，其中氮包括基肥和追肥氮用量之和。据安化县农业局土肥站2007年试验，大豆在黄沙泥土壤中种植的最佳施肥量为氮（N）4.83kg/亩、磷（P_2O_5）2.02kg/亩、钾（K_2O）6.08kg/亩，最佳经济产量为242.4kg/亩，得出大豆在沙壤土中每生产100kg大豆需施氮（N）1.99kg、磷（P_2O_5）0.83kg、钾

（K$_2$O）2.51kg。

（二）根瘤菌的共生固氮作用

大豆有根瘤菌所形成的根瘤。根瘤菌能够固定空气中的氮素，研究结果表明，大豆整个生育过程中，由于根瘤菌的活动，一般每亩大豆植株可从空气中固定 5～10kg 氮素，但只能满足大豆需要氮素量的 1/3～1/2。所以，在多数情况下，单靠根瘤菌的固氮作用，还不能获得高产。

（三）有机肥的增产效果

农家有机肥养分全、肥劲稳，而且含有大量的有机质、氮、磷、钾以及各种微量营养元素，能改善土壤结构，增强土壤保水保肥能力，为大豆根系的生长发育创造良好的土壤条件，使根系发育健壮，给大豆创造良好的高产基础。有机肥具有较强的缓冲性，施入土壤以后，通过微生物活动逐步地将养分释放，即使施用含氮素高的有机肥，也不像化肥那样抑制大豆根瘤菌的形成，反而有利于根瘤菌的形成。

（四）大豆的氮素营养及施氮的增产效果

大豆蛋白质含量很高，氮素是构成蛋白质的基础物质，故氮在大豆植株各器官的含量也比较高。开花结荚期需氮最多，氮素供应的多少与干物质积累密切相关，植株获得的氮素多则干物质积累的量也多，能为大豆增产提供丰富的物质基础。

大豆施用氮肥对促进植株的营养生长和生殖生长都具有一定的作用，根据湖南省作物研究所试验，在每亩用 2.5～10.0kg 尿素的施肥水平，随着施氮量的增加，株高增加，茎粗加大，主茎节数和结荚节数增加；主茎荚数、分枝荚数、单株粒数与粒重随施氮量的增加而增加，产量亦与此完全相同，每亩追施 10kg 尿素的亩产 153.2kg，比不施尿素的增产44.4％。

大豆施用氮肥的增产效果因土壤类型、土壤肥力的不同有较大的差异，不论稻田、旱土适量追施氮肥均有明显的增产作用。湖南省作物研究所试验结果显示，在每亩追施5～20kg尿素的施肥水平下，土壤肥力中上的地块，每kg尿素增加的产量随施肥量的增加而明显减少；中下肥力的地块，不同施肥水平每kg尿素增加的产量相差不大。据山东荷泽地区农业科学研究所试验结果，在高肥水平条件下，每kg硫酸铵增产0.88kg大豆；中下等肥力水平，每kg硫酸铵可增产大豆2.34kg。

（五）大豆的磷素营养及施磷的增产效果

大豆体内有机物质的转化和运输要经过磷酸化的中间过程才能得以顺利进行，磷在大豆种子中的含量占干物质总量的0.4％～8.0％，磷可以从大豆植株的老化部分转运到新生组织中而再利用，故缺磷的症状首先表现在老叶上。磷对大豆生长发育的效应比氮更为明显，磷有促进生长、积累干物质和加速花、荚、粒发育的作用。

磷肥在我国各类土壤上均有良好的增产效果，当土壤有效磷含量低于15.0mg/kg时，施用磷肥有增产效果。

（六）大豆的钾素营养及施钾的增产效果

钾在大豆的含量以幼苗、生长点及叶片中较高，大豆幼苗的钾含量可达到干物质总量的4％～5％，成长植株中含钾量约为1％，钾主要以无机态参与其代谢活动。在大豆幼苗期，钾有加速营养生长的作用；在生长盛期，钾和磷配合可加速物质转运，增强植株的组织结构，在豉粒成熟阶段，钾能促进可塑性物质的合成及转移到籽粒中去，促进含氮化合物进一步转化为种子中的蛋白质。钾化合物在有机肥料中含量较多，当大量施用氮、磷肥料时，应配合施用钾肥。当土壤速效钾含量低于50mg/kg时，施钾增产效果明显。

（七）中微量元素及施用的增产效果

大豆生长所需要的中微量元素肥料主要有钙、镁、硫、锰、锌、硼、钼等，这些元素在大豆植株中含量虽不高，但它们对各项生理功能的作用都极为重要。微量元素有促进生长发育，增加产量和改良品质的作用。

1. 大豆施钙的作用

在酸性土壤上施用石灰，不仅能供给大豆生长所必须的钙营养元素，而且可以纠正土壤酸性，有利于根瘤菌的活动，并增加土壤中其他元素的有效性。

2. 大豆施钼的作用

据报道，土壤有效钼含量＜1.5mg/kg 时为缺钼临界值，施钼有效；根据湖南省作物研究所（1981 年）的试验结果，用钼酸铵＋亚硫酸氢钠喷施大豆的亩产 127.7kg，比喷清水的增产 11.2%。施钼不仅可以提高大豆产量，同时，还能提高籽粒中蛋白质的含量。据中国农业科学院油料作物研究所（1976 年）研究，施钼的大豆籽粒中蛋白质含量比不施的增加 2.0%～4.2%。

3. 大豆施硼的作用

据研究，形成 100kg 大豆籽实需要硼 7.94g，高于禾本科作物 2～3 倍。硼对大豆生长有良好作用，在一定浓度范围内，大豆的植株高度及干物重随介质中硼浓度增加而增高。

（八）不同产量水平下大豆氮、磷、钾的吸收量
（见表 10 - 26）

表 10 - 26　不同产量水平下大豆 N、P、K 的吸收量

产量水平 （kg/亩）	养分吸收量（kg/亩）		
	N	P_2O_5	K_2O
＜100	6.5～7.2	1.5～1.8	3.5～4

（续）

| 产量水平 | 养分吸收量（kg/亩） | | |
（kg/亩）	N	P_2O_5	K_2O
100～150	7.2～10.8	1.8～2.7	4～6
150～200	10.8～14.4	2.7～3.6	6～8
200～250	14.4～18	3.6～4.5	8～10
＞250	18	4.5	10

三、大豆推荐施肥

施肥技术不仅影响产量，还影响肥料的经济效益。我国肥料当季作物利用率总的来说不高，氮肥当季的平均利用率为30％～40％，磷肥10％～25％，钾肥40％～60％，有机肥在20％左右。大豆施肥应考虑大豆生长发育对营养的需要和土壤对养分的供应能力：根据土壤肥力、前茬作物残效等确定大豆施肥的种类、数量、时间、方法，各种营养元素的配合。在决定施肥方法时，还要考虑耕作栽培制度及播种方法的影响。

根据大豆产量的构成和土壤与肥料两个方面供给大豆养分的原理来计算施肥量，即目标产量法。目标产量是实际生产过程中预计达到的作物产量，该产量是确定施肥量最基本的依据。目标产量确定以后，就可以根据其产量计算作物需要吸收多少养分来提出应施的肥料量。

（一）氮肥推荐

根据湖南省各地多个田间试验结果，确定基础地力产量，将田块基础地力划分为高、中、低肥力水平，再根据基础地力产量水平，提出不同地力水平下的氮肥推荐施用建议（见表10-27）。许多研究结果证明，大豆整个生育过程中，由于根瘤菌的活动，每亩大豆植株一般可以从空气中固定5～10kg氮素，可满足大豆所需氮素的大部分。

表 10 - 27　大豆氮肥（N）推荐施用量

土壤肥力水平	目标产量（kg/亩）				
	<100	100～150	150～200	200～250	>250
高	1.5	1.5～2.5	2.5～3.5	3.5～4.5	4.5
中	2.0	2.0～3.0	3.0～4.0	4.0～5.0	5.0
低	2.5	2.5～3.5	3.5～4.5	4.5～5.5	5.5

（二）磷肥推荐

采用丰缺指标法。磷肥推荐施用量与土壤磷的有效性和作物产量水平相关，根据土壤检测和田间试验结果将土壤有效磷含量分为高、中、低肥力水平，高、中、低肥力土壤有效磷含量分别≥30mg/kg、10～30mg/kg、<10mg/kg。按大豆产量水平和不同地力水平汇总田间试验获得的最佳施肥量，提出不同地力水平和不同目标产量下的磷肥推荐施用建议（见表 10 - 28）。

表 10 - 28　大豆磷肥（P_2O_5）推荐施用量

土壤养分丰缺状况	有效磷（P）（mg/kg）	目标产量（kg/亩）				
		<100	100～150	150～200	200～250	>250
高	≥30	0.6	0.6～1.0	1.0～1.4	1.4～1.8	1.8
中	10～30	0.8	0.8～1.2	1.2～1.6	1.6～2.0	2.0
低	<10	1.0	1.0～1.4	1.4～1.8	1.8～2.2	2.2

（三）钾肥推荐

采用丰缺指标法。钾肥施用与土壤钾的有效性相关，根据试验结果，将土壤速效钾含量分为高、中、低肥力水平，高、中、低肥力土壤速效钾含量分别≥200mg/kg、100～

200mg/kg、＜100mg/kg。按大豆不同产量水平和地力水平汇总最佳施肥量，提出不同地力水平下大豆钾肥推荐施用量（见表 10 - 29）。

表 10 - 29 大豆钾肥（K_2O）推荐施用量

土壤养分 丰缺状况	速效钾（K）（mg/kg）	目标产量（kg/亩）				
		＜100	100～150	150～200	200～250	＞250
高	≥200	2.0	2.0～3.0	3.0～4.0	4.0～5.0	5.0
中	100～200	2.5	2.5～3.75	3.75～5.0	5.0～6.25	6.25
低	＜100	3.0	3.0～4.5	4.5～6.0	6.0～7.5	7.5

四、施肥指导意见

根据作物在生育时期内的需肥规律，将所需肥料分成基肥、种肥和追肥分期进行施用，一般大豆采用有机无机肥料配施体系，以磷、氮、钾、钙和钼营养元素为主。

（一）基肥

基肥以有机肥为主，同时配合施用部分氮、磷、钾化肥。用全生育期化肥施肥总量的 40％～50％作为基肥施用，用化肥施肥总量的 30％～40％作为种肥进行施用。

基肥施用的数量与肥料种类要根据土壤肥力、产量指标、种植习惯酌情而定，一般每亩底肥施农家有机肥 500～750kg，钙镁磷肥 20～30kg，氯化钾 5kg，在薄地上亩施尿素 5kg 或碳铵 10kg。在酸性土壤中施用熟石灰 30kg。

底肥的施用方法：在翻地前施入，通过翻地和耕地将肥料翻入耕层土壤中，并使之与土壤融合。

（二）种肥

种肥俗称口肥，是在播种的同时，将肥料施在种子附近，根据大豆生育期根系尚不发达，不能广泛吸收利用表土层和深层的营养，施用种肥对保证大豆苗期营养的供应具有重要作用。一般每亩施腐熟发酵好的农家有机肥100～200kg，如与人粪尿发酵的火土灰等，种肥的施用方法有两种，一是将肥料施入播种沟或穴内，深度5～10cm；二是将肥料与土杂肥堆制后作盖籽肥。同时用55％钼酸铵溶液拌种，每kg豆种用0.4g硼砂溶于16L热水中拌种和接种根瘤菌具有提高作物固氮能力的作用，并可防止大豆落花落果。

（三）追肥

1. 根部追肥

各地的试验证明，在中下等肥力地块，大豆追施适量的氮肥，既有利于营养生长，又有利于增花保荚。追肥的数量、种类应根据土壤肥力、底肥、种肥用量充足与否，可以不追或少追；土壤肥力差，又无基肥的则要多追肥，追肥可分为苗期追肥和花期追肥。苗期追肥是指大豆幼苗期至开始开花前的追肥，亩施45％复合肥10kg。可以促进营养生长，提高产量，花期追肥一般以开花前或始花期施用效果好。每亩施尿素5kg。

2. 根外追肥

大豆叶片吸收养分的能力很强，对氮、磷、钾及微量元素均能吸收，大豆开花、结荚期需要大量营养，如土壤养分不足时，向叶面喷施肥料，肥效快，肥料用量少，并能克服天旱时根部追肥不易见效的缺点。每亩用尿素500g、磷酸二氢钾100～200g、钼酸铵10g兑水50kg于花期叶面喷施，也可结合病虫害防治进行。

第八节　马 铃 薯

马铃薯又名洋芋、土豆，为一年生茄科植物。是一种高产、稳产、适应性强、营养丰富、产业链长的粮、菜、饲、工业原料兼用的作物。一般每亩可产鲜薯 $1\,000\sim1\,500$kg，高的可达 $2\,500\sim3\,000$kg。马铃薯的营养价值较高，块茎中淀粉含量一般为 $11\%\sim20\%$，高淀粉品种可达 25%；鲜薯中蛋白质含量为 2% 左右，薯干蛋白质含量为 $8\%\sim9\%$，其蛋白质中含有多种人体必需的氨基酸，还含有丰富的维生素 C、B_1、B_2、B_6 和矿物元素。

一、马铃薯的生长发育特性

（一）块茎和种子的休眠

新收获的马铃薯块茎有休眠期，休眠期短的品种块茎收获后 $1\sim2$ 个月即可发芽，休眠期长的品种需 3 个月以上才能萌发。温度在 $1\sim4℃$ 时，块茎保持休眠状态不能萌芽，温度升至 $20℃$ 时，可缩短休眠时期。马铃薯实生种子休眠期较长，隔年种子才有较高的发芽率。

（二）匍匐茎的形成

早熟品种在幼苗出土后 $7\sim10$ 天开始从植株地下茎节上由下而上陆续生出匍匐茎，在播种早、土温低、出苗推迟或种薯经催芽处理时，匍匐茎在出苗前或出苗同时生长。一般在出苗后 15 天内，地下部各节的匍匐茎都已发生，并逐渐横向伸长。如果播种的薯块覆土太浅或遇到土壤温度过高等不良环境条件，匍匐茎会长出地面而变成普通的分枝，影响结薯。

（三）茎叶的生长

马铃薯块茎萌芽后、幼苗出土前的生长靠块茎中的养分和幼根从土壤中吸取水分和营养物质。幼苗出土后，主茎叶片的展开和生长及主茎的伸长都很快，一般出苗后 3～5 天便有 4～5 叶展开。出苗后 20～30 天，早熟品种已出叶 7～8 片，晚熟品种已出叶 10～13 片，并伴随分枝发生和扩展，主茎顶端开始现蕾。

（四）块茎的形成和膨大

马铃薯植株主茎开始现蕾时，地下部匍匐茎顶端开始膨大形成块茎，一般早熟品种块茎形成的时期早于晚熟品种。块茎形成后，即开始生长和膨大，在植株开花后 15～30 天期间块茎增长的速度最快，块茎重量不断增长，直至茎叶枯黄为止。此时块茎皮层加厚，进入休眠期。

二、马铃薯生长与环境条件

（一）温度

马铃薯性喜冷凉，不耐高温，生长期间以昼夜平均温度 17～21℃为最适。播种的马铃薯块茎在地下 10cm 深的温度达 7～8℃时，幼芽即可生长，10～12℃时幼芽可茁壮成长并很快出土。播种早的马铃薯出苗后常遇到晚霜，一般气温降到 −0.8℃时幼苗即受冷害，气温降到 −2℃时幼苗受冻害，部分茎叶枯死、变黑，但在气温回升后还能从节部发出新的茎叶，继续生长。植株生长最适宜的温度为 21℃左右。马铃薯块茎生长发育的最适温度为 17～19℃，温度低于 2℃和高于 29℃时，块茎停止生长。

（二）光照

马铃薯是喜光作物，栽培的马铃薯品种基本上都是长日照植物，光照充足时枝叶繁茂，生长健壮，块茎大，产量高。相反，在树荫下或与玉米等作物间套作时，如果间隔距离小，共生时间长，玉米等作物遮光，而植株较矮的马铃薯光照不足，养分积累少，茎叶嫩弱，不开花，块茎小，产量低。

（三）水分

马铃薯生长过程中必须供给足够的水分才能获得高产。整个生长期中，土壤湿度以田间最大持水量的60％～80％最适宜。萌芽和出苗可以依据块茎本身所含水分萌芽生长，故有一定的抗旱能力。幼苗期间，植株较小，需水不多，土壤中只需保持适量水分即可。现蕾开花阶段，需水量激增，要求土壤水分保持田间最大持水量的80％为宜。盛花期后，需水量逐渐减少，结薯层内保持田间最大持水量的60％～65％即可。块茎逐渐成熟时，要避免水分过多，以免土壤通气不良，影响块茎膨大和干物质积累。后期土壤水分过多或积水超过24小时，块茎易腐烂。块茎膨大期间，若干湿失调，块茎时长时停，容易形成次生薯和畸形薯。

（四）土壤

马铃薯对土壤适应的范围较广，最适合马铃薯生长的土壤是轻质壤土，在该类土壤上种植的马铃薯发芽快、出苗整齐，生长的块茎表皮光滑，薯形正常，商品率高。在黏土上种植马铃薯最好作高垄栽培，这类土壤通气性差，常因排水不畅造成后期烂薯，所以要加强田间管理，及时中耕、除草和培土。在沙壤上种植马铃薯宜采取平作培土，适当深播。

马铃薯是较喜酸性土壤的作物，土壤 pH 在 4.8～7.0之间马铃薯生长都比较正常，但以 pH 5.5～6.5 为最宜，马铃薯在碱性土壤上易发生疮痂病，不耐碱的品种在播种后块茎的芽不能生长，甚至死亡。

三、马铃薯的养分需求

马铃薯是高产作物，但只有在充分满足养分需求时才能获得高产，马铃薯对肥料的需求中以钾最多，氮次之，磷最少。

（一）氮肥

氮肥对加快马铃薯植株根、茎、叶的生长和提高块茎产量均有重要作用。适当施用氮肥能促进茎叶生长，增加叶面积和叶片中叶绿素含量，延缓叶片衰老，提高块茎产量和蛋白质含量，生长前期还可通过增加每株茎数而增加块茎数量。氮肥过多则茎叶徒长，延迟成熟，降低产量。氮肥不足，则马铃薯植株生长不良，茎秆矮，叶片小，叶色淡绿或灰绿，分枝少，花期早，植株下部叶片早枯等，产量低。

（二）磷肥

磷肥在马铃薯生长过程中需要量较少，但对营养生长、块茎形成和淀粉积累都有良好的促进作用。磷肥充足时幼苗发育健壮，还能促进块茎早熟、提高块茎品质和耐贮性。磷肥不足时马铃薯植株生长发育缓慢，植株矮小，生长势弱。缺磷时块茎外表没有特殊症状，而切开后薯肉常出现褐色锈斑，严重缺磷时，锈斑扩大，蒸煮时薯肉锈斑处脆而不软，严重影响品质。

（三）钾肥

钾肥对马铃薯的生长发育极其重要。钾肥充足植株生长健壮，茎秆坚实，叶片增厚，抗病力强，并可提高块茎大、中薯比例，增强耐贮性。缺钾时马铃薯植株节间缩短，发育延迟，叶片变小，叶片在后期出现古铜色病斑，叶缘向下弯曲，植株下部叶片早枯，根系不发达，块茎小，产量低，品质差，蒸煮时薯肉易呈灰黑色。

此外，马铃薯还需要钙、镁、硫、锌、铜、钼、铁、锰等微量元素，缺少这些元素时，也可引起病症，降低产量。一般在贫瘠土壤或缺乏某些微量元素的土壤才施用微肥，绝大部分土壤中不需施用。

（四）三要素需求比

一般生产 1 000kg 马铃薯约从土壤中摄取纯氮（N）5～6kg，五氧化二磷（P_2O_5）2～3kg，氧化钾（K_2O）12～13kg，氮、磷、钾三要素的需求比例为 2∶1∶4。

四、马铃薯推荐施肥

（一）肥料用量推荐

根据马铃薯的需肥特点和 2005～2009 年湖南省各地马铃薯农户施肥情况调查结果分析，在施用农家肥 1500kg/亩或发酵饼肥 75kg/亩、草木灰 150kg/亩或火土灰 500kg/亩做基肥的基础上，中等肥力水平地块适宜的马铃薯氮、磷、钾肥推荐施肥量见表 10 - 30。肥力水平较高的地块可酌情减少化肥用量。

表 10 - 30　不同目标产量下马铃薯氮、磷、钾推荐施肥量

目标产量	推荐施肥量（kg/亩）		
（kg/亩）	N	P_2O_5	K_2O
<1 500	7～9	3～4	8～10
1 500～2 000	9～11	3～4	12～14
2 000～3 000	11～13	4～5	14～16
>3000	13～15	5～6	16～18

（二）施肥方法

1. 地膜覆盖栽培

采用地膜覆盖栽培的马铃薯，基肥宜集中穴施，其施肥方法是按马铃薯播种密度开好深 10～12cm 的穴后，将 70% 的氮肥和全部磷、钾肥作基肥一次性施入穴内，将种薯摆放在穴内偏离肥料的地方，播种完后立即覆土，将种薯盖住，并将畦面整平。当苗顶膜时，在有苗处破膜引出幼苗，齐苗后，根据苗的长势和叶色浇施稀粪水加少量尿素作提苗肥。

2. 稻田免耕稻草覆盖栽培

采用稻田免耕稻草覆盖栽培的马铃薯，其基肥的施肥方法是撒施，即在开好沟、整好地的畦面上，将 70% 的氮肥和全部磷、钾肥作基肥一次性均匀撒施，然后摆种覆草。或者是在摆种后，将肥料条施或撒施在薯块周围，但要离薯块 10cm 以上，以免影响薯块发芽。齐苗后，根据苗的长势和叶色浇施稀粪水加少量尿素作提苗肥。

3. 旱地马铃薯高产栽培

按马铃薯播种密度开好深 10～12cm 的穴后，将 70% 的氮、钾肥和全部磷肥作基肥一次性施入穴内，将种薯摆放在穴内偏离肥料的地方，然后用草木灰或火土灰作盖种肥，其有机肥以腐熟人畜粪为主。齐苗后，结合中耕除草，根据苗的长势和叶色追施稀粪水或尿素。现蕾时结合培土追施结薯肥，以钾为主，配合氮施用。

（三）植株调控

如果氮肥过多或遇连续阴雨、光照不足时，植株容易出现徒长，营养物质大量向茎叶中输送，出现只长苗、不结薯或结薯延迟的现象，应使用一些生长调节物质来抑制植株地上部的生长，促进植株地下部块茎的膨大，调整光合产物在植株地上部与地下部的分配。常用的生长调节物质有矮壮素、多效唑、烯效唑等。使用方法是叶面喷雾，使用浓度分别为：0.1% 矮壮素、100～150mg/kg 多效唑、100mg/kg 左右的烯效唑，也可喷施 0.3% 左右的磷酸二氢钾抑制植株徒长，防止早衰，促进结薯。值得注意的是：马铃薯喷施多效唑要适时均匀，浓度不宜过高也不宜过低，同时不可与碱性物质混施。

秋马铃薯生长期间可通过叶面施肥达到前促苗、后促薯的作用，在生长前期以尿素、磷酸二氢钾为主，喷施浓度不超过 0.4%，以促进薯苗生长健壮，生长中期以磷酸二氢钾为主，喷施浓度 0.3%～0.4%，以延长叶片功能期，促进结薯。

五、施肥指导意见

（一）增施有机肥，有机肥与无机肥配合施用

根据马铃薯的需肥特点，在施肥上应以腐熟的人畜粪水和猪牛栏粪、土杂肥、厩肥、发酵饼肥等有机肥为主，有机肥和无机肥相结合，当有机肥施用充足时，可适当减少化肥用量。

（二）重施基肥

湖南省的马铃薯一般选择早、中熟种栽培，其生长期短（60～90 天），为充分发挥肥效，因此在肥料施用上尤其要注重施足基肥，基肥应占总肥量的 70% 以上，磷、钾肥甚至可以全部作为基肥，30% 的氮肥作为苗期追肥。马铃薯是忌氯作物，切忌用氯化钾作基肥或追肥，以影响品质，宜选择硫酸钾型肥料。

（三）早施追肥

当 80% 以上幼芽出土时，要结合浅中耕松土，浇施稀粪水或尿素，以利齐苗壮苗。齐苗后，结合第二次中耕培蔸看苗施肥，做到弱苗多施，壮苗少施，旺苗不施。

（四）依据土壤钾素状况，适当增施钾肥

钾元素是马铃薯生长发育的重要元素，还对促进光合作

用和淀粉形成有重要作用。钾肥往往使成熟期延长，但块茎大、产量高。

（五）合理肥水管理

马铃薯怕渍，稻田春马铃薯播种后要疏通"三沟"，搞好清沟沥水保证薯地干爽。秋马铃薯生长季节雨水少，光照足，蒸发量大，容易出现干旱，因此要注意及时灌溉。采用沟灌，只灌半沟水，以浸润土壤为度，速灌速排，防止沟中积水。一般在生长前期和中期各灌水一次，每次2～3小时。

第十一章
主要油料作物

第一节 油 菜

一、作物特性

（一）概述

油菜为十字花科，芸薹属，一年生或二年生草本。直根系。

油菜不是一个单一的物种，它包括芸薹属中许多种，根据我国油菜的植物形态特征、遗传亲缘关系，结合农艺性状、栽培利用特点等，将油菜分为三个类型，即白菜型油菜、芥菜型油菜和甘蓝型油菜，每个类型中又包括若干个种。

1. 白菜类型

我国生产上种植的白菜型油菜有两种，一是北方小油菜，二是南方油白菜。南方油白菜在我国南方各省均有种植，与北方小油菜比较，其主要特点是：株型较大，茎秆较粗壮，叶肉组织疏松，基叶发达，叶柄宽，中肋肥厚，叶主缘或有浅缺刻，绝大多数不具蜡粉。一般幼苗生长较快，须根多。花瓣中等大小，淡黄或黄色，开花时花瓣两侧相互重叠，自交结实性低。种子呈褐色、黄色或结五花子等。种皮表面网纹较浅，种子大小不一，千粒重 2~3g，有的可达 4g 以上，含油量一般在 35%~38%，但也有高达 45% 以上的，个别品种甚至高达 50% 左右。白菜型油菜生育期短，能迟播早熟，适于稻-稻-油三熟制地区种植，但其抗病力差，产量较低，增产潜力不大，且产量不稳定。

2. 芥菜类型

又称为高油菜、苦油菜、辣油菜或大油菜等。主要分布在我国西北和西南各省，栽培历史悠久。其主要特点是：植株高大，株型松散，分枝纤细，分枝部位高，主根发达。幼苗基部叶片小而窄狭，有明显的叶柄，叶面皱缩，且具有刺毛和蜡粉，叶缘一般呈琴状深裂，并有明显锯齿。薹茎叶具短叶柄，叶面多有皱缩。花瓣较小，四瓣分离。角果细而短，子粒一般较小，千粒重 2g 左右。种子有黄、红、褐色或黑色，种皮表面有明显的网纹，含油量一般在 30%～35%，但也有高达 40%以上的品种。有辛辣味，油分品质较差，不耐贮藏。生育期较长，产量低，但抗旱耐瘠性均强。

3. 甘蓝类型

这类油菜广泛分布于我国长江中下游、西南、西北和华南等地区。其主要特性是：植株高大，枝叶繁茂。苗期叶色较深，叶质似甘蓝，叶肉组织较致密，叶有明显裂片，叶面积前端较大的称顶裂片，后面短小的称侧裂片。叶面被有蜡粉，边缘呈锯齿状或波状，基叶有明显的叶柄。幼苗多为半直立或匍匐。薹茎叶半抱茎，茎秆被蜡粉。花瓣大，花瓣平滑重叠呈复互状，种子较大，自交结实率较高，角果较长，多与果轴呈直角着生，也有斜生和倒生的。种子黑色或黑褐色，粒大饱满，千粒重 3～4g，高的达 5g 以上。含油量较高，一般在 42%左右，高的达 50%以上。成熟迟，生育期长，抗寒和抗病毒能力较强，比较耐肥，产量较高且较稳定，增产潜力大。

（二）油菜生育期

油菜依生育特点和栽培管理不同，可分为苗期、蕾薹期、开花期和角果发育成熟期。

1. 苗期

油菜从出苗至现蕾这段时间称为苗期。油菜苗期主茎一般不伸长或略有伸长，且茎部着生的叶片节距很短，整个株型呈莲座状。冬油菜苗期较长，一般约占全生育期的一半，为90～110多天。油菜苗期通常又分为苗前期和苗后期，即出苗至花芽分化为苗前期，花芽分化至现蕾为苗后期。苗前期全为营养生长，苗后期除营养生长外，还进行生殖生长。

2. 蕾薹期

油菜从现蕾至始花称为蕾薹期，所谓现蕾是指揭开主茎顶端1～2片小叶能见到明显花蕾的时期。油菜一般先现蕾后抽薹，但有些品种，或在一定栽培条件下，油菜先抽薹后现蕾，或现蕾抽薹同时进行。油菜在蕾薹期是营养生长和生殖生长两旺阶段。营养生长较快，每天植株增高2～3cm，叶片面积增大，茎生叶生长并开始分枝。在长江流域，甘蓝型油菜蕾薹期一般为30～60天。

3. 开花期

油菜从初花始到终花止，又可分为初花期、盛花期和终花期。油菜开花期是营养生长和生殖生长最旺盛的时期。油菜的开花顺序：主茎先开，分枝后开；上部分枝先开，下部分枝后开；同一花序，则下部先开，依次陆续向上开放。油菜的开花期对土壤水分和肥料要求迫切，特别是对磷、硼元素尤为敏感。

4. 角果成熟期

从终花到籽粒成熟，具体又可分为绿熟期、黄熟期和完熟期。这个时期对矿物质营养的需要逐渐减少，特别是氮肥不宜太多，氮肥过多会贪青晚熟，对油分积累不利。

二、养分需求

不同的油菜品种，不同的产量水平，对养分的需求不同。湖南种植的油菜主要为甘蓝型和白菜型油菜，每生产

100kg 籽粒所吸收的氮（N）、磷（P_2O_5）、钾（K_2O）量分别为 5.8kg、2.5kg、4.3kg；对氮、磷、钾的吸收比例一般为 1：0.43：0.74。甘蓝型油菜吸肥量一般比白菜型高 30% 以上，产量高 50% 以上。

下面主要就甘蓝型油菜（以后同）的需肥规律和施肥技术进行描述。甘蓝型油菜不同生育期对氮、磷、钾的吸收有较大的差异，播种至苗期分别占总吸收量的 13.4%、6.4%、12.3%，苗期至抽薹期分别占吸收总量的 34.4%、28%、37.6%，抽薹期至初荚期分别占吸收总量的 27.2%、24.8%、28.9%，初荚至成熟期分别占吸收总量的 25%、40.8%、21.2%。

三、推荐施肥技术

湖南省油菜种植方式有：①水稻、油菜两熟制，包括中稻、油菜两熟和晚稻、油菜两熟两种方式；②双季稻、油菜三熟制；③一水一旱、油菜（或一旱一水、油菜）三熟制；④旱作棉花（或玉米、高粱、甘蔗、烟草等）、油菜两熟制。

根据不同的种植模式上油菜的需肥特点和差异，分水田油菜和旱地油菜两种模式进行推荐施肥。

1. 氮肥推荐

土壤肥力水平高低可反应土壤供肥能力的强弱，土壤有机质含量的多少，基本上可以反映土壤肥力水平的高低，碱解氮与土壤有机质呈极显著正相关，所以，土壤肥力水平高、碱解氮含量高的土壤，供氮能力较强，根据田间试验结果和土壤养分化验统计划分土壤氮素水平分级指标，从而大致确定氮肥施用量：一般高水平氮肥施用量为作物氮素吸收量的 0.6 倍，中水平为作物氮素吸收量的 1 倍，低水平为作物氮素吸收量的 1.2 倍。产量高低决定需肥量多少，根据资料，每生产 100kg 油菜籽需 5.8kg 纯氮。综上所述，根据油菜籽目标产量和土壤供氮能力确定的氮肥推荐用量见表

11-1、11-2。

表 11-1　水田油菜氮肥推荐施用量

油菜籽 目标产量（kg/亩）	氮肥（N）推荐用量（kg/亩）		
	碱解氮 <125 mg/kg	碱解氮 125～175 mg/kg	碱解氮 >175 mg/kg
50～100	5～7	4～6	3～5
100～150	7～9	6～8	4～6
150～200	9～11	8～10	6～8
>200	11～13	10～12	8～10

表 11-2　旱地油菜氮肥推荐施用量

油菜籽 目标产量 （kg/亩）	氮肥（N）推荐用量（kg/亩）		
	碱解氮 <75 mg/kg	碱解氮 75～125 mg/kg	碱解氮 >125mg/kg
50～100	3～7	3～6	2～3
100～150	7～8	6～7	3～5
150～200	8～9	7～8	5～7
>200	9～11	8～10	7～9

2. 磷肥推荐

对于磷肥施用管理，当土壤有效磷含量较低时，既要通过增施磷肥提高作物产量，又要培肥土壤，磷肥施用量为作物吸收带走量的 1.5 倍；有效磷含量中等的土壤，磷肥施用量与作物吸收带走量相当；当土壤有效磷较高时，磷肥增产潜力不大，只对高产或超高产地区适量补充施磷。根据油菜籽目标产量和土壤供磷能力确定的磷肥推荐用量见表 11-3（水田油菜和旱地油菜同）。

表 11-3　油菜磷肥推荐施用量

油菜籽	磷肥（P_2O_5）推荐用量（kg/亩）		
目标产量（kg/亩）	有效磷 <10mg/kg	有效磷 10~20mg/kg	有效磷 >20mg/kg
50~100	2~4	1~3	
100~150	4~6	3~4	2~3
150~200	6~8	4~5	3~4
>200	8~9	5~6	4

3. 钾肥推荐

当土壤速效钾含量较低时，既要通过增施钾肥提高作物产量，又要增加土壤速效钾的含量，钾肥施用量为作物吸收带走量的 1.2 倍；速效钾含量中等的土壤，钾肥用量与作物吸收带走量相当；当土壤速效钾较高时，钾肥用量为作物吸收带走量的 0.7 倍，当土壤有效钾 >130mg/kg（水田）或 150mg/kg（旱地）时，钾肥增产潜力不大，只对高产或超高产地区适量补充施钾（K_2O）2~4kg。根据油菜籽目标产量和土壤供钾能力确定的钾肥推荐用量见表 11-4、表 11-5。

表 11-4　水田油菜钾肥推荐施用量

油菜籽	钾肥（K_2O）推荐用量（kg/亩）		
目标产量（kg/亩）	速效钾 <50mg/kg	速效钾 50~100mg/kg	速效钾 >100mg/kg
50~100	3~6	2~4	2~3
100~150	6~8	4~6	3~5
150~200	8~10	6~9	5~6
>200	10~13	9~11	8

表 11 - 5　旱地油菜钾肥推荐施用量

油菜籽 目标产量 （kg/亩）	钾肥（K_2O）推荐用量（kg/亩）		
	速效钾 <80mg/kg	速效钾 80～120mg/kg	速效钾 >120mg/kg
50～100	3～6	2～4	2～3
100～150	6～8	4～6	3～5
150～200	8～10	6～9	5～6
>200	10～12	9～11	8

4. 土壤调酸

根据土壤化验结果统计，近 30 年来，土壤有明显变酸的趋势，有的耕地 pH 甚至达到 3.5 以下，严重影响了作物的生长，因此，要对耕地调酸。一般当 pH<5.5 时就要开始调酸，每亩结合整地施石灰 50kg，间隔一年施一次；对 pH<5.0 的，一年一次，特别酸的耕地还可加大石灰的施用量。

四、施肥指导意见

油菜要"冬发"，肥料是基础，必须克服施肥上总量不足、氮磷钾配比不协调、有机肥不足的问题。要施足底肥，早施提苗肥，重视腊肥，看苗施薹肥，花期进行根外追肥，以保证油菜各生育期对各种营养元素的需要。同时，油菜施肥还要与选用优良品种、培育壮苗、早移栽、防病治虫、抗旱排渍等高产栽培措施相结合，才能获得理想的效果。

（一）油菜苗床施肥

做好苗床施肥，首先要施足基肥。每亩苗床用人畜粪 1 000～1 500kg、火土灰 2 000kg、过磷酸钙 25kg、氯化钾 6kg，混合堆沤 7～10 天，然后结合整地拌和于表土层，均匀播种。在定苗后每亩用腐熟人畜粪 200～250kg 或尿素 5～7kg 兑水泼施。

（二）油菜大田施肥

从油菜移栽到收获，目标产量 150kg/亩、中等肥力水平下，每亩推荐氮（N）、磷（P_2O_5）、钾（K_2O）施用量分别为 9～12kg、4～5kg、6～9kg，硼砂 0.5～1kg。

油菜大田要施足底肥，早施提苗肥，重施腊肥，看苗施薹肥，花期进行根外追肥，以保证油菜各生育期对各种营养元素的需要。

市场上已有多种油菜专用肥出售，由于油菜是喜硫作物，因此若购买油菜专用肥，最好选择硫酸钾型专用肥，在施肥不足时可将不足部分用单质肥料补足，或者根据本手册提供的配方自制专用肥。推荐施肥方法为基肥用配方肥（18－15－12）30～40kg/亩，拌 300～500kg/亩土杂肥点蔸，追施尿素 8～10kg/亩、氯化钾 5kg/亩。

1. 基肥

当前生产中有一个重要问题，基肥要深施，促进油菜根系生长。如果肥料只施于土壤表层，将引导油菜根系（包括主根）只长于土壤表层而不深扎，形成"浮根"，导致油菜扎根不稳，吸收土壤水肥能力下降，并易出现倒苗、脱肥、受旱等现象。在油菜移栽前穴施基肥，施肥深度 10～15cm。一般基施氮肥占氮肥总用量的 2/3 左右，即每亩施纯氮 6～8kg，折合成碳铵为 35～47kg，或尿素 13～17kg。磷肥全部基施，折合成过磷酸钙为每亩 33～42kg。钾肥（有条件的最好用硫酸钾，以后同）基施占总量的 2/3 左右，即折合成氯化钾为每亩 6.7～10kg。

2. 追肥

油菜大田的追肥要掌握"勤施苗肥，增施腊肥，看苗补施薹肥"的原则，进行科学施肥。

油菜栽后 20 天内分两次追施苗肥，每次亩用尿素

3.3～4.3kg加水泼浇。12月下旬增施腊肥，亩施腐熟猪牛粪500～1 000kg、氯化钾3～5kg，结合中耕除草，施于根际行间，防冻保暖。油菜抽薹后看苗补施薹肥。

3. 叶面肥

油菜属硼敏感性作物，要增施硼肥，以防"花而不实"。分别在蕾薹期和初花期亩用高效速溶硼肥80g加水30kg均匀喷施1～2次。

（三）棉地油菜施肥

湘北环洞庭湖区传统棉地，多系河湖冲积物母质发育的潮土、土层深厚、土壤有效养分丰富，特别是油菜前作棉花施肥水平较高，当季不能完全利用，与稻田油菜相比，棉地油菜施肥量要低得多。据湖南省2005—2009年田间试验结果统计，双季稻田油菜平均氮（N）、磷（P_2O_5）、钾（K_2O）最佳施用量分别为12.7、3.3和8.5kg/亩，中稻田油菜分别为10.1、3.0和7.5kg/亩，而棉地油菜氮、磷、钾平均最佳施用量仅为5.8、2.8和2.5kg/亩。实际生产中，农户习惯于不施或少施肥。因此棉地油菜施肥应根据土壤肥力状况和前作棉花施肥情况，每亩氮肥（N）用量控制在0～6kg，磷肥（P_2O_5）1.5～2.5kg，钾肥（K_2O）0～5kg。并特别重视硼肥的施用。

第二节　花　　生

花生属豆科类作物，也是单产潜力最高的油料和蛋白作物，最高纪录可达786kg/亩。2001年湖南省花生种植面积210万亩，湘中、湘南地区分布较多，平均产量150kg/亩，比全国平均单产（210kg/亩）约低1/3。湖南花生低产原因除地品种比重大、品种改良过缓外，土壤管理与施肥技术落后是导致低产的重要原因。因此，在选用良种的前提下，应该根据花生生育特点，把强化选地整地意识，提高科学施肥水平作为提高湖南花生单产的重要突破口，充分挖掘花生增产潜力。

一、花生各生育期生长特性与养分需求特点

（一）苗期

花生苗期是指花生播种后，自 50％的幼苗出土展现两片真叶至 50％的植株第一朵花开放。期间，将分生出第 3、4 对侧枝，这 5 个茎根是否强壮是决定以后能否高产的基础。花生苗期营养物质主要由种子自身及根系吸收一定量的养分满足各个器官的需要，需求量较小。这个时期氮素、钾素集中在叶片，磷素集中在茎部，植株根瘤开始形成，但固氮能力很弱，此期为氮素饥饿期，对氮素缺乏敏感。

（二）开花下针期

开花下针期指从 50％植株开出第一朵花至 50％植株出现鸡头状幼果时止，其长短因品种而异。期间，叶片数量迅速增加，叶面积大幅增长，根系增粗增重，第一、二对侧枝出现二次分枝，开花达到高峰。该期花生植株生长快，营养生长和生殖生长同时进行，养分需求量急剧增加，对氮、磷、钾的吸收量达到高峰。根瘤固氮能力增强，能提供较多的氮素。此期植株氮素仍集中在叶片上，而钾素从叶片向茎部转移，磷素则由茎部向果针和荚果转移。

（三）结荚期

结荚期从 50％植株有鸡头状幼果开始至 50％植株有饱果出现时止。期间，根系增重，根瘤增生，固氮活动，主茎和侧茎生长均达到高峰，大批果针入土形成荚果。花生结荚期是营养生长的高峰期，也是重点转向生殖生长的时期。此

期氮素、磷素可由根、子房柄、子房等多个部位向幼果和荚果供应，钾素仍然在茎部。这一时期对钙的需求量很大，缺钙易出现空果和秕果。

（四）饱果成熟期

花生饱果成熟期是 50% 植株出现饱果至大多数荚果饱满成熟这一时段。期间，尽管植株的根、茎叶基本停止生长，对养分的吸收量逐步减少，根系吸收功能下降，但须确保营养生长缓慢衰退，有较多的叶片和较强的生理功能，促进干物质运向荚果。营养生长过早、过快衰退或生长过旺，都不利于荚果干物质的积累增重，增加饱果率。

二、土壤与水分管理

种花生时应重视选地。花生是地上开花地下结果的作物，耐瘠性较强。在低产水平时，对土壤的选择不甚严格，产量也不高。但花生是深根作物，根系发达，主根深扎 1m，所以高产花生就要求全土层厚 1m 左右，耕作层土层深厚、上松下实、排水良好、黏沙粒比例适中的沙壤或轻壤土，且三年以上没种花生或两年以上不重茬地块。

花生对整地也有较高要求，由于花生主根群 70% 分布在 30cm 土层以内，是吸肥能力最强的根群分布层，该层土壤经常进行人为耕作和施肥，对土壤的通气、透水性要求较高。因此，应当深刨深耕，耙碎暄活，使暄活层厚度在 30cm 左右，且生熟土层不乱。而后，起垄播种，雨水向垄沟集中，垄面不板结，利于根、果发育。对于黏质土壤，可以加适量细沙，改善结果土层的通透性。

在水分管理上，花生是耐旱作物，自我补偿能力强，自出苗后在整个生长期内一般不威胁到死亡时不浇水，以免旺长。但在开花下针期和结荚期是花生肥水需求高分期，不宜过分干旱，应少量浇水润土。适宜的水分供应可以促进肥料转化及吸收，提高肥料利用率。

三、施肥管理

(一) 养分吸收量

根据山东花生研究所的相关资料，每生产 1kg 花生荚果，花生在生长期内需要纯氮（N）0.05kg、五氧化二磷（P_2O_5）0.01kg、氧化钾（K_2O）0.025kg，三者比例为 5：1：2.5，因此可计算出不同产量水平下花生所需 N、P_2O_5、K_2O 的吸收量（见表 11-6）。

表 11-6　不同产量水平下花生 N、P_2O_5、K_2O 的吸收量

荚果产量 （kg/亩）	花生养分吸收量（kg/亩）		
	N	P_2O_5	K_2O
≥300	15.0	3.0	7.5
100～300	10.0	2.0	5.0
≤100	5.0	1.0	2.5

(二) 养分来源及肥料利用率

农作物养分吸收量主要来源于三条途径，一是土壤养分，即使在施肥和栽培管理处在最佳状态，作物吸收的全部养分中仍有 50%～80% 是来自土壤提供的养分；二是花生根瘤菌有较强的固氮能力，近几年的生产实践证明，花生根瘤固氮可为自身生长提供 40%～50% 的需氮量，所以实际施氮量按计算数的 50% 即可；三是施肥补充养分，能起到大幅增加作物产量的效果。

相关研究显示，花生对 N、P_2O_5、K_2O 的当季利用率分别为 41.8%～50.4%、15%～25%、45%～60%。本文

肥料利用率氮采用 50％、磷 20％、钾 55％。

（三）肥料用量确定

对确定肥料用量，在测土配方施肥技术中为我们归纳出了 3 大类型 6 种基本方法，每种方法都要求已知相应的土壤或肥效参数，结果也存在一定的差异。为减少概念、简化计算、方便农户，本文采用易于掌握、自我实践性强的地力差减法来确定肥料用量，即花生在不施肥的情况下其产量为空白田产量，它所吸收的养分全部来自土壤和根瘤固氮。用目标产量（可以当地 3 年的平均产量为基础，增加 5％～10％作为该产量）减去空白田产量就是施肥所得的产量。以此为依据，花生肥料需要量可按下列公式计算：

肥料需要量＝花生单位产量养分吸收量×（目标产量－空白田产量）÷〔肥料中养分含量（％）×肥料当季利用率（％）〕

例如：某花生田的空白田产量为 180kg，目标产量250kg，则每亩应施尿素（46％）：尿素用量＝0.05×（250－180）／（0.46×0.50）＝15.2kg。

按 50％的氮素来自根瘤固氮，则实际应施尿素为7.6kg，其他肥料用量可依此类推。但该法在高产量时不宜无限外推，最适用于不能获得相关参数的农户和地区使用，缺点是空白田的产量受多种因素影响，准确度相对粗放。根据 2005～2009 年桃江、安化、衡东、蓝山、隆回等县在实施测土配方施肥项目时布置的 9 个花生肥效试验结果，不施用化肥的空白田产量与全量施肥田产量之间的相对产量在55.1％～77.9％之间，平均 69.6％，现根据平均值采用上述公式提出以下目标产量下的施肥建议（见表 11－7），与当前生产实践比较一致。

表 11 - 7　花生不同产量水平氮、磷、钾推荐用量

荚果产量 （kg/亩）	推荐施肥量（kg/亩）					
	氮 （N）	磷 （P_2O_5）	钾 （K_2O）	实物量		
				尿素 46%	过磷酸钙 12%	氯化钾 60%
≤150	2.55	2.55	2.30	5.54	21.25	3.83
150～200	2.55～ 3.40	2.55～ 3.40	2.30～ 3.10	5.54～ 7.39	21.25～ 28.33	3.83～ 5.17
200～250	3.40～ 4.25	3.40～ 4.25	3.10～ 3.88	7.39～ 9.24	28.33～ 35.42	5.17～ 6.47
250～300	4.25～ 5.10	4.25～ 5.10	3.88～ 4.65	9.24～ 11.09	35.42～ 42.50	6.47～ 7.75
300～350	5.10～ 5.95	5.10～ 6.00	4.65～ 5.43	11.09～ 12.93	42.50～ 50.00	7.75～ 9.05

注：以上施用量考虑了花生的自身固氮能力。

（四）施用原则

1. 以农家肥为主，化肥为辅

在我省，花生大部分种植在丘陵地区，土层较薄，肥力较低，有机肥主要是农家肥，含有丰富的营养成分，能够改良土壤，培肥地力，并且肥效较长。化肥是速效肥，养分含量高，但与农家肥相比，养分单一，且在生产过程中残留有其他的有害成分，长期单一或过量施用，易导致土壤酸化板结，不利于花生的生长和土壤肥力的提高，因此施肥时以农家肥为主，辅以施用化肥。

2. 根据不同肥力水平确定施肥用量

花生施肥增产效果与土壤基础地力高低有很大关系，即高肥力地块，当年施肥的增产效果不明显，但如果不施肥或少施肥，土壤养分入不敷出，多年培养起来的高产田会逐渐贫瘠化。当茬施肥宜采用补偿地力的平衡施肥措施；低肥力地块当年施肥可大幅度增产，但不能创高产；中等肥力地块，施肥增产显著，增肥可以创高产。所以，根据表 11 - 7 不同产量水平下的肥料需要量，高肥力水平田氮宜减半施用，磷肥加倍施用。在低肥力水平田，则氮、钾全量。

3. 重基肥轻追肥

花生施肥一般只采用基肥和种肥，不再追肥。在播种前，结合整地撒施的肥料叫"基肥"，也叫"底肥"；结合播种开沟或开穴集中施用的叫"种肥"，也叫"口肥"。花生施肥要早施，因为花生根在开花下针期以前吸肥力最为活跃，又是根茎叶吸肥最多的时期，肥料根际施用后不能立即被吸收，必须经过一段肥土相融的过程，才能被花生吸收，尤其是地膜覆盖栽培的花生追肥又不方便。所以，花生施肥不但要早施，还有重基肥轻追肥的特点。

（五）施肥方法

花生施肥要深施和全层施用。因氮肥易挥发，磷肥在土层的上下渗透和左右扩散力很弱，钾肥与钙离子有拮抗作用，如浅施在 0～10cm 结实土层里，影响果针和幼果对钙的吸收而造成烂果。花生吸收养分最活跃的根群是结实层以下 10～30cm。而且果针、幼果和荚果也有直接吸收肥料养分的能力，根系又有同列同向侧根吸收的养分优先供给同列同向侧枝需要的特点。因此花生的肥料要深施和全层施，深度一般在 10～20cm 为宜。在用量上，基肥施用量为全部钾肥、磷肥和总用量的 80%～90% 以上（沙质土壤可减 10%）的腐熟农家肥、氮肥，结合冬耕或早春耕地时撒施，其余总用量的 10%～20% 的腐熟农家肥、氮肥混合集中作种肥。但要注意粪、种隔离，以免烧种。在酸性缺钙土壤上应亩施 25～50kg 熟石灰或 15～25kg 石膏做种肥，以补充钙素和调节土壤酸碱度。石膏或石灰可部分在开花下针期进行结实层追施，提高荚果饱满度。

四、根外用肥

根外用肥主要是叶面追肥，它是根部施肥的一种补充，当作物中后期出现缺肥或早衰脱肥时，叶面追肥有量小、高效、快捷的特点。其次，在花生的全生育过程中，除吸收足够数量的氮、磷、钾、钙、镁、硫等中、大量元素外，还必须吸收一定数量的硼、钼、锌、锰、铁等微量元素，当缺乏时，一般采用叶面施肥。

（一）氮肥

在花生生长中后期，如果植株有脱肥现象，或连续降雨造成土壤积水，花生根部吸肥困难时，可用 1％尿素溶液叶面喷施，用量 60kg/亩。

（二）磷肥

花生叶面对磷的吸收能力较强，在其生产中后期，用 2％～3％过磷酸钙浸出液每隔 7～10 天喷 1 次，连喷 2～3 次，每次喷洒 60kg/亩左右或每亩用磷酸二氢钾 150～200g，兑水 50kg，待充分溶解后于傍晚或第 2 天下午喷施，最好连喷 3 次，每次间隔 7 天；若喷后 8 小时内遇雨，要重喷 1 次，可加快光合产物向荚果运转的速度。

（三）钾肥

用 5％～10％草木灰浸出液或 2％硫酸钾溶液叶面喷施，用量 60kg/亩。

（四）铁肥

在花生花针期、结荚期或植株出现缺铁症状时，用 0.2％硫酸亚铁溶液每隔 5～6 天喷 1 次，连续喷洒 2～3 次。

（五）硼肥

在花生苗期、始花期和盛花期，用 0.2％硼砂或硼酸溶液叶面喷施。

（六）锰肥

从花生播种后 30～50 天开始，到收获前 15～20 天止，用 0.1％硫酸锰溶液每隔 10～14 天喷 1 次，必要时，可与防治花生叶斑病的杀菌剂混合施用。

（七）钼肥

在花生苗期和花期，用 0.1％～0.2％钼酸铵溶液叶面喷施。

（八）稀土微肥

稀土微肥又叫硝酸稀土，是我国首创并重点推广的一种新型稀土元素肥料，在花生叶面上施用，每亩用稀土微肥 40g，兑水 50kg，在始花期叶面喷施。

第十二章
主要蔬菜作物

第一节　萝　　卜

萝卜起源于温带地区，为半耐寒蔬菜。生长适宜温度为5～25℃；生长适温为20℃左右，低于0℃易产生冻害，高于25℃，植株生长衰弱。按栽培时期萝卜可以分为春萝卜、夏秋萝卜和冬春萝卜（见表12-1）。

表 12-1　湖南省萝卜栽培季节

萝卜类型	播种期	生长天数	收获时期
春萝卜	9～10月上旬	140	2～3月
夏秋萝卜	7～8月	40	8月中旬～10月
冬春萝卜	8月下～9月	100	11月～次年1月

一、生育期

萝卜的生育周期可分为营养生长和生殖生长两大阶段，在这两大生长阶段又可以各分出几个分期。营养生长期是指种子发芽到产品器官——肉质根的形成；而生殖生长期指从种株定植、花薹伸长、种株开花到种子成熟的结荚期。

（一）发芽期（营养生长期）

从种子萌动到两片基生叶片展开，排列呈十字形，为发芽期。在温度适宜的条件下该期一般为 15～18 天。幼苗出土后虽然子叶具有一定的光合能力，但其生长主要依靠种子本身的贮藏养分。

（二）幼苗期（营养生长期）

从发芽期结束的基生叶片展开到第一个叶序的幼叶展开，根部的初生皮层和表皮完全裂开，表现为"破肚"、"破白"，在适宜条件下一般表现为 15 天。在该时期的 5～6 叶期应及时定苗，追施速效肥料并保持土壤湿度。

（三）肉质根膨大前期（营养生长期）

从肉质根"破肚"到根肩粗过根顶——"露肩"，第二个叶序的叶子展开。此时期肉质根迅速膨大，从同化器官、运输通道、同化产物的"库"等方面都做好了准备，故称肉质根膨大前期。在第二叶序的叶片全部展开后可适当控制浇水，避免叶片旺长，使肉质根膨大盛期适时到来。

（四）肉质根膨大前盛期（营养生长期）

从露肩到肉质根形成，为肉质根膨大前盛期。此期为肉质根形成的主要时期，要获得萝卜丰产，应加强田间管理，应在该时期的前期末进行一次氮、磷、钾配合追肥，并及时浇水防治病虫害，维持叶片旺盛的同化能力。

萝卜在转入生殖生长期后逐渐消耗肉质根，为了防止萝卜品质下降，在种植和贮藏上需要防止萝卜进入生殖生长期。

二、养分需求

从萝卜对氮、磷、钾三要素的吸收量来看，在幼苗期，植株小，吸收量也少，吸收氮最多，钾次之，磷最少。当进入莲座期后，吸收量明显增加，根系吸收氮、磷的量比前一期增加 3 倍，吸收的钾比前期增加了 6 倍。吸收肥料中钾最多。萝卜生长的中后期，肉质根的生长量为肉质根总重量的 80％，氮、磷、钾的吸收量也为总吸收量的 80％以上。这时氮的吸收速度稍为迟缓，叶片中的含氮量一直高于根中的含氮量。而钾的吸收量继续显著增长，主要积蓄于根中，一直持续到收获之时。在此段时间吸收的无机营养有 3/4 都是用于肉质根的生长。

萝卜施肥的原则以基肥为主，追肥为辅。基肥充足而生长期短的萝卜，可以少施或不施追肥；大型生长期长的，需要分期施用，但要着重前期施用。一般大型萝卜在定苗后结合中耕除草亩施尿素 8～10kg，在肉质根膨大期施用三元复合肥 25kg 左右。

在栽培过程中，施用未腐熟的有机肥或厩肥中含有过多的尿素会导致分叉、黑皮和黑心，单施过多的氮肥会导致芥辣油增加，导致萝卜的辣味加重。

为了提高萝卜产品的品质，应注意施用充分腐熟的有机肥，增施磷、钾肥以提高商品品质。

三、施肥指导意见

（一）基肥推荐方案

1. 产量水平 3 000～3 500kg/亩

施用农家肥 3 500～4 000kg/亩或商品有机肥 450～500kg/亩，尿素 5～6kg/亩或硫酸铵 12～14kg/亩或碳酸氢铵 14～16kg/亩，磷酸二铵 15～20kg/亩，硫酸钾 （50％）6～7kg/亩或氯化钾 （60％）5～6kg/亩。

2. 产量水平 3 500～4 000kg/亩

施用农家肥 3 000～3 500kg/亩或商品有机肥 350～400kg/亩，尿素 5～6kg/亩或硫酸铵 12～14kg/亩或碳酸氢铵 14～16kg/亩，磷酸二铵 13～17kg/亩，硫酸钾 （50％）5～7kg/亩或氯化钾 （60％）4～6kg/亩。

3. 产量水平 4 000～4 500kg/亩

施用农家肥 2 500～3 000kg/亩或商品有机肥 350～400kg/亩，尿素 5kg/亩或硫酸铵 12kg/亩或碳酸氢铵 14kg/亩，磷酸二铵 11～15kg/亩，硫酸钾（50％）5～6kg/亩或氯化钾（60％）4～5kg/亩。

（二）追肥推荐方案

1. 产量水平 3 000～3 500kg/亩

肉质根膨大初期施用尿素 12～14kg/亩，硫酸钾 8～10kg/亩；肉质根膨大中期施用尿素 9～11kg/亩，硫酸钾 6～7kg/亩。

2. 产量水平 3 500～4 000kg/亩

肉质根膨大初期施用尿素 11～13kg/亩，硫酸钾 8～9kg/亩；肉质根膨大中期施用尿素 9～10kg/亩，硫酸钾 5～6kg/亩。

3. 产量水平 4 000～4 500kg/亩

肉质根膨大初期施用尿素 11～12kg/亩，硫酸钾 7～8kg/亩；肉质根膨大中期施用尿素 8～9kg/亩，硫酸钾 4～6kg/亩。

第二节　胡　萝　卜

胡萝卜是伞形花科野胡萝卜种、胡萝卜变种能形成肥大的肉质根的二年生草本植物。胡萝卜为直根系，包括肉质根和吸收根，其吸收根发达，主要根系分布在 20～90cm 土层内。

一、生育期

胡萝卜的生长发育周期从播种到成熟需经过两年，其中第一年为营养生长期，在冬季低温下经过春化阶段，第二年抽薹、开花、结籽，完成生殖生长期。营养生长期为 90～

120 天，分为发芽期、幼苗期、叶生长盛期和肉质根膨大期四个时期：（1）发芽期（营养生长期）；（2）幼苗期（营养生长期）；（3）肉质根膨大前期（营养生长期）；（4）肉质根膨大前盛期（营养生长期）。

二、需肥特性

胡萝卜的生育周期与萝卜生育周期以及需肥特性基本相似。

三、施肥指导意见

（一）基肥

1. 产量水平 2 500～3 000kg/亩

施用农家肥 2 500～3 000kg/亩或商品有机肥 350～400kg/亩，尿素 3～4kg/亩或硫酸铵 7～9kg/亩或碳酸氢铵 8～11kg/亩，磷酸二铵 13～15kg/亩，硫酸钾（50％）8～10kg/亩或氯化钾（60％）7～9kg/亩。

2. 产量水平 3 000～3 500kg/亩

施用农家肥 2 000～2 500kg/亩或商品有机肥 300～350kg/亩，尿素 3～4kg/亩或硫酸铵 7～9kg/亩或碳酸氢铵 8～11kg/亩，磷酸二铵 11～13kg/亩，硫酸钾（50％）7～9kg/亩或氯化钾（60％）6～8kg/亩。

3. 产量水平 3 500～4 000kg/亩

施用农家肥 1 500～2 000kg/亩或商品有机肥 250～300kg/亩，尿素 2～3kg/亩或硫酸铵 5～7kg/亩或碳酸氢铵 5～8kg/亩，磷酸二铵 9～11kg/亩，硫酸钾（50％）6～8kg/亩或氯化钾（60％）5～7kg/亩。

（二）追肥

1. 产量水平 2 500～3 000kg/亩

肉质根膨大初期施用尿素 8～9kg/亩，硫酸钾 6～7kg/亩；肉质根膨大中期施用尿素 6～7kg/亩，硫酸钾 6～7kg/亩。

2. 产量水平 3 000～3 500kg/亩

肉质根膨大初期施用尿素 6～9kg/亩，硫酸钾 5～7kg/亩；肉质根膨大中期施用尿素 5～7kg/亩，硫酸钾 5～7kg/亩。

3. 产量水平 3 500～4 000kg/亩

肉质根膨大初期施用尿素 5～8kg/亩，硫酸钾 5～6kg/亩；肉质根膨大中期施用尿素 4～6kg/亩，硫酸钾 5～6kg/亩。

第三节　大　白　菜

大白菜属结球叶菜类蔬菜，在我国的栽培面积和产量最大。长江流域大白菜，晚熟品种多在 8 月中下旬播种，11 月下旬至 12 月上旬收获；早熟品种多在 7 月下旬播种，9 月中旬收获。大白菜的栽培条件千差万别，其养分需求特点有所差异。

一、生育期

大白菜的生长发育分为营养生长和生殖生长两个阶段。营养生长阶段包括发芽期、幼苗期、莲座期、结球期，生殖生长阶段包括返青期、抽薹期、开花期和结实期。

（一）发芽期

从播种到幼苗出土，历时约 3 天，在种子拱土时，幼根已经长出许多根毛，并开始从土壤中吸收水分和养分，把子叶和下胚轴推出地面，完成发芽过程。

（二）幼苗期

从开始破心至完成第一个叶环与子叶交叉成十字，约需4～5 天。早熟品种需要 12～13 天，晚熟品种需要 17～18天，这时长成一个完整的叶环幼苗，叶丛呈盘状，所以也叫团棵，此时已形成大量根系，并发生较多的次侧根。

（三）莲座期

自幼苗团棵以后，再发生 2 个叶环呈莲座时，已开始抱合出现卷心的长相。此期经历时间，早熟品种为 20～21 天，晚熟品种为 21～28 天。莲座叶是制造养分供给球叶生长的重要器官。

（四）结球期

莲座叶以后的叶片进入结球，大量积累养分，心叶形成肥大的叶球约占全生育期的 1/2 左右，产品重量占全株总重量的 2/3～3/4。此期又可分为前、中、后三个时期，前期同心叶的外层构成叶球轮廓，称为"抽桶"或"长框"，中期由叶球内叶片迅速生长充实叫"关心"，后期叶球体积已不再增大，心叶迅速增长，使叶球紧实，并大量贮藏养分。此期结球的标志为外叶逐渐衰老，叶缘发黄，叶球生长停止。对于秋冬大白菜来说，当植株叶球形成后，基本上呈休眠状态。

二、养分需求

大白菜生长迅速，产量很高，对养分需求较多。大白菜每生产 1 000kg 鲜菜，平均吸收氮（N）2.24kg、磷（P_2O_5）0.63kg、钾（K_2O）3.15kg。氮、磷、钾的吸收比例为 1：0.28：1.40。不同生育期养分吸收量不同。苗期养分的吸收量很低，进入莲座期养分吸收速率急剧上升，结球期达到高峰。

大白菜不同产量水平氮、磷、钾的吸收量见表 12-2。

表 12-2 不同产量水平下大白菜氮、磷、钾的吸收量

产量水平 (kg/亩)	养分吸收量 (kg/亩)		
	N	P_2O_5	K_2O
4 000	7.2	2.7	9.0
5 300	10.5	4.3	11.3
5 600	12.6	4.8	11.8
6 800	12.8	4.7	12.8

三、推荐施肥技术

大白菜是喜肥作物，有机肥的施用可以明显改良土壤，提高大白菜的产量。在播种大白菜之前，根据土壤肥沃程度，每亩施用 $1\sim3m^3$ 有机肥。如果氮素供应不足，会导致大白菜植株矮小，严重减产，相反，氮素施用过多，则不耐贮存，有时会出现干烧心。氮肥的 $30\%\sim40\%$ 做基肥，$60\%\sim70\%$ 做追肥，特别是在莲座期和结球初期是追肥关键时期，效果好，而一般不在结球后期施用，氮肥在结球后期施用效果较差。磷素能促进大白菜细胞的分裂和叶原基的分化，加快叶球形成，促进根系发育。大白菜生长后期磷钾供应不足时，往往不易结球。

（一）氮肥推荐

在大白菜定植前测定 $0\sim30cm$ 土壤硝态氮含量，并结合测定值与大白菜的目标产量来确定氮肥基肥推荐数量（见表 12-3）。如果有机肥施用量较大，可相应减少 2kg/亩的氮肥推荐量。如果无法测定土壤硝态氮含量，可结合肥力的高低进行推荐。

表 12-3 大白菜氮肥基肥推荐用量

（单位：kgN/亩）

土壤 NO$_3^-$ - N 含量 （mg/kg）	肥力等级	目标产量（kg/亩）				
		<5 000	5 000~6 000	6 000~8 000	8 000~10 000	>10 000
<30	极低	14	16	18	20	20
30~60	低	12~14	14~16	16~18	18~20	18~20
60~90	中	10~12	12~14	14~16	16~18	16~18
90~120	高	8~10	10~12	12~14	14~16	14~16
>120	极高	8	10	12	14	14

（二）磷肥推荐

磷肥的推荐必须考虑土壤磷素供应水平及目标产量水平（见表 12-4）。磷肥的分配一般作基肥施用，在大白菜定植前开沟条施，效果比散施好。在施用禽粪类有机肥时可减少 10%~20% 的磷肥推荐用量；另外，如果磷肥穴施或条施，也可减少 10%~20% 的磷肥推荐用量。

表 12-4 大白菜磷肥推荐用量

（单位：kg/亩）

Olsen-P （mg/kg）	肥力等级	目标产量（kg/亩）				
		<5 000	5 000~ 6 000	6 000~ 8 000	8 000~ 10 000	>10 000
<20	极低	6.7	8.0	10.0	10.7	11.3
20~40	低	5.0	6.0	7.3	8.0	8.7
40~60	中	3.3	4.0	5.0	5.7	6.0
60~90	高	1.7	2.0	2.3	2.7	3.3
>90	极高	0.0	0.0	0.0	1.3	1.3

（三）钾肥推荐

钾肥的推荐需要考虑土壤供钾水平及大白菜带走钾的数量（见表 12-5）。钾肥分配原则：30% 可以作基肥施用，其余按比例在莲座期和包心前期分两次施用，如果有机肥施用量较大或者采用条施技术可减少 10％～20％的钾肥推荐用量。

表 12-5　大白菜钾肥（K_2O）推荐用量

（单位：kg/亩）

土壤速效钾 K（mg/kg）	肥力等级	目标产量（kg/亩）				
		5 000	5 000～6 000	6 000～8 000	8 000～10 000	＞10 000
＜80	极低	21.3	24.0	26.7	29.3	32.0
80～120	低	20.0	20.0	24.0	26.7	30.0
120～160	中	18.7	18.7	20.0	24.0	26.7
160～200	高	16.0	16.0	18.7	20.0	20.0
＞200	极高	16.0	16.0	16.0	18.7	20.0

（四）中微量元素

大白菜生产中除了重视氮、磷、钾肥外，还应适当补充微量元素，特别是钙和硼的施用（见表 12-6）。当不良的环境条件发生生理缺钙时，往往会出现烧心病，影响产品的品质。

表 12-6　蔬菜土壤中微量元素丰缺指标及对应用肥量

元素	临界指标	施用量
Ca	56mg/kg	在开始进入结球期时喷施，石灰性土壤选用氯化钙浓度为 0.3～0.5％的叶面肥，连续喷 2～3 次；酸性土壤施石灰 1.3 kg/亩
Zn	0.5mg/kg	施锌肥（$ZnSO_4$）0.5kg/亩
B	0.5mg/kg	基施硼砂 0.5～1kg/亩

四、大白菜施肥指导意见

针对大白菜栽培氮、磷化肥用量普遍偏高，肥料增产效率下降，而有机肥施用不足的状况，提出以下施肥原则：

（1）以有机肥为主，有机肥与化肥配合施用。

（2）以基肥为主，基肥追肥相结合。追肥以氮肥为主，氮、磷、钾合理配合，适当补充微量元素。30%～40%氮肥作基肥，60%～70%做追肥，分别在莲座期和结球初期施用；70%以上磷、钾肥做基肥，30%以下做追肥，结合氮肥在莲座期和结球初期施用，露地蔬菜的追肥次数一般为2～3次。

（3）追肥应考虑施肥的高效临界期。集中施用不如分次施用效果好，特别是在莲座期和结球初期施用效果好，而在结球后期施用效果较差。

（4）大白菜氮、磷、钾养分施用比例为1∶0.3～0.5∶1.2。老菜园土壤一般含磷较高，氮、磷养分使用比例为1∶0.3为宜。新菜园一般以1∶0.5为宜。

（一）大白菜施基肥建议

1. 产量水平 4 000～5 000kg/亩

施用农家肥 2 500～3 000kg/亩或商品有机肥 350～400kg/亩，尿素 4～5kg/亩或硫酸铵 9～12kg/亩或碳酸氢铵 11～14kg/亩，磷酸二铵 15～20kg/亩，硫酸钾（50%）7～8kg/亩或氯化钾（60%）6～7kg/亩。

2. 产量水平 5 000～6 000kg/亩

施用农家肥 2 000～2 500kg/亩或商品有机肥 300～350kg/亩，尿素 4～5kg/亩或硫酸铵 9～12kg/亩或碳酸氢铵 11～14kg/亩，磷酸二铵 11～17kg/亩，硫酸钾（50%）6～7kg/亩或氯化钾（60%）5～6kg/亩。

3. 产量水平 6 000～7 000kg/亩

施用农家肥 1 500～2 000kg/亩或商品有机肥 250～300kg/亩，尿素 3～4kg/亩或硫酸铵 7～9kg/亩或碳酸氢铵 8～11kg/亩，磷酸二铵 9～15kg/亩，硫酸钾（50%）5～6kg/亩或氯化钾（60%）4～5kg/亩。

（二）大白菜施追肥建议

1. 产量水平 4 000～5 000kg/亩

莲座期施用尿素 11～14kg/亩，硫酸钾 9～10kg/亩；包心初期施用尿素 11～14kg/亩，硫酸钾 9～10kg/亩。

2. 产量水平 5 000～6 000kg/亩

莲座期施用尿素 10～12kg/亩，硫酸钾 7～9kg/亩；包心初期施用尿素 10～12kg/亩，硫酸钾 7～9kg/亩。

3. 产量水平 6 000～7 000kg/亩

莲座期施用尿素 10～12kg/亩，硫酸钾 5～7kg/亩；包心初期施用尿素 10～12kg/亩，硫酸钾 5～7kg/亩。

第四节　结球甘蓝

结球甘蓝，简称甘蓝，又称莲花白、包白菜、圆白菜。结球甘蓝栽培种都是二年生草本植物，播种的当年只形成营养器官叶球，经过冬季一定时间的低温后，于第二年春季抽薹开花。如不遇一定时间的低温，它们还可能第二次或第三次结球。

一、生育期

结球甘蓝属二年生植物，一般情况下，第一年只生长根、茎、叶等营养器官，并贮存大量的养分在茎和叶球内，经过冬天的春化阶段，到第二年春通过长日照完成光周期后，形成生殖器官而开花授精（粉）结实。它的生长周期可分为营养生长期和生殖生长期两个阶段。

（一）营养生长阶段

结球甘蓝与白菜类不同，它是冬性较强的作物，它的植株在幼苗期要达到一定大小即茎达到一定的直径（粗度）后，才能通过低温和长光照感应而完成春化。因此结球甘蓝也称为绿体或幼苗春化型作物。其春化所要求的低温程度，又依苗的大小和品种之间存在的差异而又有所不同。总的来讲，它是低温感应型的植物，低温程度 15～17℃ 为高限，4～10℃ 为低限，10～15℃ 一般都能通过春化，以 7～8℃ 时通过时间最快。完成春化时间长短，与品种特性的不同和感应低温程度的不同而有所不同。一般早熟品种快，约 30 天左右，中熟品种慢，约 50 天左右，晚熟品种最慢，约 70 天左右。幼苗通过春化茎粗也有所不同，早熟品种茎粗 6mm 以上，中晚熟品种茎粗 8～10mm 以上。

长日照对花芽分化后的抽薹、开花有促进作用，连续每天 15～17 个小时的长光照，可以提前抽薹开花；平均每天少于 10～12 个小时的短光照，会延迟抽薹开花。

1. 发芽期

从播种出芽到第一对真叶展开与子叶形成十字形为发芽期。发芽期时间的长短与温度密切相关，夏秋高温季节时间较短为 10～15 天，冬春季为 25～30 天。

2. 幼苗期

从第一对真叶到形成 5～7 片叶，而达到团棵，这时为幼苗期。幼苗期时间的长短也同样与温度密切相关，夏秋季 15～20 天，冬春季 25～30 天。

3. 莲座期

定植后形成第二叶环到第三叶环时，出现 13～19 片叶到开始结球时为止为莲座期，这个时期依品种的熟性不同而有所不同，早熟品种需 20～25 天，中熟品种需 25～30 天，晚熟品种需 35～50 天。

4. 结球期

从莲座期时心叶开始内卷结球到采收叶球，这个时间为结球期，也依品种的熟性不同和温度的高低不同而所需的时间也不同，一般早熟品种需 20～25 天，中熟品种需 25～40 天，晚熟品种一般都在 45 天以上。

5. 休眠期

我国西南地区及南亚热带地区，一般采种在山区露地进行，不需要经过冬季贮藏；同时大部分是采用的残株采种，常规品种在叶球采收后用叶球以下短缩茎残株定植于采种田中，休眠期不明显。

（二）生殖生长期

当结球甘蓝植株的茎达到相应的直径（粗度）时，经一段时间的低温和长日照后，就通过了春化阶段，无论它结球与否，都可分化花芽，转入生殖生长阶段。

1. 抽薹期

从种株定植后由顶端或叶腋处生出幼茎至现花蕾，这段时间为抽薹期，约为 40 天。

2. 开花期

从第一朵花开放到全株最后几朵花凋谢，这段时间为开花期，约为 30 天。

3. 结荚期

从末花到角果种荚变色最后到黄熟，这段时期为结荚期，时间为 30～40 天。

二、养分需求

在我国南方各省，结球甘蓝可以生产两季或三季。6～9 月播种，秋冬季收获，称为秋甘蓝或秋冬甘蓝。10 月中下旬播种，幼苗越冬，次年 4～6 月收获，称为春甘蓝。在 3～5 月播种，夏季栽培称为夏甘蓝。一般以秋季栽培为最适宜，利用不同熟性的品种，错开播种，可以周年供应。

不同种类的结球甘蓝对氮、磷、钾的吸收量见表12-7。

表 12-7　不同种类的甘蓝对氮、磷、钾的吸收量

种类	产量（kg/亩）	每亩吸收量（kg）		
		N	P_2O_5	K_2O
夏甘蓝	2 250	11.73	3.53	9.13

（续）

种类	产量 （kg/亩）	每亩吸收量（kg）		
		N	P_2O_5	K_2O
秋甘蓝	3 750	10.73	4.77	18.73
春甘蓝	2 800	12.65	3.05	10.15

三、推荐施肥技术

结球甘蓝根系吸水吸肥能力强，喜肥耐肥，需要较多的氮素，晚熟品种比早熟品种需求量更大。其中早期需要氮素较多，莲座期对氮素的需要量达到高峰，叶球形成期需要较多的磷钾肥。整个生育期吸收氮、磷、钾的比例为 N：P_2O_5：$K_2O＝3：1：4$。

（一）基肥

结合整地每亩施入腐熟的厩肥或堆肥 4 000～5 000kg、过磷酸钙 25～30kg、硫酸钾 10～20kg。定植时结合栽苗再施 400～500kg 腐熟的粪干或 500kg 饼肥，将肥料施入定植穴（饼肥应施在定植穴侧，避免根系与饼肥直接接触），使肥土掺合均匀。

（二）追肥

结球甘蓝的追肥宜早，定植后 4～5 天结合浇缓苗水，每亩随水冲施硫酸铵 7～10kg，可加快幼苗成活。莲座后期在开始包心时，结合浇水追肥 1～2 次，每次每亩用硫酸铵 15～20kg 或腐熟的人粪尿 800kg 随水冲施。对于中晚熟品种，由于其生长时期较长，在包球中期需多追肥一次，每亩用硫酸铵 10kg，施用方法同前两次追肥。这样施肥后，结球甘蓝可保持不间断的旺盛生长，对增加产量和提高品质效果显著。

四、结球甘蓝施肥建议

（一）基肥

1. 产量水平 1 500～2 000kg/亩

施用农家肥 3 500～3 500kg/亩或商品有机肥 400～450kg/亩，尿素 6～7kg/亩或硫酸铵 14～16kg/亩或碳酸氢铵 16～19kg/亩，磷酸二铵 15～22kg/亩，硫酸钾（50%）8～10kg/亩或氯化钾（60%）7～8kg/亩。

2. 产量水平 2 000～2 500kg/亩

施用农家肥 2 500～3 000kg/亩或商品有机肥 350～400kg/亩，尿素 6kg/亩或硫酸铵 14kg/亩或碳酸氢铵 16kg/亩，磷酸二铵 13～17kg/亩，硫酸钾（50%）7～8kg/亩或氯化钾（60%）6～7kg/亩。

3. 产量水平 2 500～3 000kg/亩

施用农家肥 2 000～2 500kg/亩或商品有机肥 300～350kg/亩，尿素 5～6kg/亩或硫酸铵 12～14kg/亩或碳酸氢铵 14～16kg/亩，磷酸二铵 11～15kg/亩，硫酸钾（50%）6～7kg/亩或氯化钾（60%）5～6kg/亩。

（二）追肥推荐方案

1. 产量水平 1 500～2 000kg/亩

莲座期施用尿素 11～12kg/亩，硫酸钾 5～7kg/亩；花球初期施用尿素 15～16kg/亩，硫酸钾 7～9kg/亩；花球中期施用尿素 11～12kg/亩，硫酸钾 5～7kg/亩。

2. 产量水平 2 000～2 500kg/亩

莲座期施用尿素 10～11kg/亩，硫酸钾 5～6kg/亩；花球初期施用尿素 13～15kg/亩，硫酸钾 6～8kg/亩；花球中期施用尿素 10～11kg/亩，硫酸钾 5～6kg/亩。

3. 产量水平 2 500～3 000kg/亩

莲座期施用尿素 9～10kg/亩，硫酸钾 4～5kg/亩；花球初期施用尿素 12～14kg/亩，硫酸钾 6～7kg/亩；花球中期施用尿素 9～10kg/亩，硫酸钾 4～5kg/亩。

第五节　花　椰　菜

花椰菜，又称花菜或菜花，它的食用部分是柔嫩的花球，粗纤维少，风味鲜美，营养价值高。南亚热带地区栽培较普遍，也是秋、冬、春的主栽蔬菜之一。花椰菜原产地中海沿岸地区，我国于 18 世纪开始引入少量栽培，20 世纪中叶全国开始普遍种植，品种也越来越多，逐渐形成了早、中、晚熟配套的品种。花椰菜从种子发芽生长到再结成种子的全生长发育过程基本与结球甘蓝相似，但发育的条件不如结球甘蓝要求那样严格。结球甘蓝的经济利用部分是贮藏养分的器官叶球，而花椰菜的经济利用部分是贮藏养分的器官花球或花茎，也就是它们的产品。

一、生育期

花椰菜是一年生或二年生植物，它的生长发育可分为发芽期、幼苗期、莲座期、花球生长期、抽薹期、开花期、结实期。

（一）营养生长阶段

花椰菜的营养生长期又分为发芽期、幼苗期、莲座期，营养生长期特性基本与甘蓝相似。

（二）生殖生长期

花椰菜一旦分化花芽，继而出现花球，已进入生殖生长期。生殖生长期又分为花球生长期、抽薹期、结荚期。

1. 花球生长期

　　从花芽分化至花球生长充实，充分达到商品采收时为花球生长期，所用的时间因品种的不同和当时的气温不同而有所不同。早熟品种需 20～25 天，中熟品种需 26～35 天，晚熟品种需 36～50 天。

2. 抽薹期

　　花球充实后，从边缘开始松散，花茎伸长到初花开始，为抽薹期。这个时期所需的时间因品种和当时气温的不同而异，一般需 7～14 天。

3. 开花期

　　从第一朵花开到全株花谢为止为开花期。也依品种的不同和当时当地气温的高低有所不同，一般需 30 天左右。

4. 结荚期

　　从花谢至角果蜡熟时为结荚期。也依品种和当时的气温不同而异，一般需要 30～40 天。

二、养分需求

　　花椰菜因品种和栽培期不同，在水肥管理上有所差异，早熟品种生长期短，所以对水肥条件要求比较迫切，因此应用速效性肥料分期勤施。中熟品种在叶簇生长时期，也应用速效肥料分期勤施，在花球形成时期，应当重施肥以促进叶和花球的生长。在花椰菜整个生长期都应该以氮肥为主，当进入花球形成期，应适当增施磷钾肥料。研究认为，每亩至少施用 10.7kg N 和 3.3kg P_2O_5 才能获得最大的产量。同时研究表明，每生产 1 000kg 需要从土壤中吸收 4～5kg K_2O。硼和钼对花球有重要作用，在植株生长期间可用 0.1%～0.2%硼砂和钼酸铵喷雾作为根外施肥。

第六节　辣　　椒

　　辣椒属于茄科辣椒属植物，喜温蔬菜，生长适宜温度为 25～30℃，果实膨大期温度需高于 25℃。湖南辣椒种植面积占城市郊区蔬菜面积的 20％，农村菜地面积的 40％，是湖南省种植面积最大、供应期最长的蔬菜，主要的栽培品种为湘研系列辣椒（湘研 1 号～19 号、湘辣 1 号～3 号）。

一、生育期

辣椒生育期分为：发芽期、幼苗期、始花着果期、结果期等阶段。湖南辣椒一般于 12 月～1 月播种，次年 3 月中上旬～4 月中下旬均可定植，4～11 月期间收获，生育期 230～300 天。

二、养分需求

辣椒的耐旱力较强，随植株生长量增大，水需求量也随之增加，但水分过多不利于生长。辣椒为吸肥量较多的蔬菜，每生产 1 000kg 鲜椒约需氮（N）5.19kg、磷（P_2O_5）0.47kg、钾（K_2O）5.40kg。辣椒不同生育期对氮、磷、钾等养分的吸收数量有很大差别，从出苗到现蕾，由于干物质积累较慢，需要的养分也少，约占吸收总量的 5％；从现蕾到初花植株生长加快，营养体迅速扩大，干物质积累量也逐渐增加，对养分的吸收量增多，约占吸收总量的 11％；从初花至盛花结果是辣椒营养生长和生殖生长旺盛时期，也是吸收养分和氮素最多的时期，约占吸收总量的 34％；盛花至成熟期，植株的营养生长较弱，这时对磷、钾的需要量最多，约占吸收总量的 50％；在成熟果采收后，为了及时促进枝叶生长发育，这时又需要大量的氮肥。

辣椒不同产量水平氮、磷、钾的吸收量见表 12－8。

表 12 - 8　不同产量水平下辣椒氮、磷、钾的吸收量

产量水平	养分吸收量（kg/亩）		
（kg/亩）	N	P	K
2 000	12.4	0.93	10.7
3 000	15.6	1.4	16.1
4 000	20.7	1.87	21.47

三、推荐施肥技术

（一）有机肥推荐

有机肥一般作基施，基肥可施用腐熟好的大粪或鸡粪，有机肥的肥效慢，应与速效化肥一起施用，要深施有机肥，均匀施用有机肥。有机肥的施用除提供肥料养分外，还可以明显地改善土壤的理化性状，提高辣椒的产量。土壤肥力水平决定了有机肥的施用量（见表 12 - 9）。

表 12 - 9　辣椒有机肥基肥推荐用量

（单位：kg/亩）

		基肥施用方案		
肥力等级		低肥力	中肥力	高肥力
产量水平（kg/亩）		2 000	3 000	4 000
有机肥	农家肥	1 300～1 400	1 100～1 300	1 000～1 300
	商品有机肥	100～120	80～100	65～80

（二）氮肥推荐技术

氮肥对辣椒的生长及产量影响很大。辣椒辛辣味与氮肥用量有关，施氮量过多会降低辣味。在初花期间应控制氮肥施用，否则造成植株徒长，生殖生长推迟。

1. 基肥用量的确定

见表 12 - 10。

表 12 - 10　辣椒氮肥基肥推荐用量

（单位：kgN/亩）

$NO_3^- - N$ 含量（kg/亩）	辣椒目标产量（kg/亩）		
	2 000	3 000	4 000
＜30	5	6	6
30～60	3～5	3～6	3～6
60～90	1.3～3	2～4	2～4
90～120	—	0～2	0～2
＞120	—	—	—

2. 追肥用量的确定

根据辣椒的需肥规律追肥，氮的吸收随生育期延长稳步提高，在初花期以后，当第一果实直径达到 2～3cm 时，追施氮肥一次，每次施用量不超过 6kgN/亩，以后每采收 1 次追施氮肥一次，辣椒的氮肥追施总量见表 12 - 11。

表 12 - 11　辣椒氮肥追肥推荐用量

（单位：kgN/亩）

$NO_3^- - N$ 含量（kg/亩）	辣椒目标产量（kg/亩）		
	2 000	3 000	4 000
＜30	10	11	13
30～60	11～10	9～11	11～13
60～90	6～7	7～9	9～11
90～120	4～9	5～7	7～9
＞120	4	5	7

（三）磷肥推荐技术

尽管辣椒对磷素的吸收量仅为氮素吸收量的 1/5，但是对于辣椒的生长非常重要，磷是花芽发育良好与否的重要因素，磷不足会引起落蕾、落花。磷肥一般基施，如果采用条施方式，可以减少 20％ 的施用量（见表 12-12）。

表 12-12　土壤磷分级及辣椒磷肥用量

（单位：kg P_2O_5/亩）

肥力等级		目标产量（kg/亩）		
土壤速效磷 P（mg/kg）		2 000	3 000	4 000
极低	<7	6.7	8.0	12.0
低	7～20	4.7	6.0	9.3
中	20～40	2.7	4.0	6.7
高	40～70	0.7	2.0	4.0
极高	>70	0.0	1.3	1.3

（四）钾肥推荐技术

钾在辣椒生育初期吸收少，但从果实采收开始，吸收量明显增加，一直持续到结束。结果期如果土壤钾不足，叶片会表现缺钾症，发生落叶，座果率低，产量不高。一般把钾肥总量的 50％～60％ 作基肥，40～50％ 作追肥（见表 12-13）。

表 12-13　土壤钾分级及辣椒钾肥用量

（单位：kg K_2O/亩）

肥力等级		目标产量（kg/亩）		
土壤速效磷 K（mg/kg）		2 000	3 000	4 000
极低	<50	8.0	10.0	12.0
低	50～100	6.7	9.0	10.7
中	100～150	5.3	8.0	9.3
高	150～200	4.0	7.0	8.0
极高	>200	2.7	6.0	6.7

（五）中微量元素

长江中下游地区露地辣椒土壤一般为偏酸性土壤，添施石灰可以中和土壤酸性及补充辣椒需要的钙元素，辣椒在整个生育期不可缺钙。定植初期吸收镁少，进入采收期吸收量增多，此时如镁不足，叶脉间黄化呈缺镁症，影响植株生长和结实。辣椒缺硼时，叶色发黄，心叶生长慢，根木质部变黑腐烂，根系生长差，花期延迟，并造成花而不实，影响产量。一般在整地时施入石灰，通过施用石灰消毒和调节土壤酸碱度，同时为土壤补充钙，基肥中添施硼砂、钙镁磷肥等微肥；也可在缺钙辣椒植株上喷洒稀释 300 倍的氯化钙、稀释 1 000 倍的钙源 2 000 等；缺镁植株上喷洒 1％～2％硫酸镁水溶液，每隔 1 周喷用 2～3 次；缺硼植株上喷洒稀释 400～800 倍的硼砂或硼酸等微肥。

四、露地辣椒施肥指导意见

针对辣椒产量普遍较高，但在生产中普遍存在重施氮肥、轻施磷钾肥；重施化肥、轻施或不施有机肥的现状，提出以下施肥建议：

1. 增施有机肥，有机肥不但能提供多种营养元素，而且在矿化过程中能释放大量的二氧化碳，增强土壤的透气性，有利于辣椒根的正常生长。

2. 开花期控制施肥，从第 1 朵花开放到第 1 和第 2 个分枝坐果时，除植株严重缺肥可略施速效肥外，都应控制施肥，否则会造成落花、落叶、落果。

3. 幼果期和采收期要及时施用速效肥，以促进幼果迅速膨大，在大量采收辣椒期，要猛追猛促，在晴天每隔 10～15天追施速效肥，在清晨或傍晚浇施。

4. 辣椒移栽后到开花期前，促控结合，以薄肥勤浇，氮施用过量，营养生长过旺，果实会因不能及时得到钙的供应而产生脐腐病。

5. 忌用高浓度肥料，忌湿土追肥，忌在中午高温时追肥，忌过于集中追肥。

五、露地辣椒施肥建议

在以上施肥原则基础上，对不同辣椒产量水平的肥料常规用量作如下推荐。

（一）产量水平 4 000kg/亩以上

建议施氮肥（N）18～22kgN/亩，磷肥（P_2O_5）5～6kgP_2O_5/亩，钾肥（K_2O）13～15kgK_2O/亩。

（二）产量水平 2 000～4 000kg/亩

建议施氮肥（N）15～18kgN/亩，磷肥（P_2O_5）4～5kgP_2O_5/亩，钾肥（K_2O）10～12kgK_2O/亩。

（三）产量水平 2 000kg/亩以下

建议施氮肥（N）10～12kgN/亩，磷肥（P_2O_5）3～4kgP_2O_5/亩，钾肥（K_2O）8～10kgK_2O/亩。

氮肥总量的 30％～40％作基肥，60％～70％作追肥；磷肥全部作基肥；钾肥总量的 50％～60％作基肥，40％～50％作追肥。

第七节 番 茄

茄科，茄属，番茄亚属，别名西红柿、洋柿子，古名六月柿、喜报三元。我国大部分地区均有栽培。果实营养丰富，具特殊风味。可以生食、煮食、加工制成番茄酱、汁或整果罐藏。番茄是全世界栽培最为普遍的果菜之一。

一、生育期

番茄的一生分为发芽期、幼苗期和开花结果期。

（一）发芽期

发芽期从种子萌动到子叶展开直至第一片真叶显露，需6～9天。

（二）幼苗期

从真叶出现到第一花序现蕾。根系发展迅速，发芽后20～30天，主根可达40～50cm，并形成大量侧根。幼苗2～4片真叶时，花芽开始分化。这个时期虽然较短，但包含着两个重要的转变，从异养生长到自养生长的转变和从以营养生长为主到营养生长和花芽分化同时进行，也是培育壮苗的重要阶段。从花芽分化到开花约需要30天。

（三）开花结果期

从第一花序现蕾到果实采收完毕。起初是植株的营养生长和花芽分化同时进行，接着是包括萼片、花瓣原基的分化、雄蕊的出现、花粉的形成，心皮和胚珠的形成，最后到子房膨大等一系列形态建成的过程。又分为始花结果期和开花结果盛期。

（1）始花结果期：从第一花序现蕾到坐果，是以营养生长为主向生殖生长为主的过渡阶段。

（2）开花结果盛期：从第一花序坐果到果实采收完毕。

二、养分需求

发芽期、幼苗期为营养生长与生殖生长的并行时期，在光照充足、通风良好、营养完全等条件下可培育出适龄壮苗。开花结果期从第一花序现蕾到果实采收完毕,是产量形成的主要时期。

番茄对养分的吸收是随着生育期的推移而增加的。在生育前期养分吸收量小。从第一花序开始到结果,养分吸收量迅速增加,到盛果期养分吸收量可占总吸收量的70%~80%。番茄对氮、磷、钾的吸收呈直线上升趋势,对钾的吸收量接近氮的一倍,钙的吸收量和氮相似,可防止蒂腐病的发生。

1. 番茄缺氮,会造成植株瘦弱,叶色发淡,呈淡绿或浅黄色。叶片小而薄,叶脉由黄绿色变为深紫色,主茎变硬呈深紫色,蕾、花变为浅黄色,很容易脱落,番茄果穗少且小。果实小,植株易感染灰霉病和疫病。

2. 番茄苗期缺磷时,叶片背面呈淡紫红色,而且叶脉上最初出现部分浅紫色的小斑点,随后逐渐扩展到整个叶片,叶脉、叶柄也会发展为紫红色,主茎细长,茎变为红色,叶片窄小,后期叶片有时出现卷曲,结实较晚,成熟推迟,果实小。

3. 番茄缺钾时,幼叶卷曲,老叶最初呈灰绿色,然后叶缘呈黄绿色,直至叶缘干枯,叶片向上卷曲。有时叶脉失绿和坏死,甚至扩大到新叶。严重时黄化和卷曲的老叶脱落。落果多、裂果多、成熟晚,且成熟不一致、果质差。

4. 番茄缺钙,上部叶片褪绿变黄,叶缘较重,逐渐坏死变成褐色。幼叶较小,畸形卷缩,易变紫褐色而枯死。花序顶部的花易枯死,产生"花顶枯萎病"。果实顶腐,在果实顶端出现圆形腐烂斑块,呈水浸状,黑褐色,向内凹陷,称为"脐腐病"。

5. 番茄缺镁,下部叶片失绿,叶脉及叶脉附近保持绿色,形成黄绿斑叶,严重时叶片有些僵死,叶缘上卷,叶缘间黄斑连成带状,并出现坏死点,进一步缺镁时,老叶枯死,全叶变黄。

6. 番茄缺铁,叶片基部先黄化,呈金黄色,并向叶顶发展，叶前缘可见残留绿色，叶柄紫色。

7. 番茄缺硼，幼叶叶尖黄化，叶片变形，严重缺硼时，叶片和生长点枯死。茎短而粗，花和果实形成受阻，嫩芽、花和幼果易脱落。叶柄变粗。坐果少，果实起皱，出现木质化斑点，成熟不一致。

8. 番茄缺钼，中下部老叶变黄或黄绿，叶片边缘向上卷曲，叶片较小并有坏死点，严重时，叶片只形成中肋而无叶片，成为鞭条状。最后叶片发白枯萎。

9. 番茄缺锌，叶片间失绿，黄化或白化，节间变短，叶片变小，类似病毒症。

10. 番茄缺硫时植株变细、变硬、变脆。上部叶片变黄，茎和叶柄变红，节间短，叶脉间出现紫色斑，叶片由浅绿变黄绿。

三、番茄配方施肥推荐量

（一）基肥

1. 产量水平 3 000～4 000kg/亩

施用农家肥 3 500～4 000kg/亩或商品有机肥 450～500kg/亩，尿素 5～6kg/亩或硫酸铵 12～14kg/亩或碳酸氢铵 14～16kg/亩，磷酸二铵 15～22kg/亩，硫酸钾（50%）7～9kg/亩或氯化钾（60%）6～8kg/亩。

2. 产量水平 4 000～5 000kg/亩

施用农家肥 3 000～3 500kg/亩或商品有机肥 400～450kg/亩，尿素 5～6kg/亩或硫酸铵 12～14kg/亩或碳酸氢铵 14～16kg/亩，磷酸二铵 13～17kg/亩，硫酸钾（50%）7～8kg/亩或氯化钾（60%）6～7kg/亩。

3. 产量水平 5 000～6 000kg/亩

施用农家肥 2 500～3 000kg/亩或商品有机肥 350～400kg/亩，尿素 4～5kg/亩或硫酸铵 9～12kg/亩或碳酸氢铵 11～14kg/亩，磷酸二铵 11～15kg/亩，硫酸钾（50%）

6～7kg/亩或氯化钾（60％）5～6kg/亩。

（二）追肥

1. 产量水平 3 000～4 000kg/亩

第一穗果膨大期施用尿素 9～10kg/亩，硫酸钾 5～6kg/亩；第二穗果膨大期施用尿素 12～14kg/亩，硫酸钾7～8kg/亩；第三穗果膨大期施用尿素 9～10kg/亩，硫酸钾5～6kg/亩。

2. 产量水平 4 000～5 000kg/亩

第一穗果膨大期施用尿素 8～9kg/亩，硫酸钾 5～6kg/亩；第二穗果膨大期施用尿素 11～13kg/亩，硫酸钾 6～8kg/亩；第三穗果膨大期施用尿素 8～9kg/亩，硫酸钾 5～6kg/亩。

3. 产量水平 5 000～6 000kg/亩

第一穗果膨大期施用尿素 7～8kg/亩，硫酸钾 4～5kg/亩；第二穗果膨大期施用尿素 10～12kg/亩，硫酸钾 6～7kg/亩；第三穗果膨大期施用尿素 7～8kg/亩，硫酸钾 4～5kg/亩。

第八节　茄　　子

茄子，江浙人称为六蔬，广东人称为矮瓜，是茄科茄属一年生草本植物，在热带为多年生灌木。其结出的果实可食用，颜色多为紫色或紫黑色，也有淡绿色或白色品种，形状上有圆形、椭圆、梨形等多种。

茄子根系发达，成株根系深达 1.5m 以上，根系横向直径超过 1m，保护地栽培的茄子根系主要分布在 0～30cm 的耕层内。茄子根系的再生能力较差，木质化较早，不宜多次移植。

茄子对温度要求比较严格，17℃以下生长缓慢，10℃以下引起生理代谢失调，15℃以下落花。花芽分化的适宜温度白天为 20～25℃，夜间为 15～20℃，温度偏低时，花芽分化延迟，但长柱花多；反之，在温度偏高条件下，花芽分化提早，但中柱花和短柱花比例增加，尤其夜温高短柱花更多。生育适温为 22～30℃，白天 25～28℃，夜间 16～20℃有利于茄子发育。

一、生育期

茄子的生育期基本与番茄一致。

二、养分需求

茄子生长期长，喜温怕霜，喜光不耐荫。茄子是喜肥作物，土壤状况和施肥水平对茄子的坐果率影响较大。在营养条件好时，落花少，营养不良会使短柱花增加，花器发育不良，不易坐果。此外营养状况还影响开花的位置，营养充足时，开花部位的枝条可展开 4～5 片叶，营养不良时，展开的叶片很少，落花增多。茄子对氮、磷、钾的吸收量随着生育期的延长而增加。苗期氮、磷、钾三要素的吸收仅为其总量的 0.05％、0.07％、0.09％。开花初期吸收量逐渐增加，到盛果期至末果期养分的吸收量占全期的 90％以上，其中盛果期占 2/3 左右。各生育期对养分的要求不同，生育初期的肥料主要是促进植株的营养生长，随着生育期的进展，养分向花和果实的输送量增加。在盛花期，氮和钾的吸收量显著增加，这个时期如果氮素不足，花发育不良，短柱花增多，产量降低。

每生产 1 000kg 茄子，各元素需求量分别为 N 2.7～3.3kg、P_2O_5 0.7～0.8kg、K_2O 4.7～5.1kg、CaO 1.2kg、MgO 0.5kg。每亩产茄子 4 000～5 000kg，需纯 N 12.8～16kg、P_2O_5 3.8～4.7kg、K_2O 18～22.5kg。

氮素充足，植株茎粗叶茂，生长苗壮，可大幅度提高果实产量；磷可促进根系生长和花芽分化；钾可提高产量和改善品质。从全生育期来看，茄子对钾的吸收量最多，氮、钙次之，磷、镁最少。茄子对各种养分吸收的特点是从定植开始到收获结束逐步增加。特别是开始收获后养分吸收量增多，至收获盛期急剧增加。其中在生长中期吸收 K_2O 的数量与吸收 N 的情况相近，到生育后期钾的吸收量远比氮素要多，到后期磷的吸收量虽有所增多，但与钾、氮相比要小得多。

茄子植株缺氮时生长势弱，分枝减少，花芽分化率低，发育不良，落花率高，着果率低，果实膨大受阻，皮色不佳，叶片小而薄，叶色淡，光合效能明显降低。缺磷时茎叶呈现紫红色，生长缓慢，花芽分化延迟，着花节位升高。缺钾时幼苗生长受阻，严重影响产量和质量。因此，茄子生长期间有三怕：前期怕湿冷，中期怕荫蔽，后期怕干旱。

氮素过量时，易引起茎叶等营养器官的徒长，枝叶郁闭，遮荫挡光，落花烂果严重，诱发病虫害，降低产量和品质。若施肥过量而使土壤溶液浓度过高或钾、钙、氮过多时，容易影响对镁的吸收，易导致缺镁病，叶脉附近变黄。若叶片上出现白斑或部分坏死，是有害气体造成的伤害。

三、茄子推荐施肥技术

（一）育苗期施肥

茄子苗期对营养土质量的要求较高，只有在质量高的营养土上才能培养出节间短、茎粗壮和根系发达的壮苗。一般要求在 $10m^2$ 的育苗床上，施入腐熟过筛的有机肥 200kg、过磷酸钙 5kg、硫酸钾 1.5kg，将床土与有机肥和化肥混匀。如果用营养土育苗，可在菜园土中等量地加入由 4/5 腐熟马粪与 1/5 腐熟人粪干混合而成的有机肥，也可参考番茄育苗营养土的配制方法。如果遇到低温或土壤供肥不足，可喷施 0.3%～0.5%尿素水溶液。

为了有效防治猝倒病，可覆盖药土。药土是用50％多菌灵或托布津8～10g，与12kg营养土混合而成。药土可以在幼苗出土前一次性撒在床面上，也可在播种前用2/3撒在床面上，播种时用1/3撒在种子上。有时药土对幼苗根系生长有抑制作用，一旦出现抑制作用，大量多次浇水可以缓解。

（二）基肥推荐方案

1. 产量水平2 500～3 500kg/亩

施用农家肥3 500～4 000kg/亩或商品有机肥450～500kg/亩，尿素5kg/亩或硫酸铵12kg/亩或碳酸氢铵14kg/亩，磷酸二铵11～15kg/亩，硫酸钾（50％）7～9kg/亩或氯化钾（60％）6～8kg/亩。

2. 产量水平3 500～4 500kg/亩

施用农家肥3 000～3 500kg/亩或商品有机肥400～450kg/亩，尿素5kg/亩或硫酸铵12kg/亩或碳酸氢铵14kg/亩，磷酸二铵9～13kg/亩，硫酸钾（50％）6～8kg/亩或氯化钾（60％）5～7kg/亩。

3. 产量水平4 500～5 500kg/亩

施用农家肥2 500～3 000kg/亩或商品有机肥350～400kg/亩，尿素4～5kg/亩或硫酸铵9～12kg/亩或碳酸氢铵11～14kg/亩，磷酸二铵9～11kg/亩，硫酸钾（50％）5～7kg/亩或氯化钾（60％）4～6kg/亩。

（三）追肥推荐方案

1. 产量水平2 500～3 500kg/亩

在茄膨大期施用尿素13～15kg/亩，硫酸钾9～10kg/亩；四门斗膨大期施用尿素13～15kg/亩，硫酸钾9～10kg/亩。

2. 产量水平3 500～4 500kg/亩

在茄膨大期施用尿素11～14kg/亩，硫酸钾7～9kg/

亩；四门斗膨大期施用尿素 11～14kg/亩，硫酸钾 7～9kg/亩。

3. 产量水平 4 500～5 500kg/亩

在茄膨大期施用尿素 10～14kg/亩，硫酸钾 6～8kg/亩；四门斗膨大期施用尿素 10～14kg/亩，硫酸钾 6～8kg/亩。

第九节　黄　　瓜

黄瓜，也称胡瓜、青瓜，属葫芦科的一种一年生攀缘植物。可能起源于印度北部，现广泛栽培食用其果。广泛分布于中国各地，并且为主要的温室产品之一。

黄瓜植株柔嫩，茎上覆有毛，富含汁液，叶片的外观有 3～5 枚裂片，覆有绒毛。茎上生有分枝的卷须，藉此缘架攀爬。

常见蔬菜中黄瓜需最多的热量。通常是超量播种后疏苗至合适的密度。

一、生育期

黄瓜的生长发育周期大致可分为发芽期、幼苗期、初花期和结果期四个时期。

（一）发芽期

由种子萌动到第一真叶出现为发芽期，需 5～10 天。在正常温度条件下，浸种后 24 小时胚根开始伸出 1mm，48 小时后可伸长 1.5cm，播种后 3～5 天可出土。发芽期生育特点是主根下扎。下胚轴伸长和子叶展平，生长所需养分完全靠种子本身贮藏的养分供给，为异养阶段。所以生长要选用成熟充分、饱满的种子，以保证发芽期生长旺盛。子叶拱土前应给予较高的温、湿度，促进早出苗、快出苗、出全苗；

子叶出土后要适当降低温、湿度，防止徒长。此期末是分苗的最佳时期，为了护根和提高成活率，应抓紧时间分苗。

（二）幼苗期

从真叶出现到 4～5 片真叶为幼苗期，共 20～30 天。幼苗期黄瓜的生育特点是幼苗叶的形成，主根的伸长和侧根的发生，以及苗顶端各器官的分化形成。由于本期以扩大叶面积和促进花芽分化为重点，所以首先要促进根系的发育。黄瓜幼苗期已孕育分化了根、茎、叶、花等器官，为整个生长期的发展，尤其是产品产量的形成及产品品质的提高打下了组织结构的基础。所以，生产上创造适宜的条件，培育适龄壮苗是栽培技术的重要环节和早熟丰产的关键。在温度和肥水管理方面应本着"促"、"控"相结合的原则来进行，以适应此期黄瓜营养生长和生殖生长同时并进的需要。此阶段中后期是定植的适期。

（三）初花期（抽蔓期）

由真叶 5～6 片到根瓜坐住为初花期，为 15～25 天，一般株高 1.2 米左右，已有 12～13 片叶。黄瓜初花期发育特点主要是茎叶形成，其次是花芽继续分化，花数不断增加，根系进一步发展。初花期以茎叶的营养生长为主，并由营养生长向生殖生长过渡。栽培上的原则是，既要促使根的活力增强，又要扩大叶面积，确保花芽的数量和质量，并使瓜坐稳。避免徒长和化瓜。

（四）结果期

从根瓜坐住到拉秧为结果期。结果期的长短因栽培形式和环境条件的不同而异。露地夏秋黄瓜只有 40 天左右；日光温室冬春茬黄瓜长达 120～150 天，高寒地区能达 180 天。黄瓜结果期生育特点是连续不断地开花结果，根系与主、侧蔓继续生长。结果期的长短是产量高低的关键所在，因而应千方百计地延长结果期。结果期的长短受诸多因素的影响，品种的熟性是一个影响因素，但主要取决于环境条件和栽培技术措施、肥料的充足与否、不利天气到来的早晚和多少，特别是病害发生与否都对黄瓜结果期的长短起着决定作用。结果期由于不断地结果，不断地采收，物质消耗很大，所以生产上一定要及时地供给足够的肥水。

二、养分需求

黄瓜要求土壤疏松肥沃，富含有机质。黏土发根不良，沙土发根，前期虽旺盛，但易于老化早衰。适于弱酸性至中性土壤，最适 pH5.7～7.2。当 pH<5.5，植株就会发生多种生理障碍，黄化枯死；pH>7.2 时，易烧根死苗，发生盐害。

黄瓜对氮、磷、钾的吸收是随着生育期的推进而有所变化的，从播种到抽蔓吸收的数量增加；进入结瓜期，对各养分吸收的速度加快；到盛瓜期达到最大值，结瓜后期则又减少。黄瓜的养分吸收量因品种及栽培条件而异。平均每生产 1 000kg 产品需吸收氮 2.6kg、磷 0.8kg、钾 8.9kg、钙 3.1kg、镁 0.7kg，其中氮与磷的吸收值变化较大，其他养分吸收量变化较小。各部位养分浓度的相对含量，氮、磷、钾在收获初期偏高，随着生育时期的延长，其相对含量下降；而钙和镁则是随着生育期的延长而上升。黄瓜植株叶片中的氮、磷含量高，茎中钾的含量高。当产品器官形成时，约占 60% 的氮、50% 的磷和 80% 的钾集中在果实中。当采收种瓜时，矿质营养元素的含量更高。始花期以前进入植株体内的营养物质不多，仅占总吸收量的 10% 左右，绝大部分养分是在结瓜期进入植物体内的。当采收嫩瓜基本结束之后，矿质元素进入体内很少。但采收种瓜时则不同，在后期对营养元素吸收还较多，氮与磷的吸收量约占总吸收量的 20%，钾则为 40%。黄瓜不同的栽培方式，肥料的吸收量与吸收过程也不相同，生育期长的早熟促成栽培黄瓜，要比生育期短的抑制栽培的吸收量高。秋季栽培的黄瓜，定植一个月后就可吸收全量的 50％，所以对秋延后的黄瓜来说，施足底肥尤为重要。早春黄瓜采用塑料薄膜地面覆盖后，土壤中有机质分解加速，前期土壤速效养分增加，土壤理化性状得到改善，促进了结瓜盛期以前干物质、氮、钾的累积吸收以及结果盛期磷的吸收。

缺氮黄瓜叶片小，从下位叶到上位叶逐渐变黄，叶脉凸出可见。最后全叶变黄，座果数少，瓜果生长发育不良。缺磷黄瓜苗期，叶色浓绿、发硬、矮化，定植到露地后，就停止生长，叶色浓绿；果实成熟晚。缺钾黄瓜早期，叶缘出现轻微的黄化，叶脉间黄化；生育中、后期，叶缘枯死，随着叶片不断生长，叶向外侧卷曲，瓜条稍短，膨大不良。

三、施肥指导方案

（一）基肥推荐方案

1. 产量水平 2 500～3 500kg/亩

施用农家肥 3 500～4 000kg/亩或商品有机肥 450～500kg/亩，尿素 5～6kg/亩或硫酸铵 12～14kg/亩或碳酸氢铵 14～16kg/亩，磷酸二铵 17～22kg/亩，硫酸钾（50％）4kg/亩或氯化钾（60％）3kg/亩。

2. 产量水平 3 500～4 500kg/亩

施用农家肥 3 000～4 000kg/亩或商品有机肥 400～450kg/亩，尿素 4～5kg/亩或硫酸铵 9～12kg/亩或碳酸氢铵 11～14kg/亩，磷酸二铵 13～17kg/亩，硫酸钾（50％）3～4kg/亩或氯化钾（60％）3kg/亩。

3. 产量水平 4 500～5 500kg/亩

施用农家肥 2 500～3 000kg/亩或商品有机肥 350～400kg/亩，尿素 4～5kg/亩或硫酸铵 9～12kg/亩或碳酸氢铵 11～14kg/亩，磷酸二铵 11～13kg/亩，硫酸钾（50％）

2～3kg/亩或氯化钾（60%）2～3kg/亩。

（二）追肥推荐方案

全生育期追肥 3～4 次，第一次在根瓜收获后，以后每隔 15 天左右追肥 1 次，每次追肥量如下：

1. 产量水平 2 500～3 500kg/亩

施用尿素 8～9kg/亩，硫酸钾 7～8kg/亩。

2. 产量水平 3 500～4 500kg/亩

施用尿素 7～8kg/亩，硫酸钾 5～6kg/亩。

3. 产量水平 4 500～5 500kg/亩

施用尿素 7～8kg/亩，硫酸钾 3～5kg/亩。

第十节　冬　　瓜

冬瓜的瓜形状如枕，又叫枕瓜，生产于夏季。为什么夏季所产的瓜，却取名为冬瓜呢？这是因为瓜熟之际，表面上有一层白粉状的东西，就好像是冬天所结的白霜，也是这个原因，冬瓜又称白瓜。冬瓜喜温耐热，产量高，耐贮运，是夏秋的重要蔬菜品种之一，在调节蔬菜淡季中有重要作用，适宜市销、北运和出口。我国各地均有栽培。

一、生育期

冬瓜生育特性分为种子发芽期、幼苗期、抽蔓期及开花结果期。

（一）种子发芽期

适宜的季节，种子发芽期为 5～7 天。冬瓜种子容易发芽，一般用 40～50℃温水浸种 10～15 分钟，待水温降到室温后，继续浸约 5 小时，并在 30℃左右的温度下催芽，约 36 小时便开始发芽，48 小时便大部分发芽。种子催芽后播种，温度在 25℃左右出土整齐，4～5 天子叶展开。如温度在 15℃左右，10 天以上子叶才能展开，这时的子叶既小且薄，光能利用率低，极不利于植株的正常生长。

（二）幼苗期

子叶展开至第 6～7 片真叶发生，开始抽出卷须为幼苗期。幼苗期因品种和栽培季节而不同，一般为 25 天左右。幼苗期的植株长势直立，叶片较小，主要是以地下的根系生长为主。

（三）抽蔓期

冬瓜的抽蔓期一般需 10 天左右。抽蔓期的长短，因植株发育早晚而异，如发育条件适宜，尚未抽蔓便可现蕾，则没有抽蔓期或很短的抽蔓期。进入抽蔓期后，植株开始加速生长，应适当增加肥水供应。

（四）开花结果期

自植株现蕾以后，便进入了开花结果期，时间为 40～60 天。在开花结果期，营养生长与生殖生长同时进行。冬瓜开花一般在主蔓第 3～5 节开始发生雄花；数节雄花后，发生第一雌花。第一雌花的节位，因品种和环境条件而不同，多数在第 5～15 节。大多数植株隔 5～7 节再发生雌花，有时连续发生两朵雌花，主蔓第 50 节以前一般发生 5～7 朵雌花。雌、雄花的比率因生长时期而有变化，前期雌花率较低，中期略有提高，后期则较高。冬瓜的侧蔓分化雌花较早，一般在第 1～2 节便分化雌花，以后也是雌雄交替发生，与主蔓雌、雄花发生的情况基本相同。如植株留侧蔓多，雌花率就提高；同时，侧蔓雌花占全株雌花的比例也大。这些都因品种与环境条件的不同而有所变化。

冬瓜生长期的长短，因栽培季节与栽培技术的不同而异。春冬瓜的生长期最长，夏冬瓜稍短，秋冬瓜最短。栽培管理得当，可延长生长期，特别是延长开花结果期，提高产量。

冬瓜的开花结果与植株生长状况有密切关系。在冬瓜生长发育之中，都有蔓叶生长。蔓叶生长的基本趋势是：幼苗期以前生长缓慢，抽蔓期开始加速生长，开花结果期迅速生长。其中，以初果期最迅速，以后生长速度逐渐降低。可见冬瓜蔓叶生长在开花结果以前只有初步基础，开花结果以后才发展壮大。从冬瓜各时期的功能叶来看，幼苗期具 7 叶时，主要的功能叶是第 2～5叶；抽蔓期 11 叶，主要功能叶是第 3～8 叶；进入开花结果后，盛花期 28 叶，主要功能叶是第 3～24 叶；初果期具 39 叶，主要功能叶是 5～33 叶，至盛果期具 54 叶，主要功能叶是第 8～45 叶，也就是说，在开花结果期间，主要功能叶是第 5～40 叶。这些叶片的生长及其同化效能与开花结果、果实产量有密切的关系。

二、养分需求

冬瓜对土壤适应性很强，可以在沙土、壤土、黏土等各种土壤中生长。但以物理结构好、透水透气的沙壤土生长最为理想。冬瓜适宜在微酸性的土壤环境下生长，也具有抗弱碱的能力，pH 在 5.5～7.6 之间均能适应。

冬瓜不同施肥处理的产量与需肥量见表 12-14。

冬瓜对养分的吸收以钾最多，氮次之，磷最少，对钙的吸收比钾和氮少，但比磷和镁多，镁的吸收比氮、磷、钾和钙都少。一株冬瓜约吸收 N 20g、P_2O_5 9.4g、K_2O 22.4g。发芽期、抽蔓期吸收量较微量，开花结果期的吸收量占总吸收量的绝大部分，N 为 98%，P_2O_5 为 98.5%，K_2O 为 97.4%。植株对磷的吸收量相对较小，但在果实中的分配率相当高，可见磷素对果实的发育有相当的作用。通常认为 N：P_2O_5：K_2O ＝2：1：2.5 的氮、磷、钾的配合比例是比较适合的。

表 12-14 不同施肥处理冬瓜的产量效益 （1994，关配聪）

	产量	氮、磷、钾吸收量 (kg/亩)			生产 1 000kg 需肥量 (kg)		
		N	P_2O_5	K_2O	N	P_2O_5	K_2O
1	5 419	8.36	4.70	8.97	0.10	0.06	0.11
2	5 759	7.45	3.48	8.61	0.09	0.04	0.10
3	6 203	6.05	2.59	6.61	0.07	0.03	0.07
4	5 566	7.71	3.41	8.05	0.09	0.04	0.10

＊其中处理 1 为基肥 1 000kg 猪粪、20kg 过磷酸钙和 37kg 花生麸，追肥为 35kg 花生麸和 20kg 复合肥 32.6kg（15-15-15），结果中期追复合肥 20kg。处理 2 施基肥与处理 1 相同，坐果前追花生麸 35kg、复合肥 32.5kg，不施结果中期的追肥。处理 3 施基肥与处理 2 相同，坐果前追肥改为花生麸 22.47kg、复合肥 32.467kg。处理 4 同处理 2，追肥改为花生麸 22.47kg、复合肥 32.467kg。所有处理定植后施硫酸铵 15kg。

虽然冬瓜吸氮较多，但不宜施用过多的氮肥，特别是矿质氮肥的过多施用会导致茎叶徒长，影响座果，座果以后过量的氮肥会导致果实绵腐病。施用骨粉等能够提高果实的品质和耐储藏性。

冬瓜在重施基肥的前提下，追肥应坚持早促、中控、开花结果后攻的原则，所以冬瓜的施肥方法可概括为"重施基肥，轻施苗肥，稳施蔓肥，足施开花结果肥"。

三、推荐指导意见

（一）重施基肥

冬瓜生长期较长，需肥量大，在定植前一定要施足基肥，特别是在冬瓜生长盛期雨水多而不便施肥的地区，施足基肥尤为重要。一般每亩施腐熟有机肥 3～4t，或腐熟禽、畜、人粪尿 1t 左右。若土壤肥力较低，可每亩增施均衡型复合肥（如 15-15-15 含硫复合肥）50～70kg。在整地时撒施，深翻 25～30cm，耙细整平，或整畦时沟施。冬瓜定植期以 3～4 叶苗龄为佳。苗龄过大，定植后不易生根缓苗；

苗龄过小，定植后前期生长缓慢。若定植后覆膜，则膜下浇足底水。由于冬瓜需钙较多，而南方酸性土容易缺钙，故建议过酸土壤每亩可用有机肥（有机肥必须为腐熟的才可与石灰混合）与 50kg 左右的石灰配合混施。

（二）轻施苗肥

苗期宜采用小水淡肥。定植 1 周后，植株开始缓苗时，可浇缓苗水。若基肥不足，缓苗后可轻施一次追肥。一般用浓度为 10％～30％的腐熟粪水浇施，或尿素，或高氮复合肥（如 20 - 9 - 11 含硫复合肥）穴施，用量宜少。

（三）稳施蔓肥

抽蔓前追肥量约占追肥总量的 30％～40％。此期施肥主要是促进蔓叶生长，但不宜过浓或过多，否则会造成叶色浓绿、节间缩短、蔓尖发黄。若基肥充足，植株生长旺盛，可以不施。若肥力不很充足，可在瓜苗 5～6 片叶时开沟施肥，每亩施粪干 500～750kg，或均衡型复合肥 20kg。雌花出现到座果前宜适当节制肥水，尤其是氮肥，以免茎叶徒长，造成化瓜。

（四）足施开花结果肥

开花结果肥约占追肥总量的 60％～70％。当瓜座稳后要及时追施催瓜肥，每亩追施腐熟粪尿 10 倍稀释液或饼肥液 1t 左右。同时要及时摘除侧蔓以促进座瓜，小冬瓜见雌花就留瓜，每株留 2～4 个；大冬瓜适宜在第 2、3 雌花节位留瓜，每株只留 1 个瓜。果实膨大初期，喷施 0.2％磷肥 1～2 次，能加速果实膨大。此外，要适时用枯草或瓜叶盖瓜（防止强光直射诱发日灼病）。在果实膨大中后期，宜淡肥勤浇，每次浇透，每隔 15 天左右追肥 1 次，最好 1 次肥 1 次水相间进行。但田间不能积水，土壤过湿易烂瓜。果实膨大期每亩总共需追施高氮钾复合肥（如 17 - 7 - 17 含硫复合肥）约 50kg，施肥用量和次数可根据前期施肥状况和收获期长短进行调整。如果收获期长，施肥量适当增加。施用时，可在距离根部 40～50cm 处开沟或开穴施入，也可以结合浇水将化肥兑成 1.5%～2.0% 的液肥在距根部 40～50cm 处淋施，以免施肥伤及根系。

1. 不能偏施氮肥

许多冬瓜生产者虽然比较重视施用基肥，但在追肥上往往从幼苗期开始便施用较多的粪水、硫酸铵、尿素等氮肥，在结果期施用的更多。这样会因过多施用肥料增加成本，而且往往会引起枯萎病和疫病的发生和发展；在结果中后期追施过多氮肥，往往会诱发果实绵腐病的大量发生。

2. 应根据天气情况施肥

选择晴天施肥，如果在大雨前后追肥，往往会加剧病害的发生。

第十一节　菠　　菜

菠菜为耐寒性速生绿叶菜蔬菜，可四季栽培，适宜于露地和保护地生产。按栽培季节可分为春菠菜、秋菠菜和越冬菠菜。华南地区从 8 月至翌年 2 月均可播种，10 月至翌年 4 月收获。此外，各地还有在 5～6 月播种，7～8 月收获的夏菠菜。

一、生育期

菠菜的生育过程可分营养生长及生殖生长两个时期。营养生长期是从子叶出土到花序分化的阶段；生殖生长时期从花芽分化到抽薹、开花、结实与种子成熟。生产上的菠菜施肥管理仅限于菠菜的营养生长时期。

（一）营养生长期

从子叶出土到花序分化。种子发芽始温 4℃，适温 15～

20℃，温度过高发芽率降低，发芽时间加长。子叶展开到出现 2 片真叶，生长缓慢。2 片真叶展开后，叶数、叶重和叶面积迅速增长。日平均气温在 23℃ 以下时，苗端分化叶原基的速度随温度的下降而减慢。叶片在日平均气温为 20～25℃ 时增长最快。苗端分化花序原基后，基生叶数不再增加。花序分化时的叶数因播期而异，少者 6～7 片，多者 20 余片。

（二）生殖生长期

花序分化到种子成熟。菠菜是典型的长日照作物，在长日照条件下能够进行花芽分化的温度范围很广，夏播菠菜未经历 15℃ 以下的低温仍可分化花芽。花序分化到抽薹的天数，因播期不同而有很大差异，短者 8～9 天，长者 140 多天。这一时期的长短关系到采收期的长短和产量的高低。菠菜耐寒力强，冬季平均最低气温为 −10℃ 左右的地区可露地安全越冬。耐寒力强的品种，具 4～6 片真叶的植株，可耐短期 −30℃ 的低温。

栽培技术：菠菜对土壤的要求不严格，沙质壤土上栽培表现早熟，在黏质壤土栽培易获丰产。耐酸力较弱，适宜的土壤 pH 为 5.5～7，土壤 pH 在 5.5 以下或 8 以上时生长不良。

二、养分需求

菠菜生长期短，生长速度快，产量高，需肥量大。菠菜生产要求有较多的氮肥促进叶丛生长，氮素充足时，叶片柔嫩多汁而少纤维；氮素不足时，则植株矮小而纤维多，叶面积小，色黄而粗糙，易未熟抽薹，失去食用价值。菠菜的最大吸收，前期养分吸收速率低，后期进入快速生长时期，温度高低决定了生长速率的快慢。

菠菜不同产量水平氮、磷、钾的吸收量见表 12 - 15。

表 12 - 15 不同产量水平下菠菜氮、磷、钾的吸收量

产量水平	养分吸收量（kg/亩）		
（kg/亩）	N	P_2O_5	K_2O
1 300	6.4	2.4	8.8
2 000	7	3	10.4
3 000	9	3.9	13.47

三、推荐施肥技术

菠菜施肥要重施基肥，磷肥基施为主，秋菠菜种植时间较长，施肥量相对较大，其次是春菠菜，夏菠菜种植时间较短，施肥量相对较少。施肥方法是植株进入 3～4 片叶前保持土壤潮湿，结合浇水追施氮、钾肥。越冬菠菜因生育期较长故应施肥，可分冬前、越冬和早春 3 个阶段进行。结合浇冻水施一次肥，越冬期间不用施肥。

（一）菠菜氮肥推荐用量

菠菜是典型喜硝态氮肥的蔬菜，硝态氮与铵态氮的比例在 2：1 以上时的产量较高，单施铵态氮肥可能会抑制钾、钙的吸收，影响生长。菠菜的生长过程中一般追施氮肥 1～2 次。

1. 基肥用量的确定

见表 12 - 16。

表 12 - 16 菠菜氮肥基肥推荐用量

（单位：kgN/亩）

土壤 $NO_3^- - N$ 含量	菠菜目标产量（kg/亩）		
（mg/kg）	1 300	2 000	3 000
＜30	6.7	7.3	9.3

（续）

土壤 $NO_3^- - N$ 含量	菠菜目标产量（kg/亩）		
（mg/kg）	1 300	2 000	3 000
30～60	5.3	6.7	8.0
60～90	4.0	4.9	6.7
90～120	2.7	3.6	5.3
＞120	1.3	2.3	4.0

2. 追肥用量的确定

见表 12-17。

表 12-17 菠菜氮肥追肥推荐用量

（单位：kgN/亩）

土壤 $NO_3^- - N$ 含量	菠菜目标产量（kg/亩）		
（mg/kg）	1 300	2 000	3 000
＜30	3.3	4.0	6.7
30～60	2.7	2.7	4.0
60～90	2.0	2.4	3.3
90～120	1.3	1.7	2.7
＞120	0.7	1.1	2.0

（二）菠菜磷肥推荐用量

菠菜对磷的吸收量高，土壤有效磷含量高，菠菜产量高；增施磷肥在多数情况下能提高菠菜产量。根据土壤有效磷含量水平及菠菜磷素养分的需要量，条播菠菜磷肥最好进行条施。

菠菜不同产量水平与不同土壤肥力情况下的磷肥施用量见表 12-18。

表 12 - 18　土壤磷分级及菠菜磷肥用量

目标产量水平 （kg/亩）	肥力等级	Olsen～P （mg/kg）	磷肥用量 （kg P$_2$O$_5$/亩）
	低	<30	4.8
1 300	中	30～60	3.6
	高	>60	1.9
	低	<30	7.6
2 000	中	30～60	6.0
	高	>60	4.7
	极低	<30	8.0
3 000	中	30～60	3.6
	高	>60	2.4

（三）菠菜钾肥推荐用量

菠菜对钾肥尤为敏感。增施钾肥可显著提高菠菜产量，而且一般硫酸钾的效果优于氯化钾。

菠菜不同产量水平与不同土壤肥力情况下的钾肥施用量见表 12 - 19。

表 12 - 19　土壤钾分级及菠菜钾肥用量

目标产量水平 （kg/亩）	肥力等级	土壤速效钾 K（mg/kg）	钾肥 K$_2$O 施用量 （kg/亩）
	低	<90	17.6
1 300	中	90～140	13.2
	高	>140	7.0
	低	<90	20.0
2 000	中	90～140	16.3
	高	>140	8.0
	极低	<90	26.7
3 000	中	90～140	17.3
	高	>140	15.0

（四）微量元素

菠菜生产中注意钼和铁的施用。缺铁时，菠菜出现"黄化病"。缺硼时，心叶卷曲、缺绿，植株长不大，应在施肥时配合施用硼砂或叶面喷施硼砂溶液，以防止缺硼现象。

对于缺乏微量元素的土壤，可按表 12 - 20 中的方法进行补缺。

表 12 - 20　土壤微量元素丰缺指标及对应施用方法

元素	提取方法	临界值	施用方法
Fe	DTPA 浸提	2.5～4.5mg/kg	硫酸亚铁 0.1～0.5％水溶液或枸橼酸铁 100mg/kg 水溶液喷洒叶面
Mo	草酸＋草酸铵 pH 3.3 浸提	0.15mg/kg	叶面喷施 0.05～0.1％钼酸铵
Mn	DTPA 浸提	1.0mg/kg	叶面喷施 0.1～0.2％硫酸锰
B	沸水浸提	0.5mg/kg	0.12～0.25％硼砂或硼酸水溶液喷洒叶面

四、菠菜施肥指导意见

针对菠菜栽培氮、磷化肥用量普遍偏高，肥料增产效率下降，而有机肥施用不足，提出以下施肥原则：

（1）增施有机肥，提倡有机无机配合。若基肥施用了有机肥，可酌情减少化肥用量。

（2）施肥注意掌握轻施、勤施、先淡后浓的原则。

（3）依据土壤钾素状况，施用高效钾肥；注意钼（Mo）和锰（Mn）的施用。

（4）菠菜喜硝态氮，硝态氮比例应占氮素化肥的 3/4 以上。

菠菜施肥建议如下：

（一）基肥

1. 产量水平 1 500～2 000kg/亩

施用农家肥 2 500～3 000kg/亩或商品有机肥 150～200kg/亩，尿素 3～4kg/亩或硫酸铵 7～9kg/亩或碳酸氢铵 8～11kg/亩，磷酸二铵 9～11kg/亩，硫酸钾（50％）6～8kg/亩或氯化钾（60％）5～7kg/亩。

2. 产量水平 2 000～2 500kg/亩

施用农家肥 2 000～2 500kg/亩或商品有机肥 200～250kg/亩，尿素 3～4kg/亩或硫酸铵 7～9kg/亩或碳酸氢铵 8～11kg/亩，磷酸二铵 7～9kg/亩，硫酸钾（50％）5～7kg/亩或氯化钾（60％）4～6kg/亩。

3. 产量水平 2 500～3 000kg/亩

施用农家肥 1 500～2 000kg/亩或商品有机肥 250～300kg/亩，尿素 2～4kg/亩或硫酸铵 5～7kg/亩或碳酸氢铵 5～8kg/亩，磷酸二铵 7～9kg/亩，硫酸钾（50％）4～6kg/亩或氯化钾（60％）3～5kg/亩。

（二）追肥

生长旺期进行追肥。

1. 产量水平 1 500～2 000kg/亩

施用尿素 13～18kg/亩，硫酸钾 6～8kg/亩。

2. 产量水平 2 000～2 500kg/亩

施用尿素 13～16kg/亩，硫酸钾 6～8kg/亩。

3. 产量水平 2 500～3 000kg/亩

施用尿素 10～14kg/亩，硫酸钾 4～6kg/亩。

第十二节　芹　　菜

一、作物特性

芹菜，又称芹、旱芹、药芹菜，是伞形科芹属中形成肥嫩叶柄的二年生蔬菜。药用以旱芹为佳，旱芹香气较浓，又名"香芹"，亦称"药芹"。芹菜是高纤维食物，它经肠内消化作用产生一种木质素或肠内脂的物质，这类物质是一种抗氧化剂，常吃芹菜，尤其是吃芹菜叶，对预防高血压、动脉硬化等都十分有益，并有辅助治疗作用。

芹菜分为本芹和洋芹两种，后者仅在沿海和北京周边有所种植，本芹叶柄细长，洋芹叶柄宽厚。

芹菜性喜冷凉、湿润的气候，属半耐寒性蔬菜，不耐高温、干燥，可耐短期 0℃ 以下低温。种子发芽最低温度为 4℃，最适温度 15～20℃，15℃ 以下发芽延迟，30℃ 以上几乎不发芽，幼苗能耐 -5～-7℃ 低温，属绿体春化型植物，3～4 片叶的幼苗在 2～10℃ 的温度条件下，经 10～30 天通过春化阶段。西芹抗寒性较差，幼苗不耐霜冻，完成春化的适温为 12～13℃。

二、养分需求

芹菜的根系分布在浅土层内，吸收能力较弱，一般栽培密度较大，对土壤的水分和肥料管理要求严格，故在栽培芹菜的土壤选择上要满足保水保肥而富含有机质的土壤，要保证芹菜的生长必须施用完全肥料，初期和后期缺氮对产量的影响较大；初期缺磷比其他时期缺磷影响大；初期缺钾的影响较小，而后期缺钾则影响较大。

微量元素方面，缺硼会导致芹菜叶柄开裂，初期叶缘出现褐色斑点，后叶柄维管束有褐色条文而裂开，定植后可每亩施用 0.5～0.75kg 硼砂防治。

三、推荐施肥技术

（一）基肥

1. 产量水平 3 000～4 000kg/亩

施用农家肥 3 000～3 500kg/亩或商品有机肥 400～450kg/亩，尿素 4～5kg/亩或硫酸铵 9～12kg/亩或碳酸氢铵 11～14kg/亩，磷酸二铵 13～15kg/亩，硫酸钾（50％）5～7kg/亩或氯化钾（60％）4～6kg/亩。

2. 产量水平 4 000～5 000kg/亩

施用农家肥 2 500～3 000kg/亩或商品有机肥 350～400kg/亩，尿素 4～5kg/亩或硫酸铵 9～12kg/亩或碳酸氢铵 11～14kg/亩，磷酸二铵 11～13kg/亩，硫酸钾（50％）4～5kg/亩或氯化钾（60％）3～4kg/亩。

3. 产量水平 5 000～6 000kg/亩

施用农家肥 2 000～2 500kg/亩或商品有机肥 300～350kg/亩，尿素 3～4kg/亩或硫酸铵 7～9kg/亩或碳酸氢铵 8～11kg/亩，磷酸二铵 9～11kg/亩，硫酸钾（50％）3～5kg/亩或氯化钾（60％）2～4kg/亩。

（二）追肥

1. 产量水平 3 000～4 000kg/亩

心叶生长期施用尿素 7～8kg/亩，硫酸钾 3～5kg/亩；旺盛生长前期施用尿素 10～12kg/亩，硫酸钾 4～6kg/亩；旺盛生长中期施用尿素 7～8kg/亩，硫酸钾 3～5kg/亩。

2. 产量水平 4 000～5 000kg/亩

心叶生长期施用尿素 6～8kg/亩，硫酸钾 3～4kg/亩；旺盛生长前期施用尿素 8～11kg/亩，硫酸钾 3～5kg/亩；旺盛生长中期施用尿素 6～8kg/亩，硫酸钾 3～4kg/亩。

3. 产量水平 5 000～6 000kg/亩

心叶生长期施用尿素 5～7kg/亩，硫酸钾 2～3kg/亩；旺盛生长前期施用尿素 7～9kg/亩，硫酸钾 3～4kg/亩；旺盛生长中期施用尿素 5～7kg/亩，硫酸钾 2～3kg/亩。

第十三节　黄 花 菜

黄花菜别名金针菜，又名忘忧草、萱草花，是一种营养价值高、具有多种保健功能的花卉珍品蔬菜。黄花菜在植物学分类上属于百合科萱草属，约有 14 个种，可作为食用的有 4 种：黄花菜（称北黄花菜）、黄花（称金针菜）、萱草、红萱。湖南省栽培的主要是黄花和小量红萱。一般株高40～85cm。根簇生，肉质，根端膨大成纺锤形。叶基生，狭长带状，下端重叠，向上渐平展，长 40～60cm，宽 2～3cm，全缘，中脉于叶下面凸出。花茎自叶腋抽出，为聚伞花序，花为橙黄色，漏斗形，花被 6 裂。夏季开花，种子黑色光亮，蒴果，革质，椭圆形。

黄花菜在我国已有两千多年栽培历史，以其营养丰富、经济价值高，并有一定药用价值成为国内外市场畅销产品。黄花菜因耐肥耐瘠，对土壤要求不严，在我国南北都有种植，但以湖南省的祁东和邵东两县种植面积最大，已成为闻名全国的黄花菜主产区，其产品誉满天下。

一、生物学特性

（一）形态特征

1. 根

黄花菜根系发达。根群多数分布在 30～70cm 的土层内，深的可达 130 ～170cm。根从短缩茎的节上发生，有肉质根和纤维根两类。肉质根又可分为长条形和块状形两种。长条肉质根是组成根系的主体，它既是同化物质的贮存器官，又是养分和水的输导器官，常在春季产生，且随着短缩茎逐年向上发展，发根部位也逐年提高；块状肉质根短而肥大，主要作为贮藏器官，常在植株衰老时发生；纤维根是从肉质根上长出来的侧根，分权多而细长，分布在长条肉质根上和块状肉质根的顶端，一般在苗期大量发生，增强吸收能力。

2. 茎、叶

叶是由地下短缩茎的顶芽发生，每一节发生的叶对生。叶鞘抱合成扁阔的假茎，叶片狭长成丛。在生产上每一假茎及其叶丛称为"一片"，实为短缩茎上的一个分蘖。黄花菜在我省每年发生两次叶，2～3 月长出的称为"春苗"，待花蕾采收完毕后枯黄，不久后即发生第二次新叶，称为"冬苗"，遇霜冻后枯黄。

3. 花薹

春苗长到 5～6 月间从叶丛中抽生花薹（俗称"抽箭"），花薹顶端分生侧枝，其上着生花蕾，成伞状花序，能陆续发生花蕾，花期可持续数十天。花蕾表面可分泌蜜汁，多数品种的花蕾于傍晚开放。花蕾有花被 6 片，分内外两层，外层 3 片较狭而厚，内层 3 片宽而薄，内有雄蕊 6 枚、雌蕊 1 枚、子房 3 室。开花后受精结实，种子坚硬呈黑色。

（二）对环境条件的要求

1. 温度

黄花菜每年春天旬平均温度在 5℃以上时，幼叶开始生长，发出"春苗"，15～20℃是叶片生长的最适温度，花蕾分化和生长适温为 28～33℃，且昼夜温差较大时，则植株生长旺盛，抽薹粗壮，花蕾分化多。最高临界温度 40℃。冬季进入休眠期，地上部的叶片枯萎死亡，但地下部的根、茎可抵御－38℃的低温。

2. 土壤

黄花菜根系发达，对土壤的适应性广。平地坡地、肥地瘦地、红黄壤、紫色页岩、石灰岩等土壤均可种植。但土壤疏松、土层深厚、肥力较高、pH 6.5～7.5 的情况下，植株生长茂盛，产量高。

（三）生育期

根据黄花菜一年生长发育不同时期特点，可分为春苗期、抽薹期、花蕾期、秋苗萌发期和冬季休眠期。

1. 春苗期

每年的 3 月中旬黄花菜陆续出苗后到花薹抽生前的这一阶段为春苗期。这个时期黄花菜为营养生长阶段，其吸收营养主要用于出苗、长叶，为争取花薹与花蕾分化打下物质基础。这个阶段重点以中耕松土和培肥土壤为主，为黄花菜旺盛生长期提供物质基础。

2. 抽薹期

黄花菜从花薹开始分化并抽出花薹到花蕾始采这一段时间为抽薹期。抽薹期在 4 月底开始，6 月上、中旬结束。黄花菜抽薹前是黄花菜生长的最旺盛阶段，也是黄花菜营养生长和生殖生长并存阶段，是黄花菜高产的关键时期。施肥管理上应重施、早施薹肥，结合病虫防治，对于保持黄花菜高产优质具有重要作用。

3. 花蕾期

6 月中、下旬至 8 月上、中旬，黄花菜陆续进入花期，也就是采摘期。黄花菜较耐干旱，但花期需水量大，特别是采蕾期，若遇干旱（0～20 cm 土层相对土壤湿度在 65％以下），花蕾易脱落。另外，黄花菜也忌土壤积水，0～30 cm 土层相对土壤湿度超过 100％时不利于根系生长，还会诱发病害。黄花菜花蕾期管理上以抗旱为主，结合叶面施肥，防止花蕾脱落，延长采摘时间。

4. 秋苗期

花蕾采摘完毕后，茎叶逐渐枯萎，随后长出秋苗，从秋苗萌发到秋苗枯萎这一时期，称秋苗期。秋苗是黄花菜积累营养的重要阶段，这时它要长出新的庞大根系，进行叶芽分化，为翌年分生出新的植株打好基础，为来年的花芽分化积累营养物质。

5. 冬季休眠期

冬季秋苗受寒叶片凋萎到翌年春苗萌动为黄花菜的冬季休眠期。黄花菜在冬季降霜后，遇上低温停止生长，苗片枯死。冬季施肥是黄花菜生长期中的最重要的一次施肥，对来年黄花菜产量影响极大。施冬肥的时间，应在黄花菜地上部分停止生长即秋苗经霜后凋萎时进行。冬肥要求以有机肥料为主，用量要多。由于进入冬季，黄花菜的根系吸收能力大大减弱，加之有机肥料的养分分解缓慢，冬季大量施用有机肥料，就能为来年黄花菜的春苗、抽薹贮备充足的养分，有利黄花菜高产。

二、养分需求

（一）黄花菜生物量生长特性

黄花菜为多年生草本植物，具有多年生发育的特征。在一年内有不同的生育时期，每年连续采摘花期约 50 天，因此要消耗大量营养，需要外界补充大量营养。了解黄花菜营养生长特征，对黄花菜的合理施肥具有重要作用。黄花菜从 3 月中旬开始发苗，进入营养生长，其生长变化见图 12-1，地上部分开始生长较快，到 4 月下旬后，生长开始变慢。5 月中旬后，地上部有 20 天的时间生长速度较快，此后黄花菜叶苗生长停止，黄花菜进入生殖生长。黄花菜地下部分生长与地上部分不同，前期生长很慢，进入 5 月下旬后进入快速生长期，为后期的薹和花蕾生长建立营养基础。根据黄花菜的营养生长特征，黄花菜施肥上采取提苗肥轻施和早施（3 月初），5 月的薹肥要重施，占黄花菜全部施肥量的 70%，此施肥原则与黄花菜营养生长相符合。

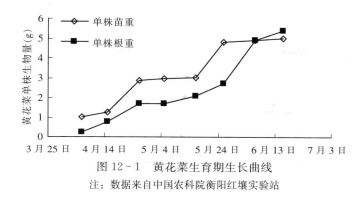

图 12-1　黄花菜生育期生长曲线

注：数据来自中国农科院衡阳红壤实验站

（二）黄花菜不同生育期营养需求

根据黄花菜生长时期，把黄花菜对肥料的要求分为三个时期，即：春苗肥、抽薹肥、花蕾肥。春苗始发到抽薹为营养生长，现蕾到花期采摘为生殖生长，此段时间约 90 天，叶所储存的养分不断向花蕾转化。对黄花菜不同生育时期的养分分析，结果见表 12-21，黄花菜所储存的养分不断下降，叶中的全氮含量从开始时的 2.66％下降到采摘后期的 1.09％，全磷从 0.26％下降到 0.11％，全钾从开始时的 2.75％下降到 1.65％（见表 12-22）。植株体内的养分大量转化和消耗。采摘阶段是黄花菜养分大量消耗时期，如果前期体内储存养分不多，对黄花菜后期生产和高产有明显的限制作用。

表 12-21　黄花菜不同生育时期吸收养分情况

生长时期	吸收氮量		吸收磷量		吸收钾量	
	占％	累计％	占％	累计％	占％	累计％
幼苗期	9.5	9.5	8.6	8.6	5.7	5.7
苗期	22.1	31.6	30.3	38.9	23.7	29.4
抽薹期	28.5	60.1	32	70.9	30.5	59.9
花期	39.9	100	29.1	100	40.1	100

注：数据来自中国农科院衡阳红壤实验站

表 12 - 22　黄花菜不同生育时期叶片全量养分变化情况

生长期	全氮（%）	全磷（%）	全钾（%）
抽薹前期叶	2.66	0.26	2.75
现蕾期叶	1.95	0.21	2.10
采摘中期叶	1.47	0.12	2.03
采摘后叶	1.09	0.11	1.65
干花	1.90	0.21	1.98

注：数据来自中国农科院衡阳红壤实验站

（三）黄花菜最大需肥时期

根据分析，黄花菜进入花薹伸长期，即由营养生长进入生殖生长，此时期黄花菜既要抽薹，又要进行花蕾分化和花蕾的采摘，要消耗大量的体内营养，这是黄花菜一生中需肥最多的时期。在抽薹期后，黄花菜吸收的氮占全氮量的 78%，磷的吸收量占全磷量 61%，钾的吸收量占全钾量 71%。黄花菜吸收养分主要在生殖生长阶段，是黄花菜重施抽薹肥的理论依据。

（四）黄花菜中微量元素对产量影响

由于黄花菜的食用部分是花蕾，形成花蕾越多，产量越高，需要硼、锌越多；同时根据土壤分析结果，我省黄花菜产区有效性硼、锌甚低，有效性硼一般仅有 0.3～0.5mg/kg。因此，黄花菜施用硼肥和锌肥有较好的增产效果。

由于配合磷钾肥施用硼和锌，提高了抽薹率、成蕾数，从而促进黄花菜的高产。在增施适量硼、锌肥后，产量可提高 10%～28%（见表 12 - 23）。

表 12-23　施用不同养分的黄花菜产量

施肥类型	鲜花产量 （kg/亩）	干制率 （%）	干花产量 （kg/亩）	增产量 （kg/亩）	增产率 （%）
氮肥	1 439	17	244.8	—	—
氮磷肥	1 589	17	270.2	25.4	10.4
氮磷钾肥	1 725	17	293.3	48.6	19.8
氮磷钾硼锌肥	1 850	17	314.5	69.8	28.4

注：数据来自中国农科院衡阳红壤实验站

三、黄花菜高产栽培所需土壤条件

（一）不同土壤类型对黄花菜产量影响

黄花菜适合各种土质，尤以红黄壤较好。根据近几年在湖南祁东黄花菜主产区官家嘴和黄土铺进行的土壤调查结果表明（图 12-2）。黄花菜干花产量以灰泥田和第四纪红壤为高，产量平均分别达到 256kg/亩和 227kg/亩（干制率按 17%计算）。石灰岩土壤产量显著低于前两种土壤，其平均干花产量为 176kg/亩。

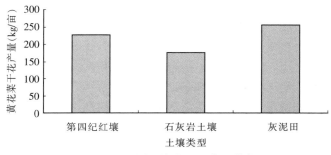

图 12-2　不同土壤类型上黄花菜产量

（二）黄花菜种植土壤养分状况

土壤是基础，高产黄花菜土壤表现为土壤深厚，有机质含量高，养分平衡全面，土壤结构合理，保水保肥能力强。通过对黄花菜主产区土壤的取样调查和养分分析测定，土壤养分含量变化幅度大，土壤肥力基本保持在中等偏上水平。土壤有机质含量变化幅度在 $10.9 \sim 30.9 g/kg$ 之间，平均 $17.3 g/kg$，土壤有机质含量较丰富。土壤全氮和碱解氮含量变化幅度分别为 $0.43 \sim 1.43 g/kg$ 和 $24.5 \sim 97.3 mg/kg$，平均分别为 $0.82 g/kg$ 和 $63.1 mg/kg$。土壤全磷和有效磷含量变化幅度分别为 $0.25 \sim 0.99 g/kg$ 和 $5.7 \sim 30.8 mg/kg$，平均含量分别为 $0.39 g/kg$ 和 $23.8 mg/kg$。土壤全钾和速效钾含量变化幅度分别为 $6.42 \sim 17.22 g/kg$ 和 $43 \sim 225 mg/kg$，平均含量分别为 $9.42 g/kg$ 和 $123 mg/kg$。土壤磷、钾含量变化幅度较大，部分土壤有缺磷、缺钾现象，生产上需要及时补充磷钾肥。土壤 pH 变化幅度为 $4.7 \sim 7.7$，平均5.5，大部分土壤呈弱酸性。

四、黄花菜推荐施肥技术

（一）施肥原则

根据黄花菜生长发育特性，坚持"四肥"并举（即冬肥、春苗肥、抽薹肥、蕾肥），在增施有机肥基础上，氮、磷、钾合理搭配，根外适量补充硼、锌、镁等微量元素，做到因土定肥，因产定量，结合中耕松土和病虫防治，以深施和以水调肥为手段，重视冬肥、早施春苗肥、重施抽薹肥、叶面补充微量元素肥，从而达到提高肥料利用率，减少植株病害，实现高产、稳产和优质的目标。

（二）肥料用量

根据黄花菜的生长规律和吸收肥料的特征，结合分析近几年田间试验，黄花菜氮、磷、钾使用比例以 1：0.36：1.2 较合理。

目前湖南省黄花菜主要种植的土壤旱土有：第四纪红土红壤、黑色石灰土和红色石灰土；稻田有：红黄泥和灰泥田。分旱土和稻田按高、中、低划分土壤肥力等级，结合常年产量水平旱土和稻田分别按 250、200、150kg/亩和 300、250、200kg/亩确定目标产量，形成黄花菜化肥推荐用量检索表（见表 12-24）。

表 12-24　黄花菜化肥推荐用量检索表

土壤类别	肥力等级	目标产量	化肥推荐用量（kg/亩）		
			N	P_2O_5	K_2O
旱土	高	250	12～15	4.5～5.4	14.4～18
	中	200	10～13	3.6～4.7	12～15.6
	低	150	9～12	3.2～4	10.8～13.2
稻田	高	300	9～10	3.5～4.5	10.8～12
	中	250	8～9	3～3.2	9.6～10.8
	低	200	8～10	3～3.2	8.4～10.8

五、黄花菜施肥指导意见

（一）定植肥

黄花菜是短宿茎，每年向上生长 1～2cm，因此适度深栽是延长黄花菜盛产期年限的关键措施之一。定植肥深施有利于黄花菜根系下移，推迟黄花菜"毛蔸"年限，具体方法是：整地后，移栽前 15～20 天，开 30cm 深的施肥沟，每亩施腐熟的猪粪（或牛粪）1 000～1 500kg，优质堆肥 2 000～3 000kg，过磷酸钙 50kg 以上，分层施入施肥沟内，然后铺放原来的表层熟土。

（二）采收肥

1. 冬苗肥

冬季施肥是黄花菜生长期中重要的一次施肥，对来年黄花菜产量影响极大。施冬肥的时间，应在黄花菜地上部分停止生长即秋苗经霜后凋萎时进行。冬肥要求以有机肥料为主，用量要多。由于进入冬季，黄花菜的根系吸收能力大大减弱，加之有机肥料的养分分解缓慢，冬季大量施用有机肥料，就能为来年黄花菜的春苗、抽薹贮备充足的养分，有利黄花菜高产。冬肥的用量，应根据土壤的肥力及肥料的种类而定，一般每亩施腐熟猪粪（或牛粪）1 500～2 000kg，或人粪尿 10 担以上，或饼肥 4～6 担，或优质堆肥 40～50 担，并配合施入 100% 磷肥（表 12 - 24 中推荐的磷肥用量）。结合秋冬挖伏土，于行间距株丛 15～20cm 处，开宽 30cm、深 25cm 的施肥沟，进行深施，施后覆土，以提高肥效。

2. 春苗肥

黄花菜春苗肥的施用时间要早，用 50% 的氮肥＋40% 的钾肥，在春苗萌发时（苗高 10cm 左右），结合中耕除草进行。在蔸边开深穴埋施，并兑水淋蔸，促春苗整齐快发。

3. 抽薹肥

此时黄花菜正进入生殖生长盛期，需肥量大，用 50% 的氮肥＋60% 的钾肥，在抽苔前 7～10 天，距蔸 20～30cm 处开浅穴埋施，以促进抽薹整齐粗壮，施肥时要注意不伤黄花菜肉质营养根。

4. 蕾肥

蕾肥是一补充措施，对增产起一定的作用。黄花菜花蕾具有不断采摘不断萌发的特性，采摘时间长，整个采摘期，需要消耗大量营养。蕾肥就是为了补充黄花菜的营养，防止脱肥早衰，保持叶片青绿，以达到催蕾壮蕾，提高成蕾率，延长采摘期，从而提高黄花菜产量。施蕾肥的时间，以开始采摘 10 天后，即快要进入盛采期前进行为好。施肥方法以根外追肥为主，一般每亩用 0.1％磷酸二氢钾加 0.3％硼砂 70g 进行叶面喷施，每隔 7～10 天一次，连续 3～4 次，注意此时气温较高，施用浓度不能过大，并选择阴天或早晚进行。

此外，在黄花菜整个生育期间，结合病虫害防治，可进行多次根外施肥，以补充锌、镁、钙等微量元素。

第十四节　薤　　头

薤（jiào）头又叫薤白、野韭、野蒜、薤根，属于百合科葱属，是跨年度栽培的宿根草本作物，以鳞茎入食。长江流域都可以生长，农户小规模种植的薤头一般是用盐水腌渍制成酸薤头，或者作为蔬菜鲜食。大规模种植的薤头都是经过农产品加工企业，盐渍加工成为甜酸薤头，经过包装，进入市场进行大批量销售。湖南省各地都有零星种植的薤头，但是较大规模种植的不很多，主要是岳阳市湘阴县种植较多，常年种植 3 万～5 万亩，鲜薤头总产量 6.3 万 t 左右，主要是由于该县有几家薤头加工龙头企业的带动，促进了薤头规模化种植，形成了"公司＋基地＋农户"的产业链条，加工的薤头主要出口日本及东南亚等国家和地区。另外，在我省的永州市等地也有较多的种植。品种有大叶薤、细叶薤和长柄薤。一般情况下选择产量较高的大叶薤和长柄薤，有时要根据国内外市场的需求来选择品种，例如，有的消费者喜欢个体较小的细叶薤。

一、薤头特性

薤头喜冷凉气候，生长最适温度为 15～20℃，10℃以下生长缓慢，30℃以上进入休眠期，在鳞茎发育期要求长日照。

（一）生育期

薤头从 9 月下旬播种到次年 6 月中旬收获，生长时期较长，长达 8 个月。生育期分为以下三个时期：

1. 分蘖期

薤头一般在 9 月下旬～10 月下旬播种，成活后，在秋、冬、早春进行分蘖，到 4 月薤头膨大时，一兜可分蘖 15 个左右。分蘖期时间很长，达到 6 个月左右，分蘖期前期薤头生长缓慢，需肥较少，但是分蘖后期，气温升高，生长加快，需肥逐渐增加。

2. 鳞茎膨大期

4 月气温升高，达到 20℃以上，薤头生长明显加快，进入鳞茎膨大期，鳞茎加快长大，这是形成薤头产量的关键时期，也是需肥最多的时期。

3. 休眠期

进入 6 月中旬，气温过高，达到 30℃以上，薤头停止生长，进入休眠期，不需要肥料。

（二）养分需求

根据测算，形成 100kg 鲜薤头需氮 0.392kg、P_2O_5 0.063 6kg、K_2O 0.464kg。产量越高，吸收的氮、磷、钾等养份就越多。不同产量吸收的养份见表 12-25。

表 12-25 不同产量水平下薤头氮、磷、钾的吸收量

产量水平 （kg/亩）	养分吸收量（kg）		
	纯氮	纯 P_2O_5	纯 K_2O
1 000	3.92	0.636	4.64
1 500	5.88	0.954	6.9
2 000	7.84	1.272	9.28
2 500	9.8	1.59	11.6
3 000	11.76	1.91	13.92

（三）推荐施肥技术

1. 氮肥推荐

氮素是最为重要的作物营养元素，氮肥的肥效最显著，对产量影响最大，其施用量也最难把握好。薤头氮肥的施用量，我们建议根据耕地基础地力和目标产量来确定。氮肥50%作基肥，50%作追肥，追肥又分 2～3 次追施。不同地力产量和目标产量下的推荐施纯氮量见表 12-26。

表 12-26 薤头氮肥推荐施用量

（单位：纯氮 kg/亩）

地力产量	目标产量（kg/亩，鲜重）		
（kg/亩，鲜重）	2000	2500	3000
600	10.5	11.5	12.5
800	9.5	10.5	11.5
1 000	9.0	10.0	11.0
1 200	8.0	9.5	10.5
1 400	8.0	9.0	10.0
1 600	7.5	8.5	9.5

2. 磷肥推荐

薤头对磷肥的需求量比氮肥要少，但是磷肥的肥效很低。磷肥的施用量应根据土壤有效磷的含量来确定，P_2O_5施用范围在 2～6kg/亩，磷肥全部作基肥。

3. 钾肥推荐

薤头需钾较多，应该施用适量的钾肥，但是我们很多农民在种植薤头时，施钾肥较少，这对产量有一定的影响。钾肥的施用量，应根据土壤有效钾的含量来确定，K_2O 的施用范围在 5～10kg/亩，钾肥 60%作基肥，40%作追肥。

4. 中微量元素肥料

薤头属于葱蒜类作物，喜硫，需要较多的硫。有一些化肥是含硫的，例如硫酸钾型复合肥和过磷酸钙，有机肥（如人畜粪等）含硫量也较多，因此，不需要另外施用硫磺粉。只要施用了适量的硫酸钾型复合肥或过磷酸钙或人畜粪等含硫较多的肥料就可以满足藠头对硫的需求。

（四）施肥指导意见

1. 一般地力条件下的推荐施肥量

藠头是旱地作物，但是现在大量的藠头种植于水田，采取种植一季水稻－藠头的水旱轮作种植模式。这是一种较好的种植模式，提高了藠头和水稻的产量，培肥了地力，改良了土壤。而且水田比旱地农田基础设施要好，有较好的灌溉设施，土壤含水量也比旱地土壤要高，化肥利用率比旱地要高，土壤肥力较高，水田基础地力产量相应要高于旱地，因此，我们要根据一季水稻－藠头水旱轮作种植制度和旱地藠头种植制度，区别对待，在施肥量上要有所不同。根据田间试验，结合藠头典型高产高效种植农户调查，我们提出在施用 500～1 000kg/亩人粪尿或畜禽粪的情况下，一般肥力条件的耕地，两种种植制度下的推荐施肥量（见表 12 - 27 和表 12 - 28），在此基础上，各地根据本地土壤的肥力高低，相应增加或减少肥料用量。

表 12 - 27　藠头推荐施肥方案一

（单位：kg/亩）

耕作制度	基肥（播种前）硫酸钾型复合肥（15 - 15 - 15）	第一次追肥（3 月上旬）尿素	第一次追肥（3 月上旬）硫酸钾或氯化钾	第二次追肥（4 月上中旬）尿素
水旱轮作	30	5	4	5
旱地种植	40	5	6	5

表 12 - 28　藠头推荐施肥方案二

（单位：kg/亩）

耕作制度	基肥（播种前）			第一次追肥（3月上旬）		第二次追肥（4月上中旬）
	碳铵	过磷酸钙	硫酸钾或氯化钾	尿素	硫酸钾或氯化钾	尿素
水旱轮作	30	40	7.5	5	4	5
旱地种植	50	50	10	5	6	5

2. 肥料品种及施肥方法

上述两种推荐施肥方案中，我们建议在施用 500～1000kg/亩人粪尿或畜禽粪的基础上，再施用单质肥料和复合肥料。人粪尿或畜禽粪可以作为基肥也可以在初春浇施，同时将尿素和钾肥溶于粪水中一起浇施。追肥中的尿素和钾肥也可以在开春后的 3～4 月，趁小雨天气，撒施，让雨水溶解，渗透进入土壤。化肥施肥次数 1 次基肥、2～3 次追肥，磷肥全部作基肥，氮肥 50％作基肥，50％作追肥，钾肥 60％作基肥，40％作追肥。

第十三章 主要经济作物

第一节 棉 花

棉花是我省重要的经济作物，主要分布于湘北洞庭湖地区的常德市、益阳市和岳阳市，以安乡、华容、澧县、南县等县种植面积较大。2006—2008 年全省棉花年平均种植面积 239 万亩，皮棉年平均亩产 97kg。近年来，由于种棉效益较好，环湖丘陵红壤旱地以及水田改种棉花的面积呈扩大趋势。

一、作物特性

（一）生育期

棉花从播种到收获，历经苗期、现蕾期、开花期和吐絮期等 4 个不同发育阶段。

在各生育阶段有其不同生长中心，吸收养分的数量及其占吸收总量的比重亦不相同。试验研究结果表明，棉花在初花期以前，以扩大营养体为主，即以发根、长茎和增叶为中心，并逐步向增蕾转移，吸收养分的数量也逐渐增多；初花期以后，生长中心转向生殖器官的生长发育，以增蕾、开花和结铃为主，营养生长仍在旺盛地进行，因此，棉花吸收了大量的养分，用以满足生长发育及开花结铃的需要，棉花到花铃盛期对养分的吸收达到高峰。进入吐絮期以后，吸收养分的数量又明显下降。

（二）产量构成及影响因素

皮棉产量通常由单位面积总铃数、平均铃重和衣分三部分组成。当三个因素都大时，产量最高。

1. 单位面积的总铃数

单位面积总铃数是株数和单株成铃数的乘积。单位面积的总铃数通常表现为构成棉花产量的主导因素，变化幅度很大。高产田通常每亩总铃数达 8 万～9 万个，低产田通常为 2 万～3 万个。影响总铃数的因素有种植密度与配置、土壤肥力和水分等。

2. 平均铃重

铃重常以单个棉铃中籽棉的重量或 100 个棉铃的籽棉重量（百铃重）来表示。在单位面积总铃数相同的情况下，铃重是决定籽棉产量的主要因素。陆地棉的单铃重一般为 4～6g，大铃品种为 7～9g，小铃品种为 3～4g。铃重除受品种遗传特性的影响外，同一品种同一棉株的不同部位，不同成熟期的铃重均不同。早衰或霜后棉铃或迟熟棉铃都较轻。影响铃重的因素有温度、有机养料、肥水条件、病虫害等。

3. 衣分

衣分是指皮棉占籽棉重量的百分比。衣分主要受品种遗传特性所影响，个别高衣分品种可达 45%，低的只有 30% 左右。

二、棉花需肥特性

（一）氮、磷、钾三要素在棉花生育中的作用

氮素对棉花的作用最明显，时间也最长，从幼苗开始直到开花结铃期，都需要有适量的氮素供应。氮素供应适当，棉花叶色深绿，植株健壮，蕾铃多，产量高，品质好。如果初期氮素供应过多，会引起棉花徒长；如果生育中期供应不

足，棉叶变黄变小，脱落多，后期早衰，产量低；如果中后期供应过量，会引起棉花疯长，晚熟减产，降低品质。磷素在生育前期能促进根系发育，使壮苗早发，对早现蕾早开花有重要作用；在生育后期能促进棉花成熟，增加铃重。钾素能起到健枝壮秆和增强抗逆能力的作用，钾素缺乏时，植株易感病，叶片变红，提早枯落。棉花的红叶茎枯病主要是由于缺钾造成的。

（二）棉花生育期的需肥量

根据湖南省 2005—2009 年测土配方施肥田间试验结果，棉花形成 100kg 籽棉产量，氮（N）、五氧化二磷（P_2O_5）、氧化钾（K_2O）的吸收量分别为 6.22kg、2.24kg、4.98kg。棉花不同生育期吸收养分的数量不同。据研究，苗期吸收 N、P_2O_5、K_2O 的数量分别占一生吸收量的 5％、3％、3％左右；从现蕾到始花期，N、P_2O_5、K_2O 吸收量分别占一生吸收量的 11％、7％、9％左右；从初花到盛花期，N、P_2O_5、K_2O 的吸收量分别占一生吸收量的 56％、24％、42％左右；吐絮以后，对 N、P_2O_5、K_2O 的吸收量分别占一生吸收量的 5％、14％、11％左右。棉花生育期吸肥高峰在花铃期，氮吸收高峰在前（始花期至盛花期），磷、钾吸收高峰在后（盛花期至吐絮期）。

棉花不同产量水平下吸收养分总量见图 13－1。

（三）不同产量水平棉花氮磷钾养分吸收规律

不同皮棉产量水平棉花吸收 N、P_2O_5、K_2O 的比例不同。据研究，亩产皮棉 62.7kg 吸收 N、P_2O_5、K_2O 的比例为 1：0.35：0.71，亩产皮棉 74.3kg 的比例为 1：0.35：0.73，亩产皮棉 94.7kg 的比例为 1：0.35：0.85，随着棉花产量的提高，吸收钾素比重加大，表明棉株吸收累积的钾素增多（见表 13－1）。

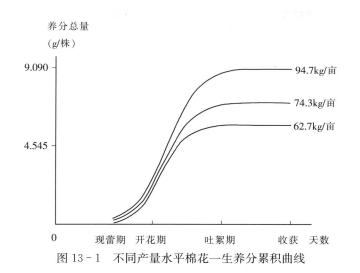

图 13-1　不同产量水平棉花一生养分累积曲线

表 13-1　不同产量水平不同生育期棉株干物质及氮磷钾
养分积累比例

生育期	94.7kg/亩				74.3kg/亩				62.7kg/亩			
	干物质	养分积累%			干物质	养分积累%			干物质	养分积累%		
	%	N	P_2O_5	K_2O	%	N	P_2O_5	K_2O	%	N	P_2O_5	K_2O
出苗—现蕾	2.8	4.6	3.4	3.7	2.6	4.5	3.1	4.1	2.4	4.5	3.0	4.0
现蕾—开花	23.4	27.8	25.3	28.3	22.9	29.4	27.4	21.0	22.8	30.4	28.7	31.6
开花—吐絮	64.1	59.8	64.4	61.6	68.5	60.8	65.1	62.5	70.4	62.4	67.1	63.3
吐絮—收获	9.6	7.8	6.9	6.3	6.0	5.3	4.4	2.4	4.5	2.7	1.1	1.2
一生总量 （g/株）	216.00	4.13	1.45	3.52	192.96	3.42	1.18	2.51	173.30	2.83	0.99	1.99

三、棉花推荐施肥技术

1. 棉花施肥的原则

重施有机肥，坚持有机肥与无机肥相结合；控制氮肥总量，调整基、追肥比例，减少前期氮肥用量，实行氮肥用量后移；磷、钾肥长期恒量监控，中微量元素因缺补缺。

2. 棉花施肥的方法

基肥在棉花播种或移栽前，根据播种或移栽方式，采用条施或穴施，施后覆土深度在 7cm 以上；追肥沟施或穴施覆土，覆土深度也应在 7cm 以上；对缺硼的土壤补施硼肥。

（一）棉花氮肥推荐施用量

根据湖南省 2005—2009 年测土配方施肥田间试验结果建立棉花氮肥效应模型，计算得出不同肥力水平及目标产量条件下棉花的氮肥推荐施用量（见表 13 - 2）。

表 13 - 2　棉花氮肥（N）推荐施用量

肥力水平	地力产量（kg/亩）	施 N（kg/亩）		
		目标产量（kg/亩）		
		<250	250～300	>300
低	<175	17～18	18～19	—
中	175～200	15～16	16～17	18～20
高	>200	—	15～16	16～18

（二）棉花磷肥推荐施用量

棉花磷肥的施用量应根据棉地土壤有效磷含量确定，在汇总湖南省 2005—2009 年测土配方施肥田间肥效试验结果基础上提出我省棉地土壤不同有效磷含量水平下的磷肥推荐施用量（见表 13 - 3）。

表 13 - 3　棉花磷肥（P_2O_5）推荐施用量

土壤有效磷分级		施 P_2O_5（kg/亩）
丰缺等级	mg/kg	
低	<8	6～7
中	8～16	5～6
较高	16～30	4.5～5.5
高	>30	3～4

（三）棉花钾肥推荐施用量

钾肥施用量应依据棉地土壤速效钾含量水平确定，根据多年来的田间试验结果，拟定湖南省棉地土壤速效钾养分丰缺等级标准及相应的钾肥推荐施用量（见表 13 - 4）。

表 13 - 4　棉花钾肥（K_2O）推荐施用量

土壤有效磷分级		施 P_2O_5
丰缺等级	mg/kg	（kg/亩）
低	<80	13～15
中	80～135	12～13
较高	135～230	11～12
高	>230	9～10

（四）棉花硼肥推荐施用量

棉花对硼敏感，缺硼往往导致棉花花铃少，蕾、花、铃发育不正常，棉桃畸形等。棉地土壤水溶态硼低于 0.5mg/kg 时，每亩用硼砂 400～500g 拌细土作基肥施；棉地土壤水溶态硼含量在 0.5～1.0mg/kg 时，可用 0.2％硼砂溶液在蕾期、初花期和花铃期叶面喷施。

四、施肥指导意见

（一）轻施苗肥

棉苗长到第一叶时，浇泼一次稀薄人畜粪水或 2％尿素水溶液，以床面浇湿为度。待棉苗快长到 3 叶时，再浇泼一次人畜粪水，每 50kg 粪水中加入过磷酸钙 1kg 左右。棉苗移栽返青活蔸后，每亩施人畜粪 200kg，或用尿素 2～3.5kg 兑水浇施，弱苗可重施、多施，壮苗可少施或不施，促进平稳生长。

（二）施足基肥

基肥应以有机肥为主，施用数量要根据产量要求、地力水平和肥料质量来定，一般需施足土杂肥 2 000kg、饼肥 50kg 左右、40％复合肥 25～30kg，施肥方法以垄下开沟施为最佳。缺硼或缺锌土壤，每亩用锌或硼肥 0.5kg，与有机肥掺匀施于沟中或与 30kg 干细土拌匀撒施于土中，也可在盛蕾期和花铃期各叶面喷施一次，浓度为 0.2％。

（三）稳施蕾肥

棉花蕾期是增大营养体，搭好丰产树架的时期，对今后单株有效铃的多少起着决定性的作用。蕾期管理是棉花各阶段管理中较难掌握的时期，容易出现徒长、植株营养体过小等问题。因此，蕾肥不可不施，不可滥施；提倡稳施，以有机肥、钾肥为主。蕾肥在盛蕾期施下，做到蕾期施花期用。在棉株 4～5 盘果枝时，一般每亩用饼肥 50kg、氯化钾 10～12 kg 混合后深施于棉行中间。

（四）重施花铃肥

7 月中、下旬以后，棉株的生长中心已转向生殖生长，棉株体内养分大量转向蕾铃，不易出现疯长，因而可集中养分攻桃。花铃肥施用一般在棉株下部座有 1～2 个硬桃时进行，一般每亩施尿素 15～18kg，在离棉株 20～25cm 处，开沟 13cm 左右深施，施后如遇连续晴天或棉地干旱，要及时抗旱，以水调肥，促进肥料的分解和根系对养分的吸收。

（五）补施盖顶肥

施好盖顶肥能养根保根，增强根系吸收水肥的能力，满足地上部增结秋桃和提高铃重所需的养分，促进产量提高。施用盖顶肥的具体时间，应根据棉株的长势而定，掌握棉株"下部桃变老，中部桃结牢，上部开黄花"时进行，一般在8

月 5～15 日施用为宜，地瘦、苗旱、长势较弱，具有早衰趋势的，宜适当早施，否则适当迟施。一般每亩施用尿素 8～10kg，均匀撒施于垄面，最好在雨后或结合抗旱灌水爽土后，趁土壤湿润时施。

（六）普施叶面肥

叶面施肥是对棉花补充养分的极好途径，用量少、作用快、效果好，既可以叶面补充氮、磷、钾等大量元素，还可以补充微量元素，是棉花高产施肥的重要组成部分，生产上切不可忽视。

1. 硼肥

对于缺硼的棉花，每亩每次用硼砂 100g，兑水 50kg 进行叶面喷雾。从盛蕾期开始，每隔 10 天一次，连喷 2～3 次。

2. 磷酸二氢钾（铵）

从棉花盛花期开始，每隔一个星期叶面喷施一次，每亩每次用磷酸二氢钾（铵）250g 兑水 60kg 喷施，连喷 3～4 次。

（七）搞好化学调控

苗期至花铃期根据长势喷施缩节胺 3～5 次，使用缩节胺应做到少量多次，不同时期缩节胺的每亩用量为苗期 0.3～0.5g、蕾期 0.8g、花期 2～2.5g、打顶前 3～4g。

（八）推广应用缓控释复合肥

棉花生育期长，传统的施肥方式，次数多，投工投劳多。缓控释肥的养份释放慢，肥效长，能较好地满足棉花后期对氮、磷、钾养份的需求，可减少施肥次数，应逐步推广应用。

第二节 烤 烟

烤烟是叶收作物，其施肥质量的好坏直接影响烟叶的产量和品质。烤烟的一生，从生长发育角度，可分为营养生长和生殖生长两大阶段；从栽培角度分，可分为苗床和大田两大时期。考虑烤烟苗床期需肥量较少，且多为集约化大棚育苗，本篇不作赘述。

一、作物大田生长期

（一）还苗期

烤烟从移栽到成活称为还苗期。还苗期的长短因移栽苗的素质和移栽质量的好坏差异很大，一般为 7～10 天。大棚托盘或营养钵假植育成的烟苗，因移栽时根系没有受到损伤而没有还苗期。

（二）伸根期

烤烟从还苗到团棵称为伸根期。幼苗成活后茎叶生长逐渐加快，到株高 30cm 左右，展开叶片 13～16 片，株形近似球形时，称为"团棵"。自还苗至团棵，一般需 25～30 天，平均每 3 天左右出现一片新叶，但生长中心仍在地下部分。研究表明，移栽后 45 天时，根的干重已达到 20 天时根重的 2.4 倍，此时根系已基本定型，说明此期是烟株旺盛生长的准备阶段。

（三）旺长期

从团棵至现蕾称为旺长期，需 25～30 天。烟株团棵后不久，很快进入旺盛生长阶段。生长中心从伸根期的地下部分，转移到地上部分，干物质积累量急剧加快，茎迅速长高加粗，叶数迅速增加，叶面积迅速扩大。研究表明，在 45～55 天内，全株干物质积累量占成株总量的 51.9%，平均积累强度高达 13.06kg/亩·日，说明此时是干物质积累的高峰期。

（四）成熟期

从现蕾到烟叶采收完毕称为成熟期，需 50～60 天。烟株现蕾后，自下而上烟叶陆续停止生长，依次成熟。烤烟由营养生长转入生殖生长，体内代谢由氮代谢为主转为碳代谢为主，干物质在根、茎、叶中的分配已基本定局。

二、作物养分需求

营养元素是烟株制造干物质的物质基础，根据烟株大田各时期的无机元素吸收状况，烟苗移栽到大田后，20 天内对氮、磷、钾吸收量都很少，积累率在 10% 左右，以后对养分的吸收量逐渐增加，到栽后 55 天时，烟株已吸收了总氮量的 91.43%，总磷量的 69.3%，总钾量的 92.1%，大量吸收期以后，烟株对三要素的吸收量急剧减少。

烤烟不同产量水平对氮、磷、钾的吸收量见表 13-5。

表 13-5　不同产量水平下烤烟对氮、磷、钾的吸收量

| 目标产量 | 养分吸收量（kg/亩） | | |
（kg/亩）	N	P_2O_5	K_2O
125～150	3.4～4.1	3.1～3.8	9.1～11.0
150～175	4.1～4.7	3.8～4.4	11.0～12.8
175～200	4.7～5.4	4.4～5.0	12.8～14.6

根据湘南地区 39 个"3415"田间试验结果，采收结束时，烟株吸收总氮（N）为 4.95kg/亩、五氧化二磷（P_2O_5）为 4.71kg/亩、氧化钾（K_2O）为 13.55kg/亩。按照单产 185kg 折算，每生产 100kg 烟叶需吸收 N 2.7kg、P_2O_5 2.5kg、K_2O 7.3kg。

三、推荐施肥技术

（一）氮肥推荐用量

一般而言，地力产量（完全不施肥条件下获得的产量）可以反映土壤肥力的高低。肥力高的土壤可以获得较高的目标产

量，对应的最佳施氮量较少；反之，肥力低的土壤可以获得的目标产量较低，相对应的最佳施氮量较高。根据田间试验结果，我们将最佳施氮量与对应的目标产量关系做散点图，依据散点图查出不同肥力水平条件下的最佳施氮量，制作成氮肥用量检索表（见表 13-6），即为烤烟的氮肥推荐施用量。

表 13-6　烤烟氮肥（N）用量检索表

地力产量	目标产量（kg/亩）		
（kg/亩）	125～150	150～175	175～200
40	10.5～11.0		
60		10.0～10.5	
80		9.0～9.5	9.5～10.5
100			9.0～9.5
120			8.5～9.0

注：目标产量过大或过小（即亩产＞200kg 或＜125 kg）不宜种植优质烤烟，因此不作推荐施肥。

（二）磷肥推荐用量

用函数法推荐磷肥施用量。即将不同肥力水平下的一系列效应方程求得的磷肥推荐施用量，与对应的土壤有效磷含量作散点图，在此基础上绘制趋势线，拟合推荐施肥量函数，通过函数和土壤养分丰缺指标，求得不同肥力水平下推荐施肥量的上、下限，制作成磷肥推荐用量表（见表 13-7）。

表 13-7　烤烟磷肥（P_2O_5）推荐量

土壤养分丰缺状况	土壤有效磷（mg/kg）	施 P_2O_5（kg/亩）
高	＞30	＜6.0
较高	25～30	6.0～7.0
中	20～25	7.0～8.0
较低	15～20	8.0～9.0
低	＜15	9.0～10.0

（三）钾肥推荐用量

推荐方法同磷肥推荐。通过求得不同肥力水平下推荐施肥量的上、下限，得出湖南省烤烟钾肥推荐用量表（见表 13-8）。

表 13-8　烤烟钾肥推荐用量

土壤养分丰缺状况	土壤速效钾（mg/kg）	施 K_2O（kg/亩）
高	>240	<16.0
较高	190~240	16.0~18.0
中	140~190	18.0~20.0
较低	90~140	20.0~22.0
低	<90	>22.0

（四）中微量元素肥料推荐用量

1. 硼肥推荐用量

一般在土壤有效硼低于 0.4mg/kg 时，烤烟出现缺硼症状。硼肥作基肥时，每亩用硼砂或硼酸 0.2~0.5kg 拌入其他基肥中施入。由于基施硼肥后效长，不需要每年施用。硼肥作追肥时，于苗期或开花前期，叶面喷施 0.1%~0.2% 硼砂或硼酸溶液 50kg。

2. 硅肥推荐用量

硅可以增强烤烟叶片的光合作用，提高抗病能力。硅肥一般为碱性，对于酸性缺硅土壤施用效果特好。不仅能中和酸性，同时能改善和提高磷肥的效果。当棉田土壤中有效硅含量<105mg/kg 时，要施硅肥。硅肥一般作基肥，每亩施硅酸钠 20kg，或者施硅钙肥 100kg 或硅锰肥 100kg。

3. 镁肥推荐用量

镁可以增强烤烟叶片的光合作用，促进脂肪和蛋白质的合成。一般土壤中交换性镁的含量<60mg/kg 时，施用镁肥效果很好。如酸性土壤缺镁施用钙镁磷肥，碱性土壤则施

用氯化镁或硫酸镁；镁肥作基肥时，以镁纯量计算，一般每亩施用 1～1.5kg，常用镁肥含镁纯量为钙镁磷肥 8%～20%、硫酸镁 10%、氯化镁 25%。镁肥叶面喷施，每亩用 1%～2%镁肥溶液 50kg。

4. 铜肥推荐用量

土壤络合态铜含量<0.2mg/kg 时，表明土壤铜含量缺乏。铜肥可作基肥施用，以铜纯量计算，一般每亩施 1～2kg；也可根外追肥，一般每亩用 0.1%～0.2%的硫酸铜溶液 50kg 叶面喷施，使用过程中一定要掌握好用量，均匀喷施。

四、施肥指导意见

（一）重视有机肥的施用

有机肥料是一种完全肥料，具有较高的持续供肥能力。施用有机肥料对于提高烤烟产量和改善烟叶品质具有重要作用。但不能过量施用掺混人畜粪尿的有机肥，以免造成烟株吸氯过量而影响品质。另外，有机肥必须充分腐熟后施用。

（二）氮、磷、钾化肥配施

合理配施氮、磷、钾化学肥料是烤烟施肥的首要原则，三要素中任何一种元素肥料不足，均会使烟株失去营养平衡，不利于烟株正常生长发育。一般 $N：P_2O_5：K_2O$ 为 1：0.6～0.8：1.8～2.5，并根据作物不同时期对养分的吸收积累特性，制定氮、磷、钾肥料分配方案（见表 13-9）。

表 13-9　烤烟主要生育期氮肥追施比例

主要施肥时期	基肥移栽前	追肥		
		团棵期移栽后 2 周	旺长期移栽后 5 周	打顶期移栽后 8 周
肥料分配比例（%）	45～55	20～25	25～30	0

（三）因土施肥

根据当地实际情况和上述推荐量确定肥料的施用量。烤烟的施肥量，首要的是确定氮肥的数量。正确确定氮素用量，要根据栽培品种、土壤肥力状况、肥料种类和土壤与肥料中氮素的利用率来确定。一般土壤肥力高的地块，肥料的使用量取低限，中低肥力取中高限；耕层较深时一次性可适当多施肥，耕层较浅时做到"少吃多餐"，增加施肥次数。烤烟是忌氯作物，禁止施用氯化钾等含氯肥料。

（四）合理确定基追肥比例，分期施肥

只有通过基、追肥合理分配及施用时期与位置的巧妙安排，才能达到烤烟生育前、中、后期养分供应平衡，从而获得优质适产。我省前期雨水多，后期雨水少，必须根据作物需肥特性和天气、土壤供肥情况，灵活改进施肥方法。一是重施基肥。基肥量应占总施肥量的45%～55%为宜。二是及早追肥。追肥应于移栽后40天内结束，圆顶肥也应在55～60天内完成。三是深施或分层施肥。

（五）适当喷施叶面肥

根据作物需要选择性地喷施叶面肥。我省烤烟喷施叶面肥的目的主要是补充中微量元素和磷钾肥。如烟田中后期出现缺钾枯尾现象，可使用绿旺特钾兑水稀释至0.2%～0.4%或0.3%～0.5%磷酸二氢钾叶面喷施1～3次。叶面肥的喷施时间最好选在无风的时候进行，如喷后6小时内遇大雨，应重新喷施一次。喷施要均匀，且叶片正面背面都要喷湿。

第三节　苎　麻

苎麻是我国重要的纺织纤维原料作物，湖南是全国苎麻

的主要产区，曾享有"苎麻之乡"的盛誉。20世纪80年代全省有100多个县（市）种植，种植面积曾达到200万亩，虽然几度起伏，但目前呈现出恢复性发展的趋势。

一、作物特性

苎麻为荨麻科苎麻属多年生宿根性草本植物，宿根年限一般为10～30年，多的可上百年。苎麻的生命周期，根据生长情况和产量，可划分为幼龄期、壮龄期和衰老期。幼龄期为新栽后的1～2年，根和地下茎正在逐渐形成但不发达，地上茎数也较少，产量较低；壮龄期一般从第三年开始，麻蔸丰满，地下茎和根系发达，有效茎数多，植株高大粗壮，生长整齐，产量高，是收获的重要期，一般长达几十年；当生长势衰退，麻株矮小，产量锐减时，即进入衰老期，衰老期的苎麻若及时采取措施更新，可以得到复壮。壮龄期的苎麻在我省一年收获三次，分别称之为头麻、二麻、三麻，各季麻从萌发到工艺成熟所需时间的长短，随地区、季节和品种而异。

在我省头麻90天左右，二麻50～60天，三麻70～80天。每季麻当地上部生长的时候，地下部也相应地生长，但是当地上部生长旺盛时，地下部的生长受到抑制，生长速度变慢；反过来，当地上部生长缓慢时，地下部的生长加快，相对生长率达最高峰。每一季麻地上茎的生长又可分为苗期、旺长期和工艺成熟期。苗期指出苗至封行前的生长时期，旺长期指封行至黑秆1/3的生长时期，工艺成熟期指黑秆1/3至黑秆距顶部30cm左右。

二、作物养分需求

苎麻同其他作物一样，对氮、磷、钾等16种营养元素必需，以氮、磷、钾和钙4种元素为最多。

（一）氮

氮素对促进苎麻生长发育有明显的作用，使茎叶繁茂，麻皮增厚。但使用过多，则延迟成熟，茎软弱，易遭风害致倒伏，易受病虫危害，使产量受损，纤维品质受影响。

（二）磷

磷素能促进苎麻生根、早熟，增加种子产量和刺激纤维发育。磷还可增强苎麻的抗旱、抗寒能力，促进碳水化合物的转运，有利于下季麻的生长。但单施磷素过多没有正面效果。

（三）钾

钾素增强苎麻叶片的光合作用，促进碳水化合物的合成、转运和转化，使麻皮增厚，从而防止倒伏。钾素还可增强苎麻的抗寒、抗旱、抗病虫的能力，有助于氮的吸收。

（四）钙

钙在苎麻植株体内含量较高，仅次于钾。钙具有促进碳水化合物和含氮物质的代谢作用。在酸性土壤中施用石灰，可消除土壤的酸性反应，同时增加苎麻的钙营养源。但使用过多，土壤中的代换性养分被代换出来，易被流失。另外，钙使土壤酸碱度（pH）提高后，影响到磷的有效性，也造成硼、锰、锌、铜等微量元素沉淀而缺乏。

（五）氮、磷、钾三要素需求量

据张从勇的试验，一般每生产50kg苎麻原麻，需纯氮（N）6～8kg、五氧化二磷（P_2O_5）2kg、氧化钾（K_2O）7～9kg，N、P_2O_5、K_2O的需求比为4∶1∶5；徐勋元等的研究，高产苎麻需要N、P_2O_5、K_2O的比例为6∶1∶5。

三、推荐施肥技术

苎麻施肥分为冬季培管时施肥和生长期间追肥。苎麻一年收获三次，因此在重施冬肥的基础上，必须做好季季追肥。

（一）施足底肥

底肥是指土壤翻耕时或播种前施入深层土壤的有机肥料。施肥时要考虑土壤肥力、作物需肥水平和肥料特性。在中等肥力的土壤上，每亩应施畜粪 2 000～3 000kg，或人粪尿 1 750kg，或饼肥 75～100kg 再加土杂肥 1 500kg。

（二）轻施苗肥

苗肥是指苎麻出苗后到齐苗前追加施入的肥料，促进麻苗齐苗和壮苗。一般使用速效肥如腐熟人畜粪、发酵饼肥和化肥。头麻可在苗高 20cm 时追一次肥，用量为每亩施尿素 10～15kg，或泼施人畜粪 500kg；二麻在头麻收获后马上泼施一次人畜粪，用量 500kg，或抢在下雨前撒施尿素 10kg；三麻苗肥在二麻收获后泼施一次人畜粪（500kg）加尿素（10kg）。

（三）稳施长杆肥

长杆肥是指苎麻旺长期于麻园封行前施入土壤的追肥，促进麻株稳长快长。三季麻均可在苗高 80cm 时追一次肥，每亩施尿素 10kg。

（四）重施冬肥

施冬肥具有补充苎麻一年生长所消耗的土壤养分、供给下年生长所需养分及促进冬季孕芽的作用。冬肥以有机肥为主，如堆肥、厩肥、饼肥、灶灰、湖草等，配合一定数量的复合肥和磷肥。用量为每亩施上述农家肥 1 000kg 加人畜粪 500kg 加过磷酸钙 20kg，或每亩施饼肥 50kg 加人畜粪水 500kg 加过磷酸钙 20kg。

钾肥一般在各次施氮肥时混合施入，也可以作为冬肥施入。每亩一般施氯化钾或硫酸钾 20kg。

四、施肥指导意见

（一）重视施用有机肥

不论是新栽苎麻地还是老麻园，都要重视增施有机肥。这不仅是因为有机质有利于疏松土壤，改善土壤结构，增强土壤的保水保肥能力，而且有机肥肥效较长，持续均匀供肥，促进壮苗、壮蔸。随着苎麻栽培生产逐渐向丘陵山区和贫瘠地发展，以让出更多、更好的农田供粮食生产所需，因而有机肥的使用就显得更加重要和必需了。苎麻生产中，有机肥与无机肥配合施用，有机肥作基肥，无机肥作追肥，就能满足麻株全生育期的平衡、稳定、快速生长的需要。在播种或移栽前增施人畜粪、土杂肥、饼肥、塘泥等有机肥，或在冬季培管时，结合中耕、培土施入足够的有机肥，在每季麻收获韧皮纤维后的麻叶、麻骨等大量的副产品，应保留在麻地里，让其腐解后将养分归还给土壤。

（二）根据地力施肥

苎麻施肥量大小与土壤的肥力状况密切相关，在实践中要根据土壤肥力情况，适当增减氮、磷、钾的用量。徐勋元等研究认为，土壤的地力与全年施肥量的关系见表 13 - 10。

表 13 - 10　土壤地力与苎麻全年施肥量的关系

土壤地力情况	施 N （kg/亩）	施 P_2O_5 （kg/亩）	施 K_2O （kg/亩）
一类地（有机质 > 20g/kg）	25	5	15
二类地（有机质 10～20g/kg）	42	7	28
三类地（有机质 < 10 g/kg）	54	9	45

（三）酌情施用微量元素肥

在重视有机肥施用的条件下，苎麻生产一般不需要另外增施微量元素肥料。这一方面是由于在有机肥料中有作物所需的微量元素，另一方面苎麻根系庞大、入土深，可以富集和吸收土壤中的微量元素补充营养。但是，在硼、锌等微量元素极度缺乏的地区，适当施用微量元素肥料有利于苎麻增产。

（四）基肥、追肥比例和配方施肥

根据生产调查和多年多点的试验结果，在湖南省一般土壤质地条件下，氮肥和钾肥的基肥与追肥的比例均为 1：1，磷肥全部用作基肥（见表 13 - 11）。

表 13 - 11　基肥和追肥的比例情况

肥料品种	基肥（%）	追肥（%）
氮肥	50	50
磷肥	100	0
钾肥	50	50

根据程乐根等测土配方施肥试验，得到苎麻不同季节高产的氮、磷、钾的比例与施肥量（见表 13 - 12）。

表 13－12　苎麻高产配方施肥

施肥季别及比例	施 N（kg/亩）	施 P_2O_5（kg/亩）	施 K_2O（kg/亩）
头麻 N：P_2O_5：K_2O ＝1：0.4：0.59	8～10	3.1～4.1	4.3～5.7
二麻 N：P_2O_5：K_2O ＝1：0.55：0.78	4.5～7	2.5～3.5	3.8～4.5
三麻 N：P_2O_5：K_2O ＝1：0.29：1.18	4.5～6.7	1～2.2	5.1～6.8

（五）施肥与丰产栽培技术相结合

1. 深耕整地。在播种或移栽前，新开荒地应深耕35cm以上，熟地则需深耕25～30cm；翻耕后应整碎、整平土壤，清除杂草，开沟做厢，一般厢宽2～3m。

2. 合理密植。行距60～80cm，株距30～40cm，山区或丘陵区每亩栽麻2 500株，平原湖区每亩栽麻2 000株左右。

3. 合理灌溉。头麻气温低，雨水多，无需浇水；二麻和三麻易受伏旱和秋旱使之严重减产，引水灌溉和喷灌增产效果十分显著，大旱时灌水每隔7～10天一次，小旱时隔半月一次。灌水以湿透耕作层为度，并随灌随排，不能渍水。喷灌则每隔一周一次，每次湿土10cm左右。

第四节　甘　　蔗

甘蔗是重要的制糖原料作物，湖南省常年种植面积8万亩左右，主要分布在张家界、益阳、常德、江永等市（县、区）。

一、作物特性

(一) 生育期

甘蔗从萌发生长到收获的过程中,按其生长发育的先后可划分为萌芽期、幼苗期、分蘖期、伸长期和成熟期5个时期。

1. 萌芽期

甘蔗种苗下种后至蔗芽萌发出土阶段,称为萌芽期。一般甘蔗以土层深厚、通气良好、保水保肥而又排水良好的轻黏壤土或壤土或砂质壤土为最好,地温稳定在10℃以上时,即可播种萌发。

2. 幼苗期

自蔗芽萌发出土后有10％发生第一片真叶起,至全田有50％的幼苗发生5片真叶止,称为幼苗期。幼苗初期生长需要的养分主要来自种茎,3～4片叶以后,依靠根系从土壤吸收。幼苗需肥量很少,但是缺肥影响生长造成的损失难以弥补。

3. 分蘖期

自有分蘖的幼苗占10％到全田幼苗分蘖基本停止,即主苗有12～13片真叶时,称为分蘖期。此期土壤中氮、磷、钾和其他任何一种营养元素不足或缺少,甘蔗的分蘖都会受到不同程度的影响。研究表明,如叶片含钾量低至0.4％时,即使有较强的光照,甘蔗分蘖也不多。因此,改善甘蔗土壤的养分供应状况是促进分蘖的重要措施。

4. 伸长期

从甘蔗开始拔节至蔗茎平均伸长速率达每旬3cm以上,至伸长基本停止这段时间称为伸长期。我省蔗区5～10月是甘蔗大伸长期,这个时期的光、温有利于甘蔗伸长,而水和肥两个因素的满足程度对伸长量起着决定性作用。

5. 成熟期

从伸长基本停止至蔗茎中糖分积累达到最高峰，蔗汁锤度达到最适于工厂压榨制糖的这段时期为成熟期。温度和水分对甘蔗成熟影响很大。当气候干燥冷凉，阳光充足时，甘蔗成熟早，糖分高，蔗汁锤度高。当日间气温 20℃ 以上、夜间10～15℃时，有利于光合作用和甘蔗糖分积累及甘蔗含糖量的提高。正常供应养分可以促进甘蔗早生长、早成熟，特别早施磷、钾肥效果更显著。养分不足，甘蔗生长受抑制，被迫成熟，往往出现高糖不高产；施肥过多，尤其是过多过迟追施氮肥，甘蔗继续生长，影响甘蔗糖分积累，往往是高产而不高糖。

（二）甘蔗高产的基本条件

1. 适宜的温度

甘蔗是喜温性作物，要求的年平均温度为 18～30℃，＞10℃的活动积温 6 500℃～8 000℃，温度＞20℃应超过 250 天，无霜期大于 350 天/年。

2. 较强的阳光

甘蔗光合作用需要强光，在自然光照下，光照越强，对光合作用越有利。最适光照时数为平均每天 8 小时以上。

3. 充足的水分

甘蔗一生需水量很大。甘蔗幼苗期到分蘖期吸水大约占全生育期的 15%～20%；伸长期植株生长快，需水量最大，约占全年生育期需水的 55%～60%；转入到成熟期，占全生育期需水的 20%～25%。

4. 优良的品种

采用优良的品种是甘蔗高产的重要条件。优良的甘蔗品种要求是高产、高糖、宿根性好，抗各种病害的能力强，抗旱性强，直立不易倒伏、中大茎、易剥叶，适应各种土壤条件种植等。

二、作物养分需求

甘蔗整个生长过程中对氮、磷、钾的需求和吸收状况都不同，但总的趋势是生长前期和后期吸肥较少，中期吸肥较多。有研究表明，甘蔗苗期对氮、磷、钾的吸收量分别占全生育期吸收总量的 8％、9％、4％，分蘖期分别占 16％、18％、14％，伸长期分别占 66％、68％、74％，成熟期分别占 10％、6％、8％，说明甘蔗生长前期即要有充分的养分供应，以促进根系发育，早分蘖、多分蘖，提高甘蔗有效茎数，但明显的吸肥高峰是在伸长期。按一般生长期 10～11 个月（春种冬收，下同）计，亩产 1t 甘蔗，需吸收氮（N）1.9kg、磷（P_2O_5）0.7kg、钾（K_2O）3.0kg。

甘蔗不同产量水平对氮、磷、钾的吸收量见表 13-13。

表 13-13　不同产量水平下甘蔗对氮、磷、钾的吸收量

产量水平 （kg/亩）	养分吸收量（kg/亩）		
	N	P_2O_5	K_2O
3 000～4 000	5.7～7.6	2.1～2.8	9.0～12.0
4 000～5 000	7.6～9.5	2.8～3.5	12.0～15.0
5 000～6 000	9.5～11.4	3.5～4.2	15.0～18.0

三、推荐施肥技术

（一）氮、磷、钾肥推荐用量

根据施肥调查与作物对养分的需求特性确定氮肥推荐量，在氮肥用量确定后，采用氮、磷、钾肥比例法确定磷、钾肥的推荐量，制定甘蔗氮、磷、钾肥推荐用量表（见表 13-14）。通过甘蔗典型施肥调查分析，N：P_2O_5：K_2O 一般为 1：0.4～0.5：1.3～1.6。

表 13-14　甘蔗氮、磷、钾肥推荐用量

肥力水平	目标产量（kg/亩）	施肥量（kg/亩）		
		N	P_2O_5	K_2O
低	3 000~4 000	12.0~14.0	5.0~6.0	18.0~20.0
中	4 000~5 000	11.0~13.0	4.5~5.5	16.5~19.5
高	5 000~6 000	9.0~11.5	3.5~4.5	13.5~17.5

（二）肥料分配方案

1. 基肥

农家肥、磷肥全部作基肥施用，约 50% 的钾肥和 20% 的氮肥作基肥。

2. 提苗肥

在甘蔗长出 3 片真叶时结合小培土进行施用，以氮肥为主，一般施肥量占施肥总量的 10%。

3. 分蘖肥

在甘蔗长出 6~7 片真叶时结合中培土进行施用，以氮肥为主，一般施肥量占施肥总量的 20%。

4. 攻茎肥

在伸长初期，结合大培土施用，一般氮肥施用量占施用总量 50%，钾肥施用量占施肥总量的 50%。

四、施肥指导意见

（一）重施有机肥

有机肥是一种完全肥料，包含多种微量元素。甘蔗是一种需肥量大的作物，生长周期较长，重施有机肥对改善土壤结构，提高作物产量和品质，具有非常重要的意义。每亩基肥施用腐熟农家肥 1 000~2 000kg，在幼苗有 3~4 叶时，每亩施稀薄人畜粪水 2 000~2 500kg。

（二）氮、磷、钾肥配施

按照上述推荐的施肥总量和氮、磷、钾肥用量配比，分期施用。甘蔗的施肥量因土壤供肥能力、肥料种类、品种特性、产量目标及气候条件等不同而存在一定的差异，各地可根据具体情况进行适当调整。

（三）注意叶面施肥

收获前 1 个月若出现脱肥现象，应进行叶面喷肥，每亩用磷酸二氢钾 0.2kg 加尿素 0.5kg，兑水 100kg 稀释后叶面喷施。

（四）施肥时应注意的问题

（1）基肥施用化肥时不能接触种茎，以免烧芽。

（2）栽培行距不要小于 1m，否则无法开深沟种植和厚培土。

（3）每次施肥都要培好土，如培土薄，肥料流失较多，利用率低。

（4）施肥宜早不宜迟，并酌情施用硫、镁和硅等中微量元素肥料。

第五节　茶　　叶

湖南地处全国茶区中心，素有"江南茶乡"之称。茶叶现已成为我省农村的支柱产业和出口创汇的主要农产品，为广大茶区农民的重要经济来源。

一、作物特性

茶树为多年生常绿作物，它和大多数木本植物一样，既有一生的总生育周期，也有每年的年生育周期。茶树的生命周期有数十年，甚至数百年，不论是种子繁殖还是无性繁殖的茶树，生长发育大致可分为幼年期、成年期和衰老期三个阶段，人工栽培的茶树有效经济年龄在 50～60 年；茶树新梢生育在一年中表现有明显的轮性生长特点，在我省全年有 3 次生长和休止，第一次生长为春梢、第二次生长为夏梢、第三次为秋梢；茶树根系生长与地上部生长交替进行，当地上部生长活跃时地下部生长缓慢或停滞，当地上部生长处于休眠时地下部生长活跃。

二、作物养分需求

茶树是以采收幼嫩芽叶为对象的作物，每年要多次从茶树上采摘新生的嫩梢，将带走茶树体内的大量营养。与此同时，茶树本身还要不断地构造根、茎、叶等营养器官，以保持茶树有机体的正常生长发育；花果虽不为采收的主要对象，但它的生长发育也要消耗大量养料，因此，必须及时合理给茶树补充养分。

茶树生育所必需的营养元素有氮、磷、钾、钙、铁、镁、硫等大量元素和锰、锌、铜、硼、钼、铅、氟等微量元素。在这些元素中氮、磷、钾的需求最大，需要通过施肥加以补充。茶树消耗氮素最多，磷、钾次之。

（一）氮

氮是合成蛋白质和叶绿素的重要组成成分，施用氮肥可以促进茶树根系生长，使枝叶繁茂，同时促进茶树对其他养分的吸收，提高茶树光合效率等。氮素供应充足时，茶树发芽多，新梢生长快、节间长，叶片多，叶面积大，持嫩期延长，并能抑制生殖生长，从而提高鲜叶的产量和质量。施氮肥对改善绿茶品质有良好作用。过量施氮肥，对红茶品质有不利影响；若与磷、钾肥适当配合，无论对绿茶还是红茶都可以提高品质。氮肥不足则树势减弱，叶片发黄，芽叶瘦小，对夹叶比例增大，叶质粗老，成叶寿命缩短，开发结果多，既影响茶叶产量又降低茶叶品质。

（二）磷

磷主要能促进茶树根系发育，增强茶树对养分的吸收，促进淀粉合成和提高叶绿素的生理功能。从而提高茶叶中茶多酚、儿茶素、蛋白质和水浸出物的含量，较全面地提高茶叶品质。茶树缺磷往往在短时间内不易发现，有时要几年后才会表现出来。其症状是新生芽叶瘦，节间不易伸长；老叶暗绿无光泽，进而枯黄脱落；根系呈黑褐色。

（三）钾

钾对碳水化合物的形成、转化和贮藏有积极作用，它还能补充日照不足，在弱光下促进光合作用，促进根系发育，调节水代谢，增强对冻害和病虫害的抵抗力。缺钾时，茶树下部叶片早期变老，提前脱落，茶树分枝稀疏、纤弱，树冠不开展，嫩叶焦边并伴有不规则的缺绿，使茶树抗病虫害和其他自然灾害的能力降低。

据农化分析，每采收 100kg 芽叶，要从茶树上带走 1.125kg 纯氮，如果消耗在根、茎、老叶、花、果等器官生长发育上的氮素，与茶树落叶、落花、死根、修剪枝叶等腐解后归还到土壤中给茶树提供的氮素基本平衡，则每采 400kg 芽叶（折 100kg 干茶），需补充茶树 4.5kg 纯氮。但试验结果显示，茶园的氮肥全年利用率只有 45％左右，即每采 400kg 芽叶，至少要补还给土壤 10kg 纯氮才能平衡，磷、钾肥也应按比例予以相应补充，氮（N）、磷（P_2O_5）、钾（K_2O）的配比在 2～4：1：1 的变幅内灵活应用。

三、茶树的施肥技术

（一）施肥原则

重施有机肥，有机肥与无机肥配合施；重施基肥，基肥与追肥配合施；重施春肥，春肥与夏、秋肥配合施；重施氮肥，氮肥与磷、钾及微量元素肥配合施；以根部施肥为主，根部施肥与根外追肥配合。

（二）施肥数量

采取"以产定肥"的方法确定投产茶园氮肥用量，用氮、磷、钾养分比例确定磷、钾用量。按照"低产、中产、高产"三个产量水平（即亩产＜150kg 干茶为低产、亩产 150～200kg 干茶为中产、亩产 200～300kg 干茶为高产），推荐茶园施肥数量以供参考（见表 13 - 15）。

表 13 - 15　茶园施肥数量推荐表

干茶产量水平 （kg/亩）	氮肥（kg/亩）		磷肥（kg/亩）		钾肥（kg/亩）	
	N	折尿素	P_2O_5	折过磷酸钙	K_2O	折硫酸钾
＜150	15	33	6	50	6	12
150～200	20～25	43～54	6～8	50～70	6～8	12～16
200～300	30～45	65～98	8～12	70～100	8～12	16～24

在上述施肥推荐表中，氮肥的 1/3 应以有机肥的形式作基肥施入，2/3 应以无机肥的形式作追肥施入，磷肥和钾肥可混合有机肥全部作基肥施入。茶园不同产量水平施肥方案见表 13 - 16。

表 13 - 16 茶园推荐施肥方案

干茶产量水平（kg/亩）	方案 1				方案 2			
	基肥（kg/亩）			追肥（kg/亩）	基肥（kg/亩）			追肥（kg/亩）
	堆肥	过磷酸钙	硫酸钾	尿素	菜籽饼肥	过磷酸钙	硫酸钾	尿素
<150	1 500	20	10	22	100	20	10	22
150～200	2 000	25	15	37	150	25	15	37
200～300	3 500～4 000	50	20	65	300	50	20	65

（三）茶园肥料选择

茶树是喜酸性土壤、喜铵性、"忌氯"性作物，对氯、钙、硼、钠等营养元素十分敏感。因此在肥料的选择上，氮肥最好用铵态氮肥或酰铵态氮肥，如硫酸铵、碳酸氢铵或尿素等；磷肥应选择过磷酸钙；钾肥宜选择硫酸钾；有机肥应选择土杂肥、塘泥、牛粪、饼肥等。

（四）茶园叶面施肥

叶面施肥不受土壤因子的限制，可直接被茶树吸收，见效快，利用率高，效果好，不仅可以提高茶叶产量，而且有利于改善茶叶品质。

1. 喷施浓度

浓度的高低是叶面施肥的重要环节，过低达不到施肥目的，过高会"烧伤"茶树，造成肥害。一般来说大量营养元素类喷施浓度在 0.5％～1.0％，中微量营养元素类喷施浓度在 0.01％～0.05％，其他叶面肥可参照产品说明书施用。

2. 喷施量

一般以叶面叶背喷湿而不滴水为度，不同类型的茶园喷施水溶液的量不同，一般幼龄茶园每亩 30～50kg、生产茶园每亩喷 50～100kg、密植茶园和丰产茶园每亩 100～150kg。

3. 喷施时间

除越冬期外,其他时间都可以喷施。促进春茶早发应在春芽萌发前喷施;为了提高大宗茶产量,应在鱼叶期至1芽1叶初展期喷施;增强茶园抗旱能力,应在干旱到来前和干旱期间喷施;提高茶园抗寒能力,则应在越冬前喷施。

(五) 施肥比例

1. 基、追肥比例

按一般茶园施肥经验,氮肥的1/3以有机肥形式作基肥,2/3以无机肥的形式作追肥。磷肥和钾肥混合有机肥全部作基肥施用。

2. 追肥比例与次数

按茶树吸肥特性,在每轮新梢萌发前都要追肥。一般产量较低的茶园,一年分3次追肥,即春肥占40%,夏、秋茶追肥各占30%。而对产量较高的茶园,随追肥用量的增加,可分4次追肥,即春肥占40%,夏肥、夏秋肥和秋肥各占20%。但追肥次数太多,过于分散,也起不到应有的效果。

(六) 施肥时间与施用方法

1. 有机肥施用时间与方法

有机肥施用宜早不宜迟,一般在寒露前后,最晚不迟过立冬。宜开沟施,一般沟深20～25cm,施后盖土平沟。质地黏重的土壤,可适当深施以利改土培肥,使根系深扎;沙质土壤则宜适当浅施,以减少淋溶损失。

2. 化肥施用时间与方法

(1) 时间:碳酸氢铵做春肥,适宜在茶芽鳞片至鱼叶开展时,这与茶叶的品种有关,早芽种在2月下旬～3月上旬,中芽种3月中旬,迟芽种3月下旬～4月上旬;夏、秋季追肥,应选择在茶叶采摘高峰后施入,一般夏茶追肥在5月下旬,秋茶在7～8月,但不宜在伏旱期间施肥,应在伏旱前后。尿素作追肥应比碳酸氢铵提前5～7天施。

（2）深度：碳酸氢铵易挥发，沟施深度应达到10cm，并随施随覆土。尿素可适当浅施，施后盖土。

第六节　柑　　橘

柑橘是世界第一大水果，中国是世界上许多柑橘种类的原产地，湖南是全国柑橘产业发展优势区域，年产柑橘300万t，产值30多亿元。柑橘属亚热带多年生常绿果树，喜温暖湿润的气候，畏寒冷。

一、生长发育特性

（一）根系

根系的主要功能是吸收和储存养分和水分，合成氨基酸等有机物质。根系有主根、侧根和须根，通常无根毛，吸收养分和水分依靠与根共生的真菌菌丝即菌根来完成。根群分布在表土下10～40cm。

一年中，柑橘的根系和枝梢生长交替进行，互为消长，根系生长依靠叶片供给碳水化合物，枝梢生长依靠根系吸收养分和水分。

根系最适宜的生长环境温度25～26℃，湿度为60％～80％，pH 5.5～6.5，土壤空气含量8％以上。根系在土温12～13℃开始生长，高于37℃时生长停止。

（二）芽

芽分为叶芽和花芽，叶芽萌发抽生营养枝。花芽是由叶芽原始体在一定条件下发育转变而成。花芽分化与气候和植株的营养条件有关，植株的营养丰富平衡，秋季高温和冬季低温干旱能促进花芽分化。

（三）枝干

枝干分主干和树冠。主干是整个树体的支柱，是营养物质和水分交流的通道。枝梢构成树冠，一年可抽 3～4 次梢。春梢可分为花枝和营养枝两种，营养枝发育后可成为第二年的结果母枝。5～7 月抽出的夏梢与幼果争夺养分，会加剧生理落果，秋梢抽发数量较多，健壮的秋梢是优良的结果母枝，冬梢无利用价值，修剪时应剪除。

（四）叶片

叶片是制造和储存养分的重要器官，一张叶片从展叶到停止生长约需 60 天，正常情况下不同部位的叶片交替脱落。

（五）花

柑橘树花量极大，成年树往往超过 1 万朵，但座果率低，落蕾落花数可占花蕾总数的 50％以上。

（六）果实

果实从开花座果就开始发育，一般座果率为 5％左右，管理条件好的可达 7％～8％，柑橘有两次生理落果高峰期，第一次通常发生在 3 月底～4 月底，第二次通常发生在 5 月～6 月中下旬，以谢花后约 20～35 天脱落最多。

二、对外界环境条件要求

（一）温度

柑橘是喜温果树，萌芽温度在 12.5℃左右，随着温度的上升生长加快，温度在 23～29℃时，生长最快，超过 37℃生长停止，临界高温为 57.22℃，临界低温为－9℃，在适宜温度范围内，气温越高，橘果品质越好。

（二）光照

柑橘需要较多的光照进行光合作用，光照好，叶色浓绿，光合产物积累多，树形好，果实着色好，品质佳。光照过强也不利，在高温干旱季节，强烈的日光会使外层果实和外露枝干被灼伤。

（三）水分

水分是组成树体的主要原料，橘树枝叶和根部的水分含量约占 50％，果实的水分占 85％以上。树体内的一切生理活动在水的参与下才能正常运转。橘树一般需蒸腾 300 分水量才能生成 1 分干物质。土壤含水量在 60％～80％时，适宜橘树生长，当土壤含水量低于 60％时，可进行人工灌溉，超过 80％时，应及时做好排水工作。

（四）土壤

要求土壤深厚，有机质含量丰富，保水、排水性能良好。土层厚度在 1m 左右，最低不要少于 0.6m，土壤孔隙在 12.5％～20％，有机质含量 15～20mg/kg，pH 6～6.5 最适宜。

三、养分需求

柑橘大量需要：氮、磷、钾、钙、镁、硫 6 种元素，还需要硼、锌、锰、铁、铜、钼等多种微量元素，每生产 1 000kg果实，需要氮 1.1～1.18kg，五氧化二磷 0.17～0.27kg，氧化钾 1.7～2.61kg，氧化钙 0.36～1.04kg，氧化镁 0.17～0.19kg。

（一）氮

树体内氮通常以有机态存在，是蛋白质、叶绿素、生物碱等构成成分。施肥不足会造成缺氮，土壤含钠、氯、硫、硼过多或施磷肥过多均可导致柑桔缺氮。土壤溶液中 Ca^{2+}、Mg^{2+}、K^+ 浓度低时，施硝态氮比施铵态氮更有利于树体吸收利用。氮肥过多会对钾、锌、锰、铜、钼、硼尤其是磷的吸收利用有不良影响。

（二）磷

磷是形成原生质、核酸、细胞核和磷脂等物质的主要成分，参与树体的主要代谢，在光合作用、呼吸作用和果实形成中均有重要作用。

（三）钾

钾与柑橘新陈代谢和碳水化合物合成、运输和运转有密切关系。钾适量能使植株健壮、枝梢充实、叶片增厚、抗寒性增强、果实增大，糖、维生素 C 含量提高，且增强果实耐贮性。

（四）钙

钙与细胞壁的构成，酶的活动和果胶的组成有密切关系。钙适量可调节树体的酸碱度，中和土壤中的酸性，加快有机质的分解，减少土壤中的有毒物质。土壤 pH 低于 4.5 时，柑橘表现为缺钙症状。

（五）镁

镁是柑橘树光合作用的主要物质，是叶绿素的组成元素。柑橘植株缺镁，常发生在生长季后期。

四、推荐施肥技术

柑橘施肥应充分考虑橘园所处的土壤类型，气候环境条件，树龄和产量水平，肥料品种，土壤养分状况，科学、合理、经济施肥。

（一）幼树施肥

未进入结果期的幼树，其栽培的目的是促进枝梢的速生快长，培养壮实的主干和匀称的骨架，快速扩大树冠，为顺利进入丰产期打下基础。所以幼树施肥应以氮肥为主，我省橘园一般 1～3 年生的树，每株全年施尿素 0.15～0.3kg，攻春、夏、秋 3 次梢，重点攻夏梢，配合施用磷、钾肥。随着树龄增大，施肥量从少到多，逐年提高，其氮、磷、钾的配合比例为 1∶0.5∶0.9。

（二）结果树施肥

1. 花期肥

花前施肥是柑橘施肥一个重要时期，是确保花的质量和春梢质量的基础。肥料品种以速效化肥为主。配合施有机肥，施肥量占全年的 30％左右，一般 2 月下旬～3 月上旬施肥，施肥方法沿树冠滴水线埋施。

2. 稳果肥

主要目的在于提高座果率，控制夏梢大量抽发。在 5～6 月应避免大量施用氮肥，一般采用叶面喷施方法施用叶面肥料，15 天左右 1 次，喷施 2～3 次，施肥量占全年的 5％。

3. 壮果肥

生理落果停止后，果实迅速长大，对养分需求量也增加，因此，秋梢萌发前施肥，可满足果实迅速膨大对养分之需求。施肥通常在秋梢萌发前 15～30 天，一般在 7 月上旬结合抗旱灌水，以速效性氮肥为主，配合磷、钾肥，施肥量应占全年用量的 35％左右。此外，还可根据天气和树势状况，在 9 月前后再施一次壮果、状梢肥，以增加养分的积累，促进花芽分化，但要控制氮肥施用，以防抽生晚秋梢。

4. 采果越冬肥

采果前后施肥可以恢复树势，增强抗寒越冬能力，防止落叶，促进花芽分化，为来年结果打下基础。施肥最好在采前果实着色5～6成时施下，以有机肥为主，配合施用无机肥，磷肥可多些，氮肥可少些。

越冬肥是提高树体抗寒能力，促进花芽分化，保证花和春梢质量，提高座果率的又一次重要施肥。为了便于农事操作，确保树势恢复顺利，通常在采果后一周、采果肥喷施后施用。但此次施肥不得超过全年根际施肥总量的40%。

实践证明，柑橘在年生长周期内根际施肥的次数：结果树以越冬肥和壮果促梢肥两次为宜；幼树以3月中下旬促春梢肥、5月底促夏梢肥、7月中下旬促秋梢肥三次施肥为宜。叶面施肥次数：结果树叶面施肥分别在花前、谢花至稳果期、采果后三个时期，每期2～3次为宜；幼树分别在三次新梢抽生至新梢老化喷施，每期喷施2次。

五、施肥指导意见

（一）肥料配合施用

按土壤类型和肥料特性，大量元素肥和微量元素肥配合，有机肥和无机肥配合。

（二）酸性土壤施钙镁磷肥

土壤pH 6以下的酸性土壤，以施钙镁磷肥为主，既补充了磷、钙、镁，又起到调节土壤酸碱度的作用。

（三）农作物秸秆覆盖果园

利用油菜收获后的秸秆覆盖果园，不仅能改良土壤，而且能减轻杂草危害和提高抗旱能力。

（四）多次喷施叶面肥

在每次施农药时，加入不同类型的叶面肥，做到缺啥补啥，既省工省成本，效果又明显。特别是采果后及时喷施一次氨基酸类叶面肥，能很快恢复树势，减轻大小年现象。

（五）采果越冬肥要防肥害

采果越冬肥以充分腐熟的有机肥为好。施肥后，肥土充分拌匀后盖土。

第七节　脐　　橙

我省脐橙主要分布在郴州、永州、邵阳、怀化等市，常德、湘西等市（州）也有分布。近年我省脐橙发展较快，形成了宜章、道县等脐橙优势产业基地，全省栽培面积约 40 万亩。

一、脐橙生物学特性

（一）品种

当前我省推广的脐橙良种有：纽荷尔、朋娜、清家、丰脐、大三岛、佛罗斯特等。

（二）物候期

我省脐橙一般于 2 月上、中旬萌芽，2 月下旬～3 月上旬现蕾，4 月上、中旬开花，4 月下旬进入第一次生理落果，5 月上、中旬开始第二次生理落果，7～9 月为果实膨大期，10 月中旬开始转黄，11 月上旬～12 月上旬果实成熟。

（三）特性

脐橙的萌芽力很强，成枝力也强，枝丛生，生长强健，树势旺，树姿较开张，枝梢披垂，多呈圆头或半圆形树形。

（四）枝梢生长

脐橙较普通甜橙萌芽早，生长期间通常抽发春、夏、秋三次梢。生长旺盛的幼树常常抽发四次梢。春梢发生期为2~4月，夏梢期为5~7月，秋梢期为8月。营养生长旺盛的常在9月抽发晚秋梢。

（五）花器发育特点

脐橙的花比甜橙大，花瓣较厚，果实大，枝叶繁茂，在生长发育阶段养分消耗量比其他柑橘大。脐橙在营养充实的条件下容易形成花芽，但畸形花蕾多，幼果易脱落，座果率低，花期、幼果期对外界环境条件反应极敏感，适应性差，常多花少果。

（六）结果习性

脐橙春、夏、秋梢都能成为结果母枝，但幼龄树以秋梢作为主要结果母枝。脐橙的结果枝有两种类型，一是顶单花枝，另一种是腋生或丛生花枝。由于营养条件的差异，又有无叶、有叶的区别。有叶花枝结果能力强，无叶花枝着果能力差，因此，花芽分化期间，采用根外追肥等措施，提高植株营养水平，从而提高有叶花枝比例。脐橙的花量大，但座果率低，一般不到1％，根据花果脱落时生殖器官的发育程度，可分为落蕾、落花、落果三种。落果又可分为第一次生理落果（带果梗脱落）；第二次生理落果（不带果梗从蜜盘处脱落）；夏季落果（脐黄落果）；夏、秋落果（裂果落果）等四类。

二、脐橙养分需求

脐橙在其生长发育过程中吸收碳、氢、氧、氮、磷、钾、钙、镁、硫等大量元素和铁、锰、硼、锌、铜等微量元素。其中以碳、氢、氧需要量最大，占树体干重的95%左右，这三种元素来源于水和空气，由叶片的光合作用制造而来，不属施肥范畴。其次是氮、磷、钾、钙、镁、硫占树体干重的4.5%左右，另外铁、锰、铜、硼、锌的需要量很少，但不可缺少，它们主要靠果树从土壤中吸收，需要以施肥的方式来补充土壤中的这些营养元素。

（一）氮

氮素是构成生命物质的重要元素，亦是影响脐橙植株代谢活动和生长结果十分重要的元素，是氨基酸、蛋白质的主要成分。脐橙新梢和花含氮量最多，故春季抽梢和花果发育消耗较多的氮。植株在秋冬能积累较多的氮供来年春季抽梢及开花之需。脐橙对氮素需求量较大，氮素充足则根系和枝叶生长健壮，叶色浓绿，开花座果正常，产量高，品质好。但有研究表明，氮素的施用又会影响脐橙植株对其他元素的吸收，因此，过量施氮，不但增加成本，还会导致品质、产量的不良效应，且会影响到对其他元素的吸收以及元素间的平衡。

（二）磷

磷是磷脂和核酸的必要成分，亦是许多辅酶的组成成分，磷在光合、呼吸作用中起重要作用，在氮素代谢过程中亦不可缺少。适量供磷可促进脐橙根系、新梢生长和花芽分化，提高座果率，并使果实早熟，皮薄汁多，降酸增糖。有试验表明，增施磷肥可提高叶片磷、钙含量，并促进对镁、锰、钼的吸收，但是却影响对氮、铁、锌、铜以及硼的吸收。

（三）钾

脐橙植株对钾的需求量较大，钾虽不是有机体的组成物质，但却是其进行正常生理活动的必要条件。适量供钾能促进植株的同化作用，使枝梢生长和树势正常，座果增加，果实增大，提高果实耐贮性，并增强植株抗寒、抗旱和抗病力。脐橙结果树的吸钾量与氮素相近。

（四）钙

钙是构成细胞壁的重要成分，脐橙植株吸收钙素的量最大，且大部分存在于枝干、粗根及叶片中，树体中的钙为不移动性，老叶等部位含钙量更高，植株缺钙症状首先从新梢表现。尽管脐橙植株对钙的需求量较大，但是橘园缺钙的现象不多，在土壤酸度太高的情况下，才易导致缺钙。

（五）镁

镁是构成叶绿素的核心成分。脐橙对缺镁较宽皮柑橘敏感，树体中镁的移动性强，故缺镁症常出现在老叶。

（六）硫

硫是多种氨基酸的成分，是合成蛋白质不可缺少的元素。缺硫和缺氮的可见症状相似，在植株中，氮和硫的量需保持平衡。

（七）锌、硼、铁、锰、铜、钼等微量元素

这些属于微量元素养分，植株吸收量少，但不可缺。锌是某些酶的组成部分，参与生命中有关活动。硼参与植株中糖的运转和代谢，对花粉萌芽、受精、座果有重要作用，脐橙对硼的敏感比其他柑橘大。铁是叶绿体蛋白合成的必要元素，是形成叶绿素所必需的。锰对维持叶绿体结构是必需的，叶绿体含有较多的锰。铜是植株中许多氧化酶的成分。钼是构成硝酸还原酶的成分，能促进硝酸还原成氨，有利于氨基酸和蛋白质的合成。我省脐橙缺锌、缺硼发生较普遍，其他微量元素缺乏现象较少发现，有部分橘园还出现了锰中

毒症状。

三、脐橙推荐施肥技术

脐橙推荐施肥的主要内容是施肥量的确定，施肥量的多少对脐橙的生长、产量和品质等都有重要影响，特别是施氮量的高低对脐橙营养生长和产量起着十分重要的作用，而氮、磷、钾三要素的施肥比例又与果实品质密切相关。

脐橙施肥量的确定是一个受诸多因素影响的复杂问题，它是受土壤性状、气候条件、脐橙品种、肥料性质、栽培管理、栽植密度、产量水平以及对果实品质的要求等因素影响的综合反映。

常用的脐橙推荐施肥技术主要有以下几种：

（一）养分平衡法

养分平衡法是根据脐橙需肥量与土壤供肥量之差计算出脐橙施肥量。计算公式为：

施肥量＝（脐橙需肥总量－土壤供肥量）/肥料利用率

脐橙需肥总量＝目标产量×脐橙形成单位经济产量所需的养分量（养分系数）

土壤供肥量＝土壤养分测试值×0.15（每亩折算系数）×有效养分校正系数

有关施肥参数可按当地实测数据，没有实测数据也可参考以下数据：如按养分系数：N 0.60、P_2O_5 0.11、K_2O 0.4，肥料利用率按：N 30%、P_2O_5 15%、K_2O 40%。

（二）田间试验法

在一定的环境和栽培技术条件下，分别在不同地区选择代表性土壤，对不同品种、树龄的脐橙进行定点田间施肥量试验，从而确定不同条件下的经济、有效施肥量。以湖南省道县为例，该县土肥站2006～2009年对成年结果树的田间试验表明，其经济推荐施肥量一般每亩施 N 18.31～19.74kg、P_2O_5 8.55～10.39kg、K_2O 10.48～10.78kg。

（三）对丰产橘园施肥调查统计折量法

这种方法是根据调查脐橙区所属范围内丰产园的施肥量，进行统计分析，并根据专家及果农经验对施肥量作必要调整，获得一个比较切合实际的施肥标准。以下是湖南省道县土肥站对 1～3 年生脐橙 12 户和 3 年以上结果树脐橙 13 户进行的调查结果，可作为施肥参考（见表 13－17）。

表 13－17　湖南省道县脐橙施肥情况调查结果表

项目		脐橙（1～3 年）			脐橙（3 年以上）		
		有机肥 (kg/亩)	无机肥 (kg/亩)	合计	有机肥 (kg/亩)	无机肥 (kg/亩)	合计
养分折纯	N	2.67	13.59	16.27	1.63	19.02	20.65
	P_2O_5	1.39	9.98	11.37	0.98	11.05	12.03
	K_2O	2.57	8.53	11.10	1.88	11.51	13.39

四、脐橙施肥指导意见

脐橙施肥总的原则：有机肥与无机肥施用相结合；迟效肥与速效肥相结合；氮肥与磷、钾肥及微量元素肥料施用相结合；深施与浅施及根外喷施相结合，其中有机肥、迟效肥以深施为主，无机肥、速效肥以浅施和根外喷施为主。同时，要看土、看树、看天施肥，做到经济施肥、环保施肥。

（一）施肥期

脐橙在不同的生物学年龄时期有不同的生长发育特点，对养分的选择与需求各不相同，在年周期中，植株随着物候期的进程对养分的吸收具有明显的阶段性。从营养元素来看，氮以新梢期吸收较多，钾以果实膨大期吸收较多，磷在开花、幼果及花芽分化期吸收较多。所以脐橙施肥必须根据其生育特点、需肥特性以及环境条件的影响，做到适时、适量施肥，从而有利于根系吸收，并充分发挥肥效。

1. 幼龄树施肥期

未开花结果的幼龄树处于营养生长期，其根系和新梢生长量大，停止生长较晚。幼树施肥必须是勤施薄施，着重在各次新梢抽发前施肥。在每次发梢前施速效肥，以促进发梢和生长旺盛；在顶芽自剪后至新梢转绿期施速效肥，可促进枝梢充实和促发下次新梢；每年施肥 6～8 次或更多。

2. 初结果树施肥期

初结果树是从营养生长占优势，逐渐转为营养生长与生殖生长趋于平衡的一个过渡阶段，一般是指树龄为 3～5 年，开始结果的幼树。在施肥时应以促发健壮春梢和秋梢，抑制夏梢、晚秋梢或冬梢为目标，全年施好春季萌芽肥、壮果促梢肥和采果肥。

（1）春芽肥：一般在春芽萌发前的 2 月初施入，以促发健壮春梢和提高花质，施肥量占全年用量的 1/4，以有机肥为主，配合无机肥，以速效氮肥为主，配合磷、钾肥。

（2）壮果促梢肥：目的是为了促发秋梢和增大果实，提高品质。在 7 月中旬施下，施肥量占全年用量的 1/2，以速效性肥料为主。

（3）采果肥：目的是恢复树势和促进花芽分化。以有机肥为主，结合氮肥和磷肥，施肥量占全年用量的 1/4。

3. 成年结果树施肥期

脐橙进入盛果期后，产量达到最高，肥料需要量也最大。此时施肥不足将极大地影响产量及树势。因此，这个阶段的任务是尽量维持其生长与结果的平衡。主要掌握四个时期的施肥。

（1）萌芽肥：通常在 2 月上旬施入，以促发健壮春梢，形成良好的春梢结果枝，并供应开花结果所需的部分营养。

（2）稳果肥：花谢后的 1～2 个月是幼果发育期，亦是生理落果期，这个时期施肥的主要目的在于提高坐果率，控制夏梢大量发生，以氮为主，配施磷、钾肥，一般在5~6月施用，施肥量占全年用量的5%左右。

（3）壮果肥：生理落果停止后，果实迅速长大，对养分需求量也增加，因此，秋梢萌发前施肥，可满足果实迅速膨大对养分之需求。施肥通常在秋梢萌发前15~30天，一般在7月上旬结合抗旱灌水，以速效性氮肥为主，配施磷、钾肥，施肥量应占全年用量的35%左右。此外，还可根据天气和树势状况，在9月前后再施一次壮果、壮梢肥，以提高养分的积累，促进花芽分化，但要控制氮肥施用，以防抽生晚秋梢。

（4）采果肥：采果前后施肥可以恢复树势，增强抗寒越冬能力，防止落叶，促进花芽分化，为来年结果打下基础。施肥最好在采前果实着色5~6成时施下，以有机肥为主，配合施用无机肥，磷肥可多些，氮肥可少些，施肥量占全年用量的30%~40%。

（二）施肥量

由于影响施肥的因素较多，因此，要制订一个统一的施肥方案比较困难，通常可将目标产量的需肥量作为确定施肥量的基本依据，并参照土壤的供肥量、肥料利用率以及当地丰产橘园的施肥经验等因素，从而制订一个相对的施肥标准（见表13-18）。

表13-18　脐橙推荐施肥量

（单位：kg/亩）

产量水平	腐熟有机肥	氮 N	磷 P_2O_5	钾 K_2O
幼年树（1~3年生）	1 000	10~14	3~5	4~6
<500	2 000	12~16	5~7	5~7
500~1 000	2 000	14~18	6~8	6~8
1000~2 000	2 000	15~18	7~9	8~10
>2000	2 000	16~20	8~10	9~11

以下为湖南省道县脐橙施肥方案，可供参考（见表 13 -
19、表 13 - 20）。

表 13 - 19　湖南省道县脐橙（幼年树）测土
配方施肥推荐施肥方案

生长期	基肥	春梢肥	夏梢肥	秋梢肥
幼年树（1～3 年生）	（11 月中旬～12 月中旬）亩施猪牛栏粪 2 000kg，40% 柑橘专用肥（20 - 10 - 10）25kg	促梢肥：春梢萌芽前亩施 40% 柑橘专用肥（20 - 10 - 10）5～10kg，加尿素 5～10kg；壮梢肥：春梢自剪时亩施 40% 柑橘专用肥（20 - 10 - 10）5～10kg	促梢肥：夏梢萌芽前亩施 40% 柑橘专用肥（20 - 10 - 10）5～15kg；壮梢肥：夏梢自剪时亩施 40% 柑橘专用肥（20 - 10 - 10）5～15kg	促梢肥：秋梢萌芽前亩施 40% 柑橘专用肥（20 - 10 - 10）5～15kg；壮梢肥：秋梢自剪时亩施 40% 柑橘专用肥（20 - 10 - 10）5～15kg

表 13 - 20　湖南省道县脐橙（成年树）测土配方
施肥推荐施肥方案

生长期	基肥（11 月中旬～12 月中旬）	萌芽肥（2 月中旬～3 月上旬）	稳果肥（5 月～6 月中旬）	壮果肥（7 月～9 月）
成年树	亩施猪牛栏粪 2 000kg，40% 柑橘专用肥（16 - 11 - 13）25～30kg	亩施 40% 柑橘专用肥（16 - 11 - 13）15～20kg，加尿素 10～15kg	亩施 40% 柑橘专用肥（16 - 11 - 13）15～20kg	亩施 40% 柑橘专用肥（16 - 11 - 13）25～30kg

（三）施肥方法

脐橙施肥有土壤施肥和根外追肥两种，以土壤施肥为主。

1. 土壤施肥

土壤施肥既要利于根系尽快吸收肥料，又要防止根系遭受肥害。因此，施肥应做到因时、因树、因肥制宜。坚持根浅浅施、根深深施、春夏浅施、秋冬深施；无机氮浅施，磷钾肥、有机肥深施。秋冬施肥应结合深翻扩穴改土，压埋绿肥；磷肥易被土壤固定，与腐熟的有机肥混合深施效果好。

土壤施肥有各种方法，脐橙幼龄树采用环状沟施；成年脐橙结果树采用条状沟施；梯地台面窄的脐橙树采用放射状沟施。施肥的位置应在树冠滴水线以外。

（1）环状沟施肥：按树冠大小，以主干为中心，在树冠外缘附近开环状沟，沟深浅依据根系分布深浅而定，一般深20～30cm，宽30cm。环状施肥的优点是省肥，简便易行，但面积小，易伤根，常用于幼树施肥。

（2）放射状施肥：根据树冠大小，在树盘内挖4～6条放射状沟，沟宽30cm左右，靠近主干处宜浅，向外渐深。此法伤根少，隔年或隔次变更施肥部位，以扩大施肥面积。

（3）条状沟施肥：在脐橙树行间或株间开条状沟，深、宽各30cm，施肥后覆土填平；分年在株间、行间轮换开沟，适用于成年脐橙园，尤其是封行的脐橙园施肥。

（4）穴状施肥：在树冠外缘均匀地挖穴4～8个，穴深20～30cm，宽30cm，肥料施入穴内，待渗下后再覆土。穴状施肥方法简单，伤根少，但施肥面积小，适用于施液体肥料。

（5）全园施肥：将肥料均匀撒施全园，再翻入土中。适用于根系布满全园的脐橙成年果园，但施肥深度浅，易引根系上长，应与其他方法交替使用。

2. 根外追肥

根外追肥又叫叶面施肥。用于叶面喷施的氮肥主要是尿素；磷肥主要有过磷酸钙、磷酸二氢钾等。过磷酸钙作叶面施肥，用前用水浸泡一昼夜后，按所需的浓度配制；钾肥，主要是磷酸二氢钾、硫酸钾、氯化钾（见表 13－21）。

表 13－21　脐橙根外追肥肥料种类及使用浓度

肥料种类	喷施浓度（％）	肥料种类	喷施浓度（％）
尿素	0.3～0.5	枸橼酸铁	0.05～0.1
硫酸铵	0.2～0.3	硫酸亚铁	0.1～0.2
硝酸铵	0.2～0.3	硫酸锌	0.2
过磷酸钙	1.0～2.0	硫酸锰	0.2～0.4
草木灰	1.0～3.0	硫酸铜	0.01～0.02
硫酸钾	0.5～1.0	硫酸镁	0.05～0.20
硝酸钾	0.5～1.0	硼酸、硼砂	0.1～0.2
磷酸二氢钾	0.3～0.5	钼酸铵	0.05～0.1

第八节　椪　　柑

椪柑，又名芦柑，属宽皮柑橘类的优良类型，仅限于我国广东、广西、福建、台湾、江西、湖南等省份栽培。椪柑树体高大、树势强健，幼树枝条直立，老树稍张开，主干起棱。果实扁圆或高扁圆形；果皮橙黄色，有光泽；果皮松软，与囊瓣显著分离，中心柱大而空；果实大，一般重 125～250g，汁多化渣，风味浓郁芳香，脆嫩爽口，酸甜适度，品质极佳。

一、作物特性

（一）根系

椪柑根系分布因砧木、繁殖方式、树龄、土层深浅和栽培技术的不同而异。在一般情况下，根群多集中分布于表土以下 10～40cm。若土层深厚肥沃，根系可达 1m 以上，上部根系较多，下部逐渐减少，其水平根分布幅度通常相当于树冠 1～2 倍。

（二）枝梢（干）

枝梢（干）由芽抽生、伸长发育而成。按发生的时间可分为：春梢、夏梢、秋梢和冬梢。依当年是否继续生长可分为：一次梢、二次梢和三次梢。依抽生枝梢的质量分为：结果母枝、结果枝和营养枝。

（三）叶片

椪柑叶片为单生复叶，是进行光合作用、制造和储藏养分的器官，是开花和结果的物质基础，能储藏树体 40% 以上的氮素和大量碳水化合物。

（四）花、果实和种子

椪柑的花为完全花，由花梗、萼片、蜜盘、雌蕊、雄蕊、花瓣等组成。果实由子房发育而成，子房内壁发育成囊瓣，内含汁胞和种子。

（五）落花落果特性

椪柑的花并非都能座果，一般座果数仅占总花数的 5%～10%。生长健壮的壮年树和幼树抹除夏梢的座果率高。根据花、果脱落时的发育程度，分落蕾、落花、落果三种。落果又分为第一次生理落果（谢花后开始）和第二次生理落果（谢花后 25～40 天）。造成椪柑落花落果的主要原因有树体营养供应不足、花期遇上梅雨天气造成光照不足、土壤干旱缺水、果梢之间为争夺营养而发生矛盾以及病虫害、自然灾害等。

（六）物候期

椪柑是常绿果树，无落叶期，其枝梢生长及花芽分化、开花结实的特性与落叶果树不同，物候期具体可分为萌芽期、抽梢期、花蕾期、开花期、果实生长发育期和花芽分化期（见表 13 - 22）。

表 13 - 22　椪柑物候期

月份	12 月至翌年 2 月	3 月	4 月	5 月	6 月	7 月	8 月	9 月至 10 月	11 月
物候期	花芽分化期	春梢开始萌发、扩园定植	春梢花蕾生长、花期	花期及生理落果	夏梢生长及生理落果	果实发育期	秋梢生长及果实发育	果实膨大期	果实成熟期

二、养分需求

椪柑的年生长周期中，要经发芽、抽梢、开花结果、果实壮大、成熟、花芽分化和根系生长等阶段，且有一定的规律性，同时还需考虑气候、土壤、砧木、树势、产量以及肥料来源等综合因素。因此，椪柑养分需求量的多少，需要考虑品种、树龄、根系吸肥力、土壤供肥状况、肥料特性等因素的影响。

（一）土壤肥力对产量的贡献情况

根据湖南省 2006—2009 年湘西片区 43 个"3414/ 3415"椪柑测土配方施肥试验（以下简称湖南省椪柑测土配方施肥试验）中既不施有机肥也不施化肥的小区进行统计，基础地力产量平均为 1 646.5kg/亩，基础地力贡献率为 67.08%，不同产量水平的基础地力贡献情况（见表 13-23）。

表 13-23 不同椪柑产量水平基础地力贡献情况

产量水平（kg/亩）	基础地力产量（kg/亩）	基础地力贡献率（%）
2 000kg 以下	1193.4	74.39
2 000～2 500kg	1 530.0	63.30
2 500kg 以上	1 876.2	68.93

（二）椪柑对养分的吸收情况

根据湖南省椪柑测土配方施肥试验结果，全肥区平均产量 2 425.9kg/亩，经计算，氮吸收量为 14.56kg/亩，磷吸收量为 2.67 kg/亩，钾吸收量为 9.70kg/亩，不同椪柑产量水平的氮、磷、钾的养分吸收量（见表 13-24）。

表 13-24 不同椪柑产量水平氮、磷、钾的养分吸收量

产量水平（kg/亩）	养分吸收量（kg/亩）		
	N	P_2O_5	K_2O
2 000kg 以下	9.73	1.78	6.49
2 000～2 500kg	14.07	2.58	9.38
2 500kg 以上	16.30	2.99	10.87

三、推荐施肥技术

（一）有机肥推荐

根据湖南省椪柑测土配方施肥试验，共有 35 个试验施用了菜枯、猪牛粪等有机肥，占整个试验比例的 81.4%，不同种类有机肥折合有机单质养分为：平均施有机 N 10.75kg/亩，有机 P_2O_5 5.50kg/亩，有机 K_2O 5.22kg/亩，有机肥对产量的贡献率为 16.94%（见表 13-25）。

表 13-25　有机肥推荐检索表

推荐量	推荐有机肥品种	推荐有机肥含量（N-P$_2$O$_5$-K$_2$O）（%）	推荐有机肥实物量（kg/亩）
N 10.75kg/亩；P$_2$O 55.50kg/亩；K$_2$O 5.22kg/亩	菜籽饼	4.98-2.65-0.97	220
	人粪尿	0.60-0.30-0.25	1 800
	猪粪	0.60-0.40-0.14	2 000
	牛粪	0.32-0.21-0.16	3 000
	羊粪	0.65-0.47-0.23	1 600
	鸡粪	1.63-1.54-0.85	650
	紫云英	0.33-0.08-0.23	4 000
	满园花	0.36-0.05-0.36	4 000

（二）氮肥推荐

氮是对椪柑生长发育影响最大的一个营养元素，是构成椪柑树体和产量的基础物质之一，椪柑缺氮时，在生长初期表现为新梢抽生不正常、枝叶稀少而小、薄并发黄，呈浅绿色至黄色，寿命短而易落，开花少、结果性能差。在农户调查、试验示范及氮肥需求量的基础上对椪柑幼树进行氮肥推荐，成年椪柑树是根据湖南省椪柑测土配方施肥试验，分别对每个试验的计算最佳化肥施氮量进行统计，在施用上述有机肥的基础上，进行氮肥推荐（见表 13-26）。

表 13-26　氮肥推荐检索表

产量水平（kg/亩）	推荐 N（kg/亩）	折合尿素（kg/亩）
幼树	7.5	16
2 000kg 以下	13.0	28
2 000～2 500kg	14.6	32
2 500kg 以上	15.8	34

（三）磷肥推荐

椪柑缺磷会影响新根生长，根系伸长慢，从而影响椪柑树体对氮、钾等营养元素的吸收；幼树缺磷，生长缓慢，叶片稀疏；长期缺磷的成年树，植株矮小，叶片狭小，有的为焦枯状。椪柑幼树的磷肥推荐建立在农户调查、试验示范及按照 N：P_2O_5 为 1：0.4 基础上，成年椪柑树是根据湖南省椪柑测土配方施肥试验，分别对每个试验的计算最佳施磷量进行统计，在施用上述有机肥的基础上，进行磷肥推荐（见表 13 - 27）。

表 13 - 27　磷肥推荐检索表

产量水平（kg/亩）	推荐 P_2O_5（kg/亩）	折合过磷酸钙（kg/亩）
幼树	3.0	25
2 000kg 以下	5.6	47
2 000～2 500kg	7.4	61
2 500kg 以上	8.8	73

（四）钾肥推荐

椪柑缺钾时老叶的叶尖和上部叶缘部分首先变黄，逐渐向下部扩散变为黄褐色至褐色焦枯，也向上卷曲，叶片呈畸形，叶尖枯落，树冠顶部生长衰弱，新梢纤细，果小皮薄光滑，易腐烂落果。椪柑幼树的钾肥推荐建立在农户调查、试验示范及按照 N：K_2O 为 1：0.5 基础上，成年椪柑树是根据湖南省椪柑测土配方施肥试验，分别对每个试验的计算最佳施钾量进行统计，在施用上述有机肥的基础上，进行钾肥推荐（见表 13 - 28）。

表 13 - 28　钾肥推荐检索表

产量水平（kg/亩）	推荐 K_2O（kg/亩）	折合硫酸钾（kg/亩）
幼树	3.7	7
2 000kg 以下	8.4	17
2 000～2 500kg	9.8	20
2 500kg 以上	10.8	22

（五）中微量元素肥料推荐

椪柑为多年生作物，长期在同一土壤上生长，中微量元素的缺乏症是常见的，而缺钙、缺镁、缺硼和缺锌的现象最为常见。

椪柑缺钙表现为当年春梢叶的上部叶缘首先发黄，叶幅较正常叶宽。随着病情加剧，黄化区域扩大，并出现落叶枯梢现象，根系生长细弱，呈棕色，数量也明显较正常树少。施钙量每亩施石灰 35～50kg，或在刚发病的椪柑的新叶期喷施 0.3％磷酸氢钙或硝酸钙液。

缺镁症状多发生在结果母枝的老叶上，初期表现为叶缘两侧的中部先呈现不规则的黄色条斑，后黄色条斑逐渐扩大为黄色条带，并向中脉扩展，仅在叶尖和基部保持绿色的三角形区域，严重缺镁时，冬季大量落叶，并出现枯枝。矫治方法一般是每亩施钙镁磷肥 80kg 或用 0.5％硫酸镁水溶液进行喷施。

当椪柑缺硼时，果实小而硬、皮厚、果汁少，果皮粗糙，称为僵果。主要措施是施硼砂或硼酸。施硼量以树大小而定，小树一般每株 4～12kg/亩，成年果树 12～20 kg/亩，可作基肥或追肥施下，也可喷施硼肥，浓度为 0.2％～0.3％，花蕾期、盛花期喷施两次就够了。

椪柑缺锌时叶绿素不能合成，叶小而窄，质厚而脆，叶色发黄，枝梢细弱，严重时枝梢芽不易萌动，叶脉保持绿色，叶肉黄色，通常称为斑叶病。喷施锌肥防治斑叶病效果显著，可在发芽前或发芽后喷施，发芽前喷施浓度可高达1‰～2‰，但抽梢展叶后防止烧叶，采用浓度为 0.2‰～0.3‰，常用锌肥多为硫酸锌。

（六）叶面肥推荐

在不同的生长发育期，选用不同种类的肥料进行叶面追肥，以补充树体对营养的需求。在花蕾期、开花期、幼果期，用溶于水的速效肥料，进行根外施肥，可提高座果率和利于果实膨大发育。不管是幼树还是结果树的叶面追肥，只要与药剂混合不发生不良反应，均可在喷施的药液中加入0.1‰～0.2‰的微肥（如枸橼酸铁、钼酸铵、硫酸镁、硫酸锌、硼酸等，视情况分别使用）或 0.3‰～0.5‰磷酸二氢钾、硝酸钾或尿素等作叶面肥。高温干旱期应按使用浓度范围的下限施用，果实采收前 20 天内停止叶面追肥。

四、施肥指导意见

（一）高质量建设果园，深沟压绿改土，搞好椪柑定植

果园要建在海拔 350m 以下的地区，山地要求坡度 30°以下，山顶或陡坡不宜种椪柑的地段，应营造防护林带；平地建园要求地下水位 1m 以下，要求土壤质地良好，疏松肥沃，有机质含量最好在 1‰以上，pH 5～7，土层深厚，活土层最好在 60cm 以上。修建果园道路、机耕道、排灌沟渠及附属建筑等设施；在没有引水条件的地方修建集雨蓄水窖（池），规格和标准按 5～10m³/亩的地下圆柱体进行混凝土硬化处理，为人畜安全，还需在窖（池）地上部修建防护围栏，集雨蓄水窖（池）主要是在干旱时抗旱、叶面施肥和病虫害防治提供水源。沿种植行方向开挖深 80cm、宽 100cm的壕沟，每立方米分 2 层压入山青绿肥 50～100kg、石灰

1～2kg。椪柑定植密度株行距可采用 2×4m 或 2.5×3m。山区一般亩栽 80～90 株。栽植前按株行距挖好定植穴，每穴填入土杂肥或猪牛粪、沼气渣 15～20kg，饼肥 1.5～2kg，磷肥 1kg，并与土壤充分拌匀。

（二）增施有机肥，深翻扩穴，熟化土壤

有机肥对椪柑生长有积极作用，施入果园后可以疏松土壤，增强根系对养分的吸收，提高肥料的利用率；后期长势强，抗病虫能力增强；座果率提高，风味改善，糖分增加，品质好，产量高。长期使用可以降解农残，是生产无公害绿色产品的重要生产资料。深翻扩穴一般在秋梢停长后进行，扩穴宜在定植 3 年后逐年完成。从树冠外围滴水线外开始，逐年向外扩展 40～50cm。扩穴深度 70cm，回填时每立方米施绿肥、秸秆或堆肥、厩肥共 50kg，石灰 1kg，上层使用饼肥或其他优质基肥 5kg。表土放在底层，心土放在表层。长期耕作后成年椪柑园可再行局部轮换深耕改土更新根系。

（三）大力推广果园种草和果园绿肥种植技术

果园内可种草、间作，也可种植绿肥，但应注意三个原则：

（1）留出树盘，幼树应不少于 1m 直径，树冠超过 1m 的应比树冠大 25cm 左右。

（2）间种豆科作物，忌间作禾本科及深根性作物。

（3）间作生物量大的矮生作物，忌间作高杆作物。

果园实行种草制，种植的草类应是与椪柑无共生性病虫、浅根、矮杆，自然生草应选留良性杂草，每年割草 3～4 次，覆盖树盘，幼年树果园树盘一定范围内不应施行种草。适时刈割翻埋于土壤中或覆盖于树盘。高温或干旱季节，建议树盘内用秸秆山青、杂草等覆盖，厚度 10～15cm，覆盖物应与根颈保持 10cm 左右的距离（为了防止树干病虫害发生）。

果园种植绿肥，对于改良土壤、培肥地力、防止水土流失、提高土壤吸纳水分的能力、调节果园土壤微生物、抑制果园杂草、增加果实产量，改善果品品质等方面都有极为重要的作用。夏季绿肥：即在 4 月底～6 月初播种的有印度豇豆、竹豆、印尼绿豆、猪屎豆、狗爪豆等；其次是绿豆、饭豆、乌豇豆、早大豆等，这些也可兼作绿肥用。冬季绿肥：通常在 10～11 月间播种的有肥田萝卜、红花草、苕子、豌豆、蚕豆、箭舌豌豆，以及禾本科的黑麦草、黑麦等。绿肥播前种籽应拌"种肥"，这样有利幼苗出土后快速成长，提高其绿叶体产量，这种以磷增氮、以小肥养大肥是增效的有力措施。种肥用量每亩用复合肥 4～5kg，或钙镁磷肥 20～25kg。播种时要离果树有一定距离，即在离树冠外缘处 20～30cm 播种，太近会影响幼树成长，过远土地利用率低。有藤蔓攀缘性的如印尼豇豆等，会攀爬缠绕果树，要适时加以控制。果园绿肥在盛花期至初荚期要及时翻埋压青，并配施 50～60kg/亩石灰，有利分解腐烂。

（四）施肥时期

1. 花前肥（催芽肥）

在 3 月上旬前后施下，以速效氮为主，施肥量占全年施肥量的 30% 左右。现蕾开花时配合喷施 0.5% 磷酸二氢钾浸提液加 0.3% 硼砂液对提高花粉的质量和座果率有明显效果。

2. 壮果肥

追施壮果肥宜在 7～8 月份，施肥量占全年总施肥量的 35% 左右。采用氮、钾肥配合施用。因着果至果实膨大吸收的钾有 90% 输送到果实，钾肥着重此次施下。也可喷施 0.5% 磷酸二氢钾或 1% 氯化钾。

3. 采后肥（还阳肥）

此次施肥一般在采果后 11 月下旬～12 月施下。施用有机肥（枯饼、人畜粪）、磷肥作基肥一次施下，配合氮、钾肥，施用量占全年施肥总量的 35％左右。

（五）施肥方法

有环状沟施、条状沟施、放射状沟施、穴施、全园撒施、打眼施肥等。

1. 环状沟施

在树冠外围挖一条 20～40cm 宽、15～45cm 深环状沟，然后将表土和肥料混合施入，此方法适用于幼龄椪柑树。

2. 条状沟施

在椪柑园行间挖 1～2 条宽 50cm、深 40～50cm 的长条形沟，然后施肥覆土，此法适用于长方形栽植的成年果园。

3. 放射状沟施

在距树干 1m 远的位置，挖 5～6 条放射沟，沟宽 30～50cm、深 15～40cm，长度抵树冠外缘，放射沟宜从树干附近向外开浅沟，且逐渐向外沿加深，此法适宜于梯面较窄的成年果园。

4. 穴施

在树干 1m 以外的树冠下，均匀挖 10～20 个深为 40～50cm，上口直径 25～30cm，底部直径 5～10cm 的锥形穴，穴内塞入枯草等，用薄膜盖口，追肥、灌水在穴内，此法适用于保肥保水性能差的沙土果园。

5. 打眼施肥

在树冠下用钻打土眼，将肥料稀释灌入洞眼中，让肥水慢慢渗透，此法用于密植果园和雨水较少地区的成年果园。

6. 全园施肥

将肥料均匀撒施于全园，然后翻耕，使肥料入土，深度以 20cm 左右为宜，此法适用于根系密布全园的成年果园或密植园。

第九节　冰　糖　橙

冰糖橙又名冰糖包，是 20 世纪 60 年代从普通甜橙变异中选育出的一个优良柑橘品种，原产于湖南省黔阳县（今洪江市）。因其幼龄树生长势强，结果早，丰产稳产，肉质脆嫩化渣、风味浓甜、少核或无核而深受广大生产者和消费者喜爱，栽培面积逐年扩大。目前，湖南省已形成洪江、麻阳、永兴三大产业基地，全省栽培面积达到 42.3 万亩，是湖南最具有地方特色的且有自主知识产权的主栽品种，另外在四川、重庆、贵州、两广地区也有少量栽培。

一、作物特性

（一）根系

冰糖橙属矮化性较强的品种，常用枳壳作砧木，垂直根生长期短，水平根和细根群生长快，形成浅根系，其根群主要分布在表土下、树冠滴水线范围内的 10～40cm 土层内，通常一年内有 3 次发根高峰，即第一次根系生长时期在 4 月中旬～5 月上旬，第二次根系生长时期在 6 月下旬～7 月中旬，第三次根系生长时期在 9 月上旬～11 月上旬。这种浅根系虽有利于幼树形成花芽，提早结果，但因其吸收土壤养分、水分的范围有限，易受土壤干湿、冷热变化的影响，需要精耕细作，及时栽培管理，否则易造成树势早衰和低产。

（二）枝梢（干）

冰糖橙为小乔木，干性不强，树势中等，枝梢较开张披垂，树冠较矮小，呈自然圆头型。因芽具有早熟性，一年抽发春、夏、秋 3 次新梢。即春梢萌芽于 3 月上中旬，止于 4 月下旬，萌发整齐、数量较多、生长充实、长短适中；夏梢从 5 月下旬至 6 月下旬陆续抽生，生长粗大、节间较长，略具徒长性；秋梢一般自8月上旬开始抽生，其中早秋梢（8月梢）生长较充实，为次年良好的结果母枝，晚秋梢（10月梢）生长细嫩，叶小黄绿，无利用价值。结果母枝以春梢和早秋梢为主，生长充实的短夏梢也可成为结果母枝，其中以具5～8片叶、长度5～15cm的春梢结果母枝结果较好。

（三）叶片

冰糖橙的叶为单生复叶，春秋梢叶片较小，叶背主脉明显隆起，夏梢叶片稍大些，但单株叶面积指数比其他甜橙低，宜于适当密植。

（四）花、果实和种子

冰糖橙花量多，分有叶花和无叶花。果实近圆形，皮薄而光滑，深橙黄色为主，部分橙红色，果肉橙黄色，囊瓣整齐；单果重110～170g，可溶性固形物14.5%，糖含量12g/100ml以上，酸含量0.6g/100ml，味浓甜带清香，少核，3～4粒。

（五）花芽分化和开花结果特征

冰糖橙的花芽分化一般在果实采收前后至第二年春季发芽前进行，即自10月开始至次年3月上中旬基本完成；冰糖橙的现蕾期一般在4月初，初花期4月中旬，盛花期在4月底到5月初，谢花期在5月上中旬；冰糖橙属座果率较低的少核品种，一般技术条件管理下，其座果率只在1%～2%，而管理技术好的丰产橙园，座果率可达5%～6%，从谢花至稳果除进行经历5月上中旬～6月下旬两次明显的生理落果期外，直到7月上中旬仍有部分落果，7月下旬才基本稳。7～9月为果实膨大期，10月中旬开始果实着色，11月中下旬成熟。造成冰糖橙落花落果的原因主要是树体本身营养不足，花器发育不正常，花果期遇长期阴雨、土壤干旱缺水等不良气候，果梢之间发生争水争肥矛盾以及病虫危害严重、管理不善等。

（六）土壤环境条件

冰糖橙适宜于有机质在 1.5％以上、活土层在 60cm 以上、地下水位 1m 以下的旱地土壤，以质地好、富含磷钾的紫色土最适于栽培冰糖橙；红、黄壤次之；平地，特别是土层深厚的潮土栽培冰糖橙，常因植株旺长，不利于优质高产。

二、养分需求

冰糖橙同其他柑橘一样，其根系和枝梢生长、开花座果和果实发育，以及花芽分化在年生长周期中呈现一定的顺序变化和相互制约关系，各不同生长阶段和生长时期对养分种类和数量的要求也不相同。因此，冰糖橙养分需求量的多少，除品种特性外，还应考虑树龄、土壤供肥性能、根系吸肥力和肥料特性等因素。

冰糖橙根系分布广，细根多，吸肥力、抗旱性和抗害性比其他橙类强，营养生长旺盛，需氮量比其他橙类略少。特别是在沿溪河两岸土层深厚的潮土，若在营养生长前期施氮过量，极易引起枝叶陡长，夏梢大量抽生而争水争肥，导致严重落果。在丘陵山地的紫色土中栽培，常常看树势调控好施氮时期和数量，则新梢生长适中、夏梢抽生较少，座果率高。但土壤过于瘠薄，虽进入盛果期，也仍需增施氮肥，以增强树势，提高产量。冰糖橙属于糖橙，风味浓甜少酸，需磷量较其他橙类相对少些。但冰糖橙果形偏小，整齐度差，增施钾肥对壮果非常重要。在钾素充足时，果形大、产量高、品质好，树势强健，故应注意加强钾肥的施用。

（一）土壤肥力对产量的贡献情况

根据湖南省 2006 年湘西片区 12 个"3414/3415"冰糖橙测土配方施肥试验（以下简称湖南省冰糖橙测土配方施肥

试验）中既不施有机肥也不施化肥的小区进行统计，其基础
地力产量平均为 618.9kg/亩，基础地力贡献率为 53.2%，
不同产量水平的基础地力贡献情况见表 13-29。

表 13-29 不同冰糖橙产量水平基础地力贡献情况

产量水平（kg/亩）	基础地力产量（kg/亩）	基础地力贡献率（%）
2 000 kg 以下	445.6	35.3
2 000～2 500 kg	654.3	56.7
2 500kg 以上	756.8	67.8

（二）冰糖橙对养分的吸收情况

根据湖南省冰糖橙测土配方施肥试验结果，全肥区平均
产量 1 245.6kg／亩，经计算，氮吸收量为 14.32kg／亩，
磷吸收量为 2.65kg／亩，钾吸收量为 9.83kg／亩，不同
冰糖橙产量水平的氮、磷、钾的吸收量见表 13-30。

表 13-30 不同冰糖橙产量水平氮、磷、钾的养分吸收量

产量水平 （kg/亩）	养分吸收量（kg/亩）		
	N	P_2O_5	K_2O
2 000 kg 以下	9.65	1.83	6.52
2 000～2 500 kg	14.72	2.65	9.27
2 500kg 以上	16.55	2.96	10.63

三、推荐施肥技术

冰糖橙测土配方施肥的目的重在调节营养平衡，使营养
生长和开花结果相协调，既要培养健壮树势，获得高产稳产，
又要提高果实含糖量，减少含酸量，增加果实大小，改善果
皮着色等。因此，抓好氮、磷、钾等养分管理非常重要。

（一）有机肥的推荐

近年来部分果农为降低成本，对冰糖橙园随意减少有机肥施用量，甚至长期偏施化肥，造成土壤酸化板结、有机质匮乏，降低保肥与供肥能力，已影响到冰糖橙树体生长发育及果实品质。为此，应坚持有机肥与无机肥合理配施，从而改善土壤结构，增加土壤供肥性能，提高养分利用率，保证树体营养的有效供应。

根据湖南冰糖橙测土配方施肥试验，共有 9 个试验施用了生菜枯、人粪尿等有机肥，占全部试验比例的 76.7％，不同种类有机肥折合单质养分为：平均施用有机 N 10.9 kg／亩，有机 P_2O_5 5.5kg／亩，有机 K_2O 5.8kg／亩，有机肥对产量的贡献率为 18.25％（见表 13－31）。

表 13－31 有机肥推荐检索表

推荐量	推荐有机肥品种	推荐有机肥有效养份含量（N－P_2O_5－K_2O）（％）	推荐有机肥实物量（kg/亩）
N 10.75kg/亩；P_2O_5 5.50kg/亩；K_2O 5.22kg/亩	菜籽饼	4.98－2.65－0.97	220
	人粪尿	0.60－0.30－0.25	1 800
	猪粪	0.60－0.40－0.14	2 000
	牛厩肥	0.38－0.18－0.45	3 000
	紫云英	0.33－0.08－0.23	4 000
	满园花	0.36－0.05－0.36	4 000

（二）氮肥的推荐

氮是冰糖橙营养生长和果实生产最重要的营养元素。在萌芽抽梢时缺氮常表现枝梢短小、叶色不能正常转绿而呈黄绿色，使营养生长过早停止；叶片成熟后缺氮，则叶片表现均匀褪绿呈黄色，老叶过早脱落，甚至枯梢；长期缺氮，则植株矮小早衰、枯枝增多、花量少、多无叶花，座果率低，果小色淡而光滑，含酸量高，产量品质下降剧烈。冰糖橙幼年树在农户调查、试验示范的基础上进行氮肥推荐，成年树在施用上述有机肥的基础上根据湖南省冰糖橙测土配方施肥试验，对每个试验进行最佳施肥量统计分析，进行氮肥推荐（见表 13-32）。

表 13-32 氮肥推荐检索表

产量水平（kg/亩）	推荐 N（kg/亩）	折合尿素（kg/亩）
幼树	9.5	20
2 000 kg 以下	12	26
2 000～2 500kg	14.2	30
2 500kg 以上	15.8	34

（三）磷肥的推荐

冰糖橙对磷的吸收量相对比氮、钾少。在磷供应充足时，发根快，新梢生长健壮，座果率高，甜味增加，品质提高。反之，缺磷则细根和新梢生长不良，叶色淡绿呈青铜色，叶片小而稀疏，花期老叶脱落严重，座果率降低，采前落果严重，果小、皮厚而粗硬，汁少味酸，风味欠佳。冰糖橙幼年树的磷肥推荐建立在农户调查、试验示范及按照 N：P_2O_5 为 1：0.5 基础上进行，成年冰糖橙是依据湖南省冰糖橙测土配方施肥试验，分别计算每个试验的最佳施肥量并进行统计分析，在施用上述有机肥的基础上，根据土壤酸碱度进行磷肥推荐（见表 13-33）。

表 13-33 磷肥推荐检索表

产量水平（kg/亩）	推荐 P_2O_5（kg/亩）	折合普钙（kg/亩）
幼树	3.0	25
2 000 kg 以下	4.5	38

（续）

产量水平（kg/亩）	推荐 P_2O_5（kg/亩）	折合普钙（kg/亩）
2 000～2 500kg	5.5	45
2 500kg 以上	6.5	55

（四）钾肥推荐

冰糖橙增施钾肥，可使树体生长健壮、枝条粗壮、叶片增厚、增加抗寒、抗旱、抗病虫和耐高温能力，并可减少落果和裂果，壮果效应明显。缺钾时，首先在老叶的叶尖和叶缘表现变黄、卷曲、皱缩；症状严重时花量减少，新梢生长不良，果实变小，采前落果严重。冰糖橙幼年树的钾肥推荐建立在农户施肥调查、试验示范及按照 N：K_2O 为 1：0.8 基础上进行，成年树是依据湖南省冰糖橙测土配方施肥试验，分别对每个试验进行最佳施肥量统计分析，在施用上述有机肥的基础上进行钾肥推荐（见表 13 - 34）。

表 13 - 34 钾肥推荐检索表

产量水平（kg/亩）	推荐 P_2O_5（kg/亩）	折合硫酸钾（kg/亩）
幼树	3.5	7
2 000 kg 以下	8.8	18
2 000～2 500kg	9.5	20
2 500kg 以上	11	22

（五）微量元素推荐

冰糖橙微量元素缺乏常见的有缺硼、缺锌和缺铁。

冰糖橙缺硼时，首先在嫩叶上出现脉间叶肉黄化，老叶暗绿色、无光泽、叶片增厚、叶脉纵裂，果实畸形，小而硬、皮厚呈僵果。主要补救措施是施硼砂或硼酸。施硼量以树大小而定，幼树一般 4～12kg/亩，成年树 12～20kg/亩，可作基肥或追肥施用，也可于花蕾期和谢花期用 0.2%～0.3%速乐硼或持力硼叶面喷施。

冰糖橙缺锌，典型症状是叶片具不规则失绿斑点，从叶片转绿期开始显现，侧脉间叶肉黄化，叶小而窄，新梢短缩呈丛生状，落叶枯梢严重。主要补救措施是增施锌肥，可在发芽后叶色转绿期叶面喷施 0.2%～0.3%硫酸锌。

冰糖橙缺铁时，首先表现顶梢幼叶失绿黄化，其中初期呈现叶肉部分发黄，叶脉保持绿色，随着缺铁加重，叶片变薄变白，叶脉逐渐变黄，呈"白化"叶，树势衰弱，座果少、产量低，糖少酸多。主要补救措施是在嫩叶期叶面喷施 0.1%～0.2%硫酸亚铁。

（六）叶面肥推荐

冰糖橙在采果后、花蕾期、开花期、幼果期和果实膨大期，都可选择易溶于水的速效肥料进行根外施肥，以迅速补充树体养分，恢复树势，提高座果率和促进果实膨大发育，增进产量和品质。不管是幼树还是结果树的叶面追肥，均可施用 0.1%～0.2% 的微肥（硼酸、硫酸亚铁、硫酸锌等，视缺素情况分别施用）或 0.3%～0.5%磷酸二氢钾、复合氨基酸、速丰液、802、喷施宝、尿素等叶面肥，选择晴天对树体进行叶面喷施。果实采收前 10～20 天停止叶面追肥。

四、施肥指导意见

要实现冰糖橙优质高产稳产，需根据树龄、树势、产量、季节、土壤等综合因素来进行合理施肥。

（一）撩壕扩穴，增施有机肥，熟化土壤

深厚、疏松、肥沃的土壤环境利于冰糖橙扩大根系分布范围，增加吸收养分能力，达到早投产、高产、稳产的目

的。为此，在建园时就要沿栽植方向开挖深 $80\sim100$cm、宽 $70\sim100$cm 的壕沟，每立方米混以山青、绿肥、秸杆等粗有机肥 40kg 加腐熟人粪尿、堆肥等 20kg，石灰 $1\sim2$kg。同时在苗木定植后的一年开始，逐年开挖扩穴，加深耕层。深翻扩穴一般在秋梢停长后进行，先从树冠外围滴水线外开始，逐年向外扩展 $0.4\sim0.5$m，扩穴深度 70cm，回填时将表土放在底层，心土放在表层，同时每立方米混以绿肥、秸杆或堆肥、厩肥共 50kg，石灰 1kg，饼肥或其他优质基肥 5kg，熟化土壤。对成年柑橘园可进行局部轮换深耕改土，更新根系。

（二）幼年树施肥

根据幼年树生长特性，冰糖橙幼年树施肥应掌握勤施薄施、"少吃多餐"，以速效氮肥为主，配合施用磷、钾肥的原则，促进其枝叶健壮生长，早日进入结果期。对 $1\sim2$ 年幼年树，最好在 $3\sim8$ 月每隔 $30\sim45$ 天施一次腐熟稀薄人粪尿或速效氮素化肥，并结合喷施叶面肥，促进新梢生长。对 3 年生树，一般全年施肥 $4\sim5$ 次，分别在春、夏、秋三次新梢抽发前后施入。每亩年施纯氮 $6\sim24$kg，氮、磷、钾比例以 $1:0.25:0.5$ 为宜。一般春芽肥最好在 2 月底施入，施肥量占全年总需肥量的 20%；壮梢肥在 4 月上、中旬施用，占全年总施肥量的 10%；夏梢肥在 5 月中、下旬施入，占全年总需肥的 30%；秋梢肥在 7 月中旬施入，占总需肥的 20%；剩下的 20% 在 10 月下旬$\sim$11 月作冬肥施入，以迟效性有机肥为主。

施肥方法主要采取灌溉施肥和环状施肥两种。即第一年采取灌施方法，将肥料溶于水中，浇灌树苑。以后每年施肥时沿树冠滴水线，挖半月形环沟（深宽各 $40\sim30$cm）施入，然后覆土。每次施肥挖沟时注意轮换进行，若遇干旱天气，则施肥后一定要结合灌水，提高肥效。

（三）初年结果树施肥

冰糖橙初年结果树是指树龄为 4～6 年生，开始结果的青年树。因此期仍以营养生长占优势，夏梢容易徒长等特点，施肥的重点是促发健壮的春梢和早秋梢，抑制夏梢和晚秋梢。根据常年产量，一般全年施肥纯氮 8～25kg，氮、磷、钾比例以 1∶0.4∶0.8 为宜，主要抓好萌芽肥、壮果肥和采果肥三次施肥。即春季萌芽肥以速效氮肥为主，结合施用适量磷肥，施肥量占全年施肥总量的 25%；壮果肥以腐熟枯饼肥、复合肥为主，施肥量占全年用量的 50%；采果肥在采果前进行，以腐熟猪牛粪等有机肥为主，施肥量占全年的 25%。施肥方法以环状沟施和放射状沟施为主。

（四）成年结果树施肥

此期冰糖橙树冠已定型，根系布满全园，施肥的主要目的不是长树，而是促其生殖生长，及时补充树体因开花结果而消耗的营养，恢复树势，促进丰产稳产。根据常年产量，一般全年施用氮肥 12～36kg，氮、磷、钾比例以 1∶0.5∶0.8 为宜。分花芽肥、稳果肥和壮果肥三次施入。其中花芽肥（即春肥）一般在春芽萌发前的 10～15 天施入，以氮、磷为主，氮施用量占全年 20%，磷施用量占全年的 40%～45%，钾施用量占全年的 20%，以促发健壮、整齐的春梢和提高花质。壮果肥在 7 月中、下旬施肥，以氮、钾为主，氮施用量占全年用量的 20%～40%，磷施用量占全年用量的 30%～40%，钾施用量占全年用量的 50%，以加速果实膨大，提高品质，同时为花芽形成打下物质基础。采果肥（即冬肥）在采前两周施用，以有机肥为主，氮施用量占全年用量的 40%～60%，磷施用量占全年用量的 20%～25%，钾施用量占全年的 30%，帮助恢复树势，提高抗寒能力，促进花芽分化。施肥方法主要有条状沟施、放射状沟施和全园撒施等。同时，为提高座果率，在 5 月上旬冰糖橙谢花前后喷施 0.3％～0.5％磷酸二氢钾、复合氨基酸、速丰液、802、喷施宝等叶面肥作稳果肥，以减少生理落果。

第十节　香　　柚

一、生物学特征

江永香柚属云香科柚属，以细叶型为主，大叶型次之，叶型似心脏。常绿乔木，树形开张，枝条细小，分枝角度大，经济寿命 60 年左右。花大白色，果实形似葫芦，成熟后色泽金黄，果底有铜钱般的圆圈印环，俗称"金钱花"，是辨别真假香柚的标志。剥开外皮，里面是球形，由白色半透明包衣分别包裹 12～14 瓣木梳形的果肉。江永香柚果大、皮薄、肉嫩、甜酸适度、营养丰富，树叶、果皮、果肉浓郁芳香，因而得名。果肉似白玉，厚实汁多，清香嫩脆，带有蜜味，内含可溶性固形物 15.2％，总糖 13.86％，总酸0.284％，每 100g 果汁含维生素 C 158.1mg，居橘柚类之冠，具有降血压、助消化、止咳化痰、健脾、通便之功能。柚果可贮藏 180 天以上，有"天然罐头"之美称，被誉为"水果之王"。

二、生长结果特性

从定植到盛产，一般分为幼树期、初挂果期和盛果期。实生苗移栽，8 年挂果，10 年丰产；嫁接苗移栽，5 年挂果，7 年盛产。第 1～4 年为幼树期，在这一时期，主要是营养生长，氮素需要量较磷、钾大；第 5～7 年为初挂果期，此时，营养生长与生殖生长同时进行，以营养生长为主，对旺树在花芽生理分化期（9～10 月）要控氮增磷；第 8 年以后，进入盛果期，生殖生长逐渐占优势，生产上要注重提高产量和改善柚果品质，适当增加磷、钾。香柚为异花授粉，自然状态下由蜜蜂传粉，目前常采取人工异花授粉，提高座果率。盛果期株产柚果 100～200 个，多的可达 500 个，单果重 1～1.5kg。"霜降"后开始收摘，雨天、雾天、大风、露水未干、未到采收期及酒后均不能采果。

三、施肥原则及施肥技术

（一）定植

香柚，传统采用压条繁植，20 世纪 80 年代开始繁育嫁接苗，多酸砧木，亦有枳砧。定植时按照"大穴、大肥、大苗"的要求，挖穴（撩壕）种植，山地果园，挖长、宽、深各 1m 的大穴，每穴埋入杂草或山青 30～40kg，腐熟的厩肥 20～25kg、石灰 1kg、钙镁磷肥 1kg 和枯饼粉 1～2kg，与土拌匀，上面覆盖一层厚 5～10cm 的表土，做成 1m 直经的树盘。地下水位高的水田要起高畦种植。定植密度一般为、株行距 5×7m，每亩种 19～20 株，坡地株行距 5×6m，每亩种 22～24 株，香柚须 30：1 配种授粉酸柚树。定植时，对露地苗和假植苗苗木根系和枝叶进行适度修剪，然后，将苗木放入树盘的中央，舒展根系、扶正，边填土边轻轻向上提苗、踏实，使根系与土壤紧密接触。随后淋足定根水，待水下渗后，再覆盖一层细土或稻草等。栽植深度以根茎露出地面 5～10cm 为宜。栽植后设立支柱，固定苗木。

（二）幼树施肥

1. 施肥量

1～3 年生幼树单株年施纯氮 0.3～0.8kg，氮（N）、磷（P_2O_5）、钾（K_2O）比例为 1：0.3～0.4：0.5，施肥量由少至多逐年增加。第 4 年单株年施纯氮 0.8kg，氮（N）、磷（P_2O_5）、钾（K_2O）比例为 1：0.4～0.5：0.6～0.8 为宜。

2. 施肥时间及技术

1～3 年生幼树，一年抽春、夏、秋 3 次梢，第 4 年只柚春、秋两次梢，在每次抽梢前 10~15 天及抽梢后 10~15 天各进行一次土壤施肥。在每次新梢生长期结合病虫防治进行 1~2 次叶面施肥。土壤施肥可采用环状沟施、条沟施、穴状施和土面撒施等方法。沟施在树冠滴水线处挖沟（穴），深 10~40cm，东西、南北对称轮换位置。有机肥和磷肥宜深施，氮素化肥可浅沟施或撒施。撒施主要在多雨季节采用。

（二）结果树施肥

1. 施肥量

以产果 100kg 施纯氮 1.5~1.8kg，氮、磷、钾比例为 1：0.4~0.5：0.6~0.8 为宜。有机氮占全氮 45%~50%，有机肥种类主要有人粪尿、腐熟猪牛粪、各种枯饼及商用有机肥，枯饼肥须制成沤肥，使其充分熟化后方可使用。化肥主要是尿素、钙镁磷肥、硫酸钾、硫酸钾复合肥等，忌用含氯化肥。

2. 施肥时间及技术

萌芽肥在 2 月下旬~3 月上旬施用，施用速效氮肥，氮肥施用量占全年的 20%~30%，磷肥施用量占全年的 20%~30%，钾肥施用量占全年的 20%；壮果肥在 5 月下旬~9 月上旬分次施入，有机肥与无机肥配合，以氮、钾为主，配合施用磷肥，氮肥施用量占全年的 40%~50%，磷肥施用量占全年的 30%~40%，钾肥施用量占全年的 50%；采果肥在采果前后结合扩穴改土施用，以施有机肥和磷肥为主，氮肥施用量占全年的 20%~30%，磷肥施用量占全年的 30%~40%，钾肥施用量占全年的 30%。在春梢生长期和开花前后进行 2~3 次叶面施肥。

花蕾期、谢花期和幼果期喷施 0.2% 尿素＋0.1%~0.2% 磷酸二氢钾＋0.1% 硼砂 2~3 次。

四、成年香柚园施肥技术

（一）早施萌芽肥

2月下旬～3月上旬结合松土施一次萌芽肥，根据树冠大小和树势的强弱，拌施10％腐熟稀粪水1～2担加硫酸钾复合肥0.5～1.5kg。

（二）巧施谢花稳果肥

看树施肥，对花量大、树势弱的树，可在4月上、中旬株施腐熟稀粪水或枯饼水1～2担，或硫酸钾复合肥0.5～1kg；对花量少、树势强的青壮年树，此期可少施或不施肥。

（三）适施壮果肥

5～8月是香柚果实迅速膨大期，也是树体需要养分最旺盛的时期。柚园应于5月下旬、7月上旬各施肥一次，对树势弱或挂果多的树于8月中、下旬在雨后补施一次。一般一株柚树分2～3次施入与钙镁磷肥混和堆沤腐熟的猪牛粪15～50kg（或枯饼肥5～15kg）和硫酸钾复合肥1～2kg。

（四）扩穴改土，重施有机肥

俗话说"根深才能叶茂"。在采果前后结合扩穴改土施采果肥，以有机肥和磷肥为主。方法是沿树冠滴水线外缘开挖一条长1.5～3m、宽0.6m、深0.5～0.6m的扩穴沟，挖沟时，表土、心土分开堆放，挖断地根及时齐土剪平。每株按下粗上精的顺序分层与土混合埋入杂草、作物秸秆、草皮等粗有机肥30～50kg，石灰0.5～1kg，经堆沤腐熟的猪牛粪等农家肥30～50kg或菜籽饼3～6kg，钙镁磷肥1～2kg，粗有机肥、石灰和表土依次填入中下层，农家肥、饼肥和心土混合填在中上层，然后盖土高出地面10～20cm。在香柚进入盛果期前完成全园扩穴改土工作。

柚园提倡生草栽培，草的品种以三叶草、黑麦等禾本科牧草为宜；幼树期也可间作，间作作物以满园花、油菜、豆科植物为宜。草类或间作作物要适时刈割翻埋于土壤中或覆盖于树盘。

第十一节　葡　　萄

近年来，葡萄科技人员研究探索出了葡萄避雨栽培新技术，为我国南方地区发展葡萄中、晚熟品种生产创造出了一条新路。湖南省从 20 世纪末开始引种葡萄，经过十多年的种植，目前已发展到全省大部分地区，种植技术日趋成熟，产量高，效益高，成为葡萄种植区农户的主要致富途径。

一、葡萄的生物特性

葡萄是落叶的多年生攀缘植物，喜光，在充分的光照条件下，叶片的光合效率较高，同化能力强，果实的含糖量高、口味好、产量高。

葡萄是一种喜温果树，耐寒能力较差，只有气温上升到 10℃时才开始生长，最适生物温度为 18℃以上。其中萌芽期需要的温度较低为 10~12℃，花芽分化期要求温度较高，最适温度为 25~30℃，若温度低于 14℃将影响葡萄的正常开花。成熟期的适宜温度为 28~32℃，温度低于 15℃果实将不能充分成熟。对于冬季温度较低的地区，在葡萄越冬时需注意防止冻害的发生，特别是葡萄的根系耐寒能力较差，一般在−10℃左右时即可受冻，应注意保护。

葡萄是喜干忌湿植物，一般年降雨量在 600~800mm 的地区最适于发展葡萄。近年来，南方的葡萄发展较快，由于南方雨水多，湿度大，葡萄的种植主要采用大棚设施栽培。

葡萄对土壤的适应性很强，除含盐量较高的盐碱土外，在各种土壤上都可生长，在半风化的含砂砾较多的粗骨土上也可以正常生长；特别是在山坡地上，由于通风透光，往往较平原地区葡萄高产、品质也好。

二、葡萄的营养特性

葡萄与其他果树相比，对养分的需要既有共同之处，如都需氮、磷、钾、钙、镁、硼等各种营养元素，但也有其自身的特点。

（一）氮

氮素的主要作用是促进营养生长，提高光合作用，同时开花前大量氮素将由叶片转移到花蕾中，可促进开花。氮肥供应不足时，葡萄新梢生长衰弱，叶片小而薄，叶色淡甚至黄化、节间变短、果穗与果粒均小，影响产量。氮肥供应过量时葡萄叶片肥大、色深绿，新梢生长旺盛，节间长，果实糖分降低，着色不好，成熟期延迟，停长晚，易受冻害、旱害等。因此要适时适量施用氮肥。

（二）磷

与其他果树相比，葡萄是需磷肥较多的果树，磷起着运输、供能的作用，同时在糖和淀粉相互转化过程中磷也起着关键作用。土壤中含磷适宜时，葡萄萌芽早，花序多而大，开花早，新梢健壮，果穗重，含糖量高，着色好。缺磷时枝叶呈灰绿色，叶缘发紫，叶柄和叶脉呈紫色，严重时叶片呈紫红色，基部叶片早期脱落，花芽分化不良，果实色泽发暗。另外，钙、钾过多则影响磷的吸收。干旱的土壤条件对磷的吸收尤为不利。

（三）钾

葡萄是喜钾的果树之一，它的果实和叶片以及正在生长的新梢中含钾量最多。葡萄缺钾时，影响果粒增大，叶片变褐色或黄色枯死，果实含糖量降低，产量与品质均有下降，枝蔓成长不好，降低抗寒能力。

（四）钙

钙是细胞壁内果胶酸钙的组成成分，可调节植物体内的酸碱反应，促进碳水化合物、蛋白质合成等。采收前喷钙，可以提高浆果的耐压力，有效延长贮藏期。缺钙时，碳水化合物和蛋白质的转移以及根系的发育受阻，叶变褐色而枯死。

（五）微量元素

葡萄的需肥除以上元素外，还需要硼、锌、镁、铁等微量元素。镁和铁是叶绿素的重要组成成分，镁和铁的缺乏直接影响着叶绿素的合成，出现失绿黄化症状。硼与糖的运转关系密切，能促进糖的生殖器官运输，促进花粉形成、花粉发芽和花粉管生长，提高座果率。葡萄缺硼时，花器官发育受阻，影响授粉、受精，引起大量落蕾，叶脉和叶绿黄化，叶片凹凸不平。锌可以提高多种酶的活性及促进某些生长素的形成，防止叶绿素的分解。缺锌时，新梢节间变短，叶片变小，叶簇生，叶脉间夹绿变黄，叶形皱曲。

研究表明，每生产 100kg 果实，葡萄树需要从土壤中吸收 0.3～0.6kg 纯氮、0.1～0.3kg 五氧化二磷、0.3～0.65kg 氧化钾。

三、葡萄的施肥技术

（一）优化施肥原则

以有机肥为主，化学肥为辅，以保持或增加土壤肥力及土壤微生物活性为主要目标。同时所用的肥料不应对果园及周边环境产生危害，对果实品质产生不良影响。具体如何施肥，要看土壤、树势及肥料的种类而定。

1. 看土壤

耕作层深、腐殖质多、保肥能力强的土壤，应以秋施基肥为主，相反则以生长季追肥为主。

2. 看品种

对树势较旺、落花落果重的品种应适当控制基肥的数量，用生长季追肥调节为好。而成熟期早、落花落果轻的品种应以基肥为主，生长季追肥为辅助。晚熟品种则要基肥和生长季追肥并重，确保树体养分供应。

3. 看施用肥料的类型

有机肥、腐殖酸缓释肥、磷肥可作基肥施用，而速效性肥料主要用作生长季追肥。

（二）施肥数量

1. 有机肥

一般丰产葡萄园每亩施土杂肥 5 000kg 或优质粪肥（纯鸡粪）1 000kg 外加 1m³ 园土混合后施入土壤。

2. 氮肥

一般丰产葡萄园年施用的氮肥量为每亩 15～18kg 纯氮，折尿素 30～40kg。

3. 磷肥

一般丰产葡萄园年施用的磷肥量为每亩 10～15kg 五氧化磷，相当于含磷量 12％的过磷酸钙 80～125kg。

4. 钾肥

一般丰产葡萄园年施用的钾肥量为每亩 15～22kg 氧化钾，相当于含氧化钾 50％的硫酸钾 30～45kg。

5. 硼肥、锌肥、铁肥

缺硼土壤在秋季施基肥时，按每亩 0.5～1 kg 的量施用硼砂，也可在开花前喷施 0.05％～0.1％硼砂溶液。为防止葡萄缺锌，可用 10％硫酸锌溶液在冬剪后随即涂抹剪口；也可用 0.2％～0.3％硫酸锌溶液在开花前 2～3 周和开花后的 3~5 周各喷施 1 次；对于已出现缺锌症状的葡萄，应立即用 0.2%~0.3% 硫酸锌溶液喷施，一般需喷施 2~3 次，时间间隔 1~2 周。在石灰性土壤和含铁较少的其他土壤上，可采用将硫酸亚铁与饼肥和硫酸铵按 1：4：1 的重量比混合后集中施于葡萄毛细根较多的土层中，以春季发芽前施入效果较好；也可在葡萄的生长过程中喷施 0.3% 硫酸亚铁与 0.5% 尿素水溶液，但有效期较短，需 1~2 周喷施 1 次。

（三）施肥比例

1. 基肥与追肥比例

一般丰产稳产葡萄园，基肥施用量占全年总施肥量的 50%~60%，追肥占 40%~50%。通常情况下，有机肥全部作基肥施用；氮肥 40%~60% 作基肥，40%~60% 作追肥；磷肥 60%~70% 作基肥，30%~40% 作追肥；钾肥 30%~40% 作基肥，60%~70% 作追肥。

2. 追肥比例与次数

追肥在葡萄生长季节施用，一般丰产葡萄园每年需追肥 3 次。即开花前期、幼果开始生长期和浆果着色初期。对于没有施基肥的葡萄树，则应在萌芽前追肥。

（1）开花前期追肥：这一时期以速效性氮、磷肥为主，也可少量追施钾肥。氮肥施用量占年施用量的 20% 左右，磷肥施用量占年施用量的 10% 左右，钾肥施用量占年施用量 1/6 左右。

（2）幼果开始生长期追肥：以氮肥和磷肥为主，适当加入钾肥，可以有效促进浆果迅速膨大，同时有利于促进花芽分化。这时期追肥要注意观察植株长势，如果旺长，可以少施或不施氮肥。正常情况下，氮肥施用量占年施用量的 10%~20%，磷肥施用量占年施用量 10%，钾肥施用量占年施用量的 1/6。

（3）浆果着色初期追肥：以磷肥和钾肥为主，为果实成熟和枝条充分成熟提供足够的磷、钾肥，同时可以促进浆果着色完好，提高果实含糖量。氮肥用量约为年施用量的10%左右，磷肥用量占年施用量的20%左右，钾肥用量占年施用量的1/3左右。

3. 根外追肥

根外追肥是采用液体肥料叶面喷施的方法迅速供给葡萄生长所需的营养，目前在葡萄园管理上应用十分广泛。葡萄生长不同时期对营养需求的种类也有所不同，一般在新梢生长期喷0.2%～0.3%尿素或0.3%～0.4%硝酸铵溶液，促进新梢生长；在开花前及盛花期喷0.1%～0.3%硼砂溶液，能提高座果率；在浆果成熟前喷施2～3次0.5%～1%磷酸二氢钾、1%～3%过磷酸钙溶液或3%草木灰浸出液，可以显著地提高产量，增进品质。

（四）施肥方法与时间

葡萄施用基肥的时间宜在果实采摘后立即进行，如没有及时施入，也可在葡萄休眠期中进行。施肥以有机肥和磷、钾肥为主，根据树势配施一定量的氮肥（树势过旺可不施氮肥，树势较弱可适当多施氮肥）。基肥施用方法是有机肥、磷、钾肥必须施于细根大量分布的土层中；氮肥应浅沟施入后覆土再灌水；而草木灰的施用则一定要与氮肥分开，否则易引起氮肥损失。同时施肥时要注意轮换位置，同一地点施入基肥时要间隔2～3年，以免损伤根系。

追肥一般是浅沟施入，施后覆土。追肥品种以氮、钾肥为主。施肥时间为芽膨大期、开花前期、开花后果实发育有豆粒大小的时期和葡萄浆果着色初期。

第十二节　猕猴桃

猕猴桃，是中华猕猴桃栽培种水果的称谓。也称猕猴梨、藤梨、羊桃、阳桃、木子与毛木果等，一般为椭圆形、其质地柔软。因猕猴喜食，故名猕猴桃；亦有说法是因为果皮覆毛，貌似猕猴而得名。

一、作物特性

　　猕猴桃属落叶藤本作物，枝褐色、有柔毛，髓白色、层片状。叶近圆形或宽倒卵形，顶端钝圆或微凹，很少有小突尖，基部圆形至心形，边缘有芒状小齿，表面有疏毛，背面密生灰白色星状绒毛。花开时乳白色，后变黄色，单生或数朵生于叶腋。萼片5，有淡棕色柔毛；花瓣5～6，有短爪；雄蕊多数，花药黄色；花柱丝状，多数。浆果卵形成长圆形，横径约3cm，密被黄棕色有分枝的长柔毛。花期5～6月，果熟期8～10月。猕猴桃的大小和一个鸡蛋差不多（约6cm高、圆周4.5～5.5cm），一般是椭圆形的。深褐色并带毛的表皮一般不食用。而其内则是呈亮绿色的果肉和一排黑色的种子。猕猴桃营养丰富，美味可口。果实中含糖量8%～15%，维生素C含量一般为100～200mg/100g，高者达1 637mg/100g，比一般水果，如苹果、梨、柑橘等高几十倍乃至一百多倍。鲜果酸甜适度，清香爽口，称之为"超级水果"。

　　猕猴桃宜种植在海拔300～1 000m的地域，喜阴。全国各地猕猴桃的物候期因品种和气候变化不同差别很大，湖南猕猴桃3月上旬至下旬芽萌动，3月中下旬至4月上中旬展叶，3月中下旬至4月中旬新梢开始生长；4月下旬至5月上中旬开花；9月下旬至10月上旬果实成熟，10月上旬至10月中下旬枝条停止生长；11月上旬至12月落叶；伤流期在2月上中旬至3月上中旬。

二、养分需求

　　猕猴桃幼树定植以后，根系向四周不断扩展，10年树龄的猕猴桃，根系已分布整个果园，深度大部分在1m以内，此时，根系数量、新老根系交替已基本达到平衡和稳定。一株成熟的猕猴桃藤蔓，地上与地下部分干重的比例约为 1.8：1，但进入结果期后，每年修剪和采收果实，将从树体中损失大量的无机营养（见表 13-35）。从表 13-35 可以看出，如果土壤中这类无机营养得不到补充时，猕猴桃的生长发育和产量将受到影响。猕猴桃对各类无机营养元素的需要量较大，而且从萌芽以后，叶片展开，扩大叶面积，开花，果实发育的不同时期，对各种营养元素的吸收量是有差别的。根据新西兰有关叶片分析资料表明，春季萌芽至座果这段时期内，氮、钾、锌、铜在叶片中积累的数量为全年总量的 80% 以上。磷、硫的吸收也主要在春季，钙、镁、铁、硼和锰的积累在整个生长季节是基本一致的。猕猴桃座果以后，氮、磷、钾等营养元素已从营养器官向果实转移。根据分析还发现，猕猴桃对氯的需要量比一般作物大得多，一般作物为 0.025%，而猕猴桃却达 0.8%～3%，尤其是在钾的含量不足时，对氯的需要量更大。猕猴桃缺钾，其花腐病发生率非常高，而且叶缘破碎，叶片呈撕碎状，落叶，果实数量和大小都受到影响而严重减产。猕猴桃叶片各营养元素分析诊断标准详见表 13-36。

表 13-35　猕猴桃每年修剪和采果所消耗树体的
矿质养分* （肖兴国，1997）

养分	春剪和夏剪	冬剪	采果	合计	单位
氮（N）	67.3	62.7	66.2	196.2	
磷（P）	6.81	8.05	9.63	24.49	
钾（K）	80.7	39.7	132.7	253.1	g/株、
钙（Ca）	48.3	38.7	131.1	100.1	kg/亩
镁（Mg）	9.01	10.78	5.66	25.45	
氮（N）	1.9	1.7	1.6	5.2	
磷（P）	0.2	0.2	0.2	0.7	

（续）

养分	春剪和夏剪	冬剪	采果	合计	单位
钾（K）	2.3	1.1	3.2	6.5	g/株、
钙（Ca）	1.3	1.1	0.3	2.7	kg/亩
镁（Mg）	0.3	0.3	0.1	0.7	

注　* 根据 Ferguson 和 Eiseman（1983 年）、Beevar 和 Hopkirk（1990 年）修订。

表 13-36　猕猴桃叶片分析的标准浓度（朱道圩，1999）

元素	缺乏	最适范围	过量
大量元素（g/100g 干重）			
氮	<1.5	2.2~2.8	>5.3
磷	<0.12	0.18~0.22	>1.0
钾	<1.5	1.8~2.5	—
钙	<0.2	3.0~3.5	—
镁	<0.1	0.3~0.4	—
硫	<0.18	0.25~0.45	—
钠	—	0.01~0.05	>0.12
氯	<0.6	1.0~3.0	>7.0
微量元素（mg/100g 干重）			
锰	<30	50~100	>1 500
铁	<60	80~200	—
锌	<12	15~30	>1 000
铜	<3	10~15	—
硼	<20	40~50	>100

三、推荐施肥技术

猕猴桃在幼年阶段就需要吸收大量的营养元素，随着树龄的增加，树体吸收的元素总量不断增加。进入结果期后，每年修剪和采收果实，树体又损失大量矿质营养，因此确定施肥量时要根据树体大小和结果多少，以及土壤中有效养分含量等因素灵活掌握，在参考新西兰、法国、日本、浙江、陕西等国内外猕猴桃施肥量的基础上，结合湖南湘西"米良1号"猕猴桃的当地农民经验施肥，推荐以下施肥量推荐，供参考。

（一）氮肥推荐

见表 13 - 37。

表 13 - 37　氮肥推荐检索表

树龄（年）	推荐 N（kg/亩）	折合尿素（kg/亩）
1	2.7	6
2～3	5.3	12
4～5	8.0	17
6～7	10.7	23
成年树	13.0	28

注：在施用有机肥（以人畜粪计）2 000kg/亩基础上进行猕猴桃氮素推荐（以下磷、钾同此）。

（二）磷肥推荐

见表 13 - 38。

表 13 - 38　磷肥推荐检索表

树龄（年）	推荐 P_2O_5（kg/亩）	折合过磷酸钙（kg/亩）
1	2.1	18
2～3	4.3	36
4～5	6.4	53
6～7	8.5	71
成年树	9.0	75

（三）钾肥推荐

见表 13 - 39。

表 13 - 39　钾肥推荐检索表

树龄（年）	推荐 K_2O（kg/亩）	折合氯化钾（kg/亩）
1	2.4	4
2～3	4.8	8
4～5	7.2	12
6～7	9.6	16
成年树	12	20

（四）微量元素肥料推荐

1. 铁

在土壤石灰量较多，pH＞7 的猕猴桃园，易发生缺铁症状，其表现是：幼叶叶脉间失绿，逐渐变成淡黄色和黄白色，有的整个叶片、枝梢和老叶的叶缘都会失绿，叶片变薄，容易脱落，果小而硬，果皮粗糙。叶面喷施 0.5％硫酸铁铵可使叶片转绿。

2. 硼

在沙土、砾土地经常发现缺硼症状。缺硼时猕猴桃幼叶的中心就会出现不规则黄色，随后在主、侧脉两边连接大片黄色，未成熟的幼叶扭曲、畸形，枝蔓生长受到严重影响。缺硼时可以用 0.1％硼砂进行叶面喷施。

3. 锌

沙地、偏碱地以及瘠薄的山地猕猴桃园容易出现缺锌现象；缺锌时新梢会出现小叶症状，老叶脉间失绿，开始从叶缘扩大到叶脉之间，叶片未见坏死组织，但侧根的发育受到影响，健康叶片的含锌量为 15 ～ 28mg/kg 干物质，在 12mg/kg 干物质以下时，出现外观症状。每 1kg 硫酸锌用

100L 水稀释喷洒叶片可消除缺锌症。

（四）叶面肥推荐

猕猴桃叶面喷施常用的肥料种类和浓度如下：尿素0.3%～0.5%，硫酸亚铁0.3%～0.5%，硼酸或硼砂0.1%～0.3%，氯化钾0.3%，硫酸钾0.5%～1%，磷酸钙0.3%～0.4%，草木灰1%～5%。

四、施肥指导意见

（一）基肥

一般提倡秋施基肥，采果后早施比较有利。根据各品种成熟期的不同，施肥时期为10～11月，这个时期叶片合成的养分大量回流到根系中，促进根系大量发生，形成又一次生长高峰。同时由于采果后叶片失去了果实的水分调节作用，往往发生暂时的功能下降，需要肥水恢复功能。早施基肥辅以适当灌溉，对加速恢复和维持叶片的功能，延缓叶片衰老，增长叶的寿命，保持较强的光合生产能力，具有重要作用。因此秋施基肥可以提高树体中贮藏营养水平，有利于猕猴桃落叶前后和翌年开花前一段时间的花芽分化，有利于萌芽和新梢生长，开花质量好，又有利于授粉和座果。

施基肥应与改良土壤、提高土壤肥力结合起来。应多施入有机肥，如厩肥、堆肥、饼肥、人粪尿等，同时加入一定量速效氮肥，根据果园土壤养分情况可配合施入磷、钾肥。基肥的施用量应占全年施肥量的60%，如果在冬、春施可适当减少。

（二）追肥

因树龄不同追肥量和时间也有所不同，分为幼树期追肥和成年树期追肥两大类。

1. 幼树期追肥

由于树刚定植，在结果前三年，主要是树冠和根系的扩展，此时需肥量不大。为了适应这个时期的特点，每次追肥量要少，追肥次数要多。

2. 成年树期追肥

根据不同时期分为：

（1）早春追施催芽肥：2～3月，春季树体开始活动，在此期间施肥有利于萌芽开花，促进新梢生长。催芽肥宜在发芽前施用，以速效氮肥为主（氮肥占全年氮肥用量的1/2～2/3），配以少量磷、钾肥。

（2）花后追施促果肥：落花后30～40天是猕猴桃果实迅速膨大时期，此阶段果实生长迅速，体积增大很快，缺肥会使猕猴桃膨大受阻。促果肥宜在落花后20～30天（6～7月）施入，以速效复合肥为主。

（3）盛夏追施壮果肥：为使果实在内部充实，增加单果重和提高品质，宜在6～7月份追施一次磷、钾肥。为弥补后期枝梢生长时营养不足，也可叶面喷施速效氮肥1～2次。在此期间叶面喷钙肥还可增强果实的耐贮性。本次施肥以叶面喷施为主，肥料可选用0.5%磷酸二氢钾、0.3%～0.5%尿素液及0.5%硝酸钙。

（三）施肥方法

1. 根部施肥方法

（1）环状沟施肥：在树冠投影外缘稍远处或距树干周围1m处，挖深、宽各30～40cm环状沟施肥。

（2）放射沟施：以主干为圆心，在树冠投影内外各40cm左右顺水平根生长方向挖放射沟4～6条，宽30cm、深30～40cm，内浅外深，以免伤根太多。将肥、土混合施入沟内。

（3）条沟施肥：在树冠投影外缘两侧各挖一条宽30cm、深30～40cm的沟，施入肥料。

（4）穴施：在树冠下距主干 1m 远处挖深 40cm、直径 40～50cm 的穴，将肥料施入。

（5）撒施：全园撒施后深翻 20～30cm。

2. 叶面喷施

根外追肥方法简单易行，用肥量小，肥效发挥快，可避免某些营养元素在土壤中的固定或淋失损失；叶面喷施肥料在树冠上分布均匀，受养分分配中心的影响小，可结合喷药、喷灌进行，能节约劳力，降低成本。叶面喷肥最好在阴天或晴天的早晨和傍晚无风时进行。

附　　录

附录 1　常用真假化肥识别方法

肥料是重要的农业生产资料，是促进农业持续发展的重要物质基础，目前已占到整个农业生产投入的 50% 左右。肥料质量的优劣，不仅关系到农业的丰收，而且直接关系到社会的稳定。为了维护农民利益，确保优质、高产、高效、生态农业的发展，现将化肥的简易识别方法介绍给广大农民朋友。

各种化学肥料都具有规范的标识、特殊的外部形态、物理和化学性质。根据肥料包装标识、外表观察、水溶性、加碱的变化和遇火燃烧的情况来初步判断肥料的类型。但要知道养分含量是否符合产品标准，必须抽样检测。

一、直观法

主要是看肥料产品的包装、颜色、气味等。

（一）包装

根据 GB 18382—2001《肥料标识—内容和要求》，产品的包装标识上有中文标明的肥料名称及商标；肥料规格、等级和净含量；养分含量；其他添加物含量；生产许可证号和肥料登记证号；产品执行标准；生产者的厂名和厂址、电话号码；警示说明等。同时在产品包装袋内应附有产品使用说明书，限期使用的产品应标明生产日期和有效期。

1.《复混肥料（复合肥料）》

国家标准 GB 15063—2009《复混肥料（复合肥料）》规定正确标识为：（商标）；复混肥料；总养分含量（氮、磷、钾三要素养分含量之和）；$N - P_2O_5 - K_2O$ 三要素的单养分含量；产品执行标准；生产许可证号；肥料登记证号；是否含氯（不含氯的复混肥料应标明：硫酸钾型肥料）；净含量；厂名、厂址、电话；同时规定复混肥料（复合肥料）最低养分含量为 25%。目前，在复混肥包装袋上带有误导性的标识主要有：

（1）以 中、微 量 元 素 钙（CaO）、硅（SiO$_2$）、镁（MgO）、硫（S）中的任何一种或几种元素代替氮（N）、磷（P$_2$O$_5$）、钾（K$_2$O）三要素中的任何一种元素。如将本应标明 $N - P_2O_5 - K_2O$ 养分含量的复混肥料改为 $N - P_2O_5 - S$（或 Si、Mg、Ca），欺骗和误导农民。

（2）将氮、磷、钾三要素肥料与中、微量元素钙、镁、硅、硫及微量元素锌、硼、铁、锰、钼、铜等养分加在一起作为总养分含量。

（3）将有机质含量作为有效养分含量与氮、磷、钾养分加在一起误导农民。

2.《有机—无机复混肥料》

国家标准 GB 18877—2002 规定：有机—无机复混肥料的有机质≥20%，$N + P_2O_5 + K_2O$≥15%，凡低于这两个指标的有机—无机复混肥料均为不合格肥料产品。

3.《有机肥料》

农业部行业标准 NY 525—2002 规定：有机肥料的有机质≥30%；$N + P_2O_5 + K_2O$≥4%，凡低于这两个指标的有机肥料均为不合格肥料产品。

4. 尿素

一查：查包装的生产批号和封口。真尿素一般包装袋上生产批号清楚，且为正反面都叠边的机器封口。假尿素包装上的生产批号不清楚或没有，大都采用单线手工封口。

二看：真尿素是一种半透明且大小一致的无色颗粒。若颗粒表面颜色过于发亮或发暗，或呈现明显反光，则为混有杂质。

三闻：正规厂家生产的尿素正常情况下无挥发性气味，只是在受潮或受高温后才能产生氨味。若正常情况下挥发性味较强，则尿素中含有杂质。

四摸：真尿素颗粒大小一致，流动性强，不易结块，因而手感较好，而假尿素手摸时有灼烧感和刺手感。

5. 将含 P_2O_5 只有 3% 的钙镁硅肥标识为钙镁磷硅肥，农民朋友极易把此肥料误认为钙镁磷肥。

6. 凡包装袋上缺少产品执行标准、肥料登记证号、生产许可证号，只有复混肥料（复合肥料）、过磷酸钙、钙镁磷肥、钙镁磷钾肥中任何一项的都应视为无证产品，严禁在市场上销售。

7. 叶面肥料应符合以下技术指标

（1）大量元素可溶肥料中 $N+P_2O_5+K_2O \geqslant 50\%$；

（2）微量元素水溶肥料中 $Fe+Zn+B+Mo+Mn+Cu \geqslant 10\%$；

（3）含氨基酸水溶肥料中氨基酸含量 $\geqslant 10\%$；

（4）含腐植酸水溶肥料中腐植酸总量 $\geqslant 3\%$ 以上。

8. 凡包装袋上未标明肥料厂名、企业地址及电话号码的肥料产品，应一律视为假冒伪劣肥料产品。

（二）颜色

所有氮肥几乎都呈白色，有些略带褐色或浅蓝色。磷酸二铵（美国产）在不受潮的情况下为不规则颗粒，其中心黑褐色、边缘微黄，颗粒外缘微有半透明感，受潮后颗粒黑褐色加深，无黄色和边缘透明感，吸水后在表面泛起极少量粉白色。硝酸磷肥也为不规则颗粒，颜色为黑褐色，表面光滑。重过磷酸钙（三料）的颗粒为深灰色。过磷酸钙颗粒的颜色浅，为灰色，表面光滑程度差。钾肥有白色（如硫酸钾、盐湖钾肥），或红色（如加拿大氯化钾、俄罗斯氯化钾）。磷酸二氢钾呈白色。钙镁磷肥、过磷酸钙为灰色。

（三）气味

碳酸氢铵有强烈氨味，硫酸铵略有酸味，过磷酸钙有酸味。

二、水溶法

从外表上不易识别的化肥，则可根据化肥在水中的溶解情况加以区别。取化肥样品一小勺，放在烧杯或白瓷碗内，加 3～5 倍清水，充分搅动后稍停，观察溶解情况：全部溶解的有硫酸铵、氯化铵、尿素、碳酸氢铵、硝酸钾、氯化钾、硫酸钾等；部分溶解、部分沉淀于容器底部的有过磷酸钙、重过磷酸钙、硝酸铵钙等；不溶于水而沉淀于容器底部的有钙镁磷肥、钢渣磷肥、磷矿粉等。

三、化学反应法

取少许化肥样品与纯碱、石灰或草木灰等碱性物质混合，用玻棒搅拌，如能闻到氨味，则为铵态氮肥或含铵态氮的复混肥。

四、灼烧法

把化肥样品加温或燃烧，从火焰颜色、熔融情况、烟味、残留物等情况识别肥料品种。取少许化肥放在薄铁片或小刀片上或直接放在烧红的木炭上观察：直接分解，发生大量白烟，有强烈的氨味，无残留物为碳酸氢铵；加热能迅速溶化、冒白烟、投入炭火中能燃烧或取一玻璃片接触白烟时，能见到玻璃片上附有白色结晶物为尿素；不燃烧但逐渐熔化并出现沸腾状，冒出有氨味的烟为硝酸铵；熔化并燃烧，发生亮光，残留白色的石灰为硝酸钙；过磷酸钙、钙镁磷肥、磷矿粉在烧红木炭上无变化。硫酸钾、氯化钾在烧红木炭上无变化，但发出噼叭声；复混肥料因原料不同，差异较大。以上介绍的方法可以从表面上进行真假的识别。

　　目前，市场上供应的肥料品种繁多，大致可归纳为六大类：即氮肥（尿素、硫酸铵、碳酸氢铵、氯化铵等）；磷肥（过磷酸钙、钙镁磷肥）；钾肥（氯化钾、硫酸钾）；各种复混肥、配方肥（含各类专用肥）；精制有机肥（以动物粪便、植物残体、植物粕类或腐植酸为主要原料，经科学加工制成的有机肥）；有机—无机复混肥料及微肥或叶面肥料。这些肥料产品各有各的用途，农民朋友应根据作物种类选择合适的肥料品种。在选购时一定要看清外包装和产品使用说明书，谨防上当受骗。万一您购买了假、冒、伪、劣化肥，您可向当地工商行政管理机关或农业行政主管部门的执法大队或消费者协会投诉，也可向湖南省农业厅肥料检验登记办公室投诉。

附录2　主要化学肥料养分含量

化肥类型		化肥名称	主要成分分子式	养分含量（%）	化学反应	养分溶解性	化肥的物理性状
N肥	NH₄-N肥	硫酸铵	$(NH_4)_2SO_4$	N：20.8~21	弱酸性	水溶性	吸湿性弱
		氯化铵	NH_4Cl	N：22.5~25.4	弱酸性	水溶性	吸湿性弱
		碳酸氢铵	NH_4HCO_3	N：16.8~17.10	碱性	水溶性	易潮解挥发
		氨水	$NH_3 \cdot H_2O$	N：15~17	碱性	液态	挥发性强，腐蚀性强
	NO₃-N肥	硝酸铵	NH_4NO_3	N：34~34.6	弱酸性	水溶性	吸湿性强，易结块
		硝酸铵钙	$NH_4NO_3 \cdot CaCO_3$	N：20	弱酸性	水溶性	吸湿性强，结块变质
	酰胺态N肥	尿素	$CO(NH_2)_2$	N：46	中性	水溶性	有吸湿性，结块
		石灰氮	$CaCN_2$	N：18~20	碱性	微溶干水	吸湿性强，结块变质
P肥	水溶性磷肥	过磷酸钙	$Ca(H_2PO_4)_2 \cdot CaSO_4$	P_2O_5：12~18	酸性	水溶性	有吸湿性，腐蚀性
		重过磷酸钙	$Ca(H_2PO_4)_2$	P_2O_5：40~45	酸性	水溶性	有吸湿性，腐蚀性
	弱酸溶性磷肥	钙镁磷肥	$a-Ca_3(PO_4)_2 \cdot CaSiO_3 \cdot MgSiO_3$	P_2O_5：12~18	碱性	枸溶性	—
		钢渣磷肥	$Ca_4P_2O_9 \cdot CaSiO_3$	P_2O_5：15以上	碱性	枸溶性	吸湿性弱
	难溶性磷肥	磷矿粉	$Ca(PO_4)_3 \cdot F$	P_2O_5：10~30	中性	强酸溶性	—
		骨粉	$Ca_3(PO_4)_2$	P_2O_5：20~35	中性	强酸溶性	—

（续）

化肥类型	化肥名称	主要成分分子式	养分含量（%）	化学反应	养分溶解性	化肥的物理性状
K 肥	硫酸钾	K_2SO_4	K_2O：48~52	中性	水溶性	有吸湿性
	氯化钾	KCl	K_2O：50~60	中性	水溶性	—
	窑灰钾肥	$K_2CO_3 \cdot K_2SO_4 \cdot KCl$	K_2O：8~25	碱性	水溶性、弱酸溶性	吸湿性强，易结块
复合肥 NP复合肥	氨化过磷酸钙	$NH_4H_2PO_4 \cdot CaHPO_4 \cdot (NH_4)_2SO_4$	N：2~3 P_2O_5：14~18	中性	水溶性	—
	磷酸铵	$NH_4H_2PO_4 \cdot (NH_4)_2HPO_4$	N：12~18 P_2O_5：46~52	中性	水溶性	有吸湿性
PK复合肥	磷酸二氢钾	KH_2PO_4	P_2O_5：24 K_2O：27	酸性	水溶性	—
	磷钾复合肥	$a-Ca_3(PO_4)_2 \cdot$ 含钾盐类	P_2O_5：11 K_2O：9	带碱性	弱酸溶性	—
NK复合肥	硝酸钾	KNO_3	N：13 K_2O：46	中性	水溶性	稍有吸湿性

附录3　微量元素肥料的种类和性质

微量元素肥料名称	主要成分	有效成分 含量（％） （以元素计）	性质
硼肥		B	
硼酸	H_3BO_3	17.5	白色结晶或粉末，溶于水
硼砂	$Na_2B_4O_7 \cdot 10H_2O$	11.3	白色结晶或粉末，溶于40℃热水
硼镁肥	$H_3BO_3 \cdot MgSO_4$	1.5	灰色粉末，主要成分溶于水
硼泥	—	0.5～2.0	呈碱性，部分溶于水
锌肥		Zn	
七水硫酸锌	$ZnSO_4 \cdot 7H_2O$	24.0	白色或淡橘红色结晶，易溶于水
一水硫酸锌	$ZnSO_4 \cdot H_2O$	35.0	白色或淡橘色结晶，易溶于水
氧化锌	ZnO	80.0	白色粉末，不溶于水，溶于酸和碱
氯化锌	$ZnCl_2$	48.0	白色结晶，溶于水
碳酸锌	$ZnCO_3$	52.0	难溶于水
钼肥		Mo	
钼酸铵	$(NH_4)_2MoO_4 \cdot H_2O$	49.0	青白色结晶或粉末，溶于水
钼酸钠	$Na_2MoO_4 \cdot 2H_2O$	39.6	青白色结晶或粉末，溶于水

（续）

微量元素肥料名称	主要成分	有效成分含量（%）（以元素计）	性质
钼肥		Mo	
三氧化钼	MoO_3	66	难溶于水
含钼矿渣	—	10	是生产钼酸盐的工业废渣，难溶于水，其中含有效态钼 $1\%\sim3\%$
锰肥		Mn	
硫酸锰	$MnSO_4 \cdot H_2O$ $MnSO_4 \cdot 3H_2O$	26～28	粉红色结晶，易溶于水
氯化锰	$MnCl_2 \cdot 4H_2O$	17～19	粉红色结晶，易溶于水
氧化锰	MnO	41～48	难溶于水
碳酸锰	$MnCO_3$	31	白色粉末，较难溶于水
铁肥		Fe	
硫酸亚铁	$FeSO_4 \cdot 7H_2O$	19	淡绿色结晶，易溶于水
硫酸亚铁铵	$(NH_4)_2SO_4 \cdot FeSO_4 \cdot 6H_2O$	14	淡蓝绿色结晶，易溶于水
铜肥		Cu	
五水硫酸铜	$CuSO_4 \cdot 5H_2O$	25	蓝色结晶，溶于水
一水硫酸铜	$CuSO_4 \cdot H_2O$	35	蓝色结晶，溶于水
氧化铜	CuO	75	黑色粉末，难溶于水
氧化亚铜	Cu_2O	89	暗红色晶状粉末，难溶于水
硫化铜	Cu_2S	80	难溶于水

附录4　各种肥料混合情况

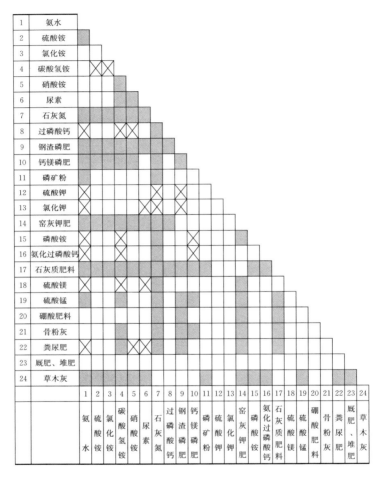

引自高祥照、申眺、郑义编著，《肥料实用手册》，中国农业出版社，2002.

⊠ 可以混合，但必须随混随用

▨ 不可以混合

□ 可以混合

附录5　主要作物形成 100kg 经济产量的氮、磷、钾养分吸收量

作物	收获物	形成 100kg 经济产量所吸收的养分数量（kg）		
		氮（N）	磷（P$_2$O$_5$）	钾（K$_2$O）
水稻	籽粒	1.70～2.50	0.90～1.30	2.10～3.30
小麦	籽粒	3.00	1.00～1.50	2.00～4.00
大麦	籽粒	2.70	0.90	2.20
荞麦	籽粒	3.30	1.00～1.60	4.30
玉米	籽粒	2.57～2.90	0.86～1.34	2.14～2.54
谷子	籽粒	4.70	1.20～1.60	2.40～5.70
高粱	籽粒	2.60	1.30	3.00
甘薯	鲜块根	0.35	0.18	0.55
马铃薯	鲜块根	0.55	0.22	1.06
大豆	豆粒	6.00～7.20	1.35～1.80	1.80～2.50
绿豆	豆粒	9.68	0.93	3.51
蚕豆	豆粒	6.44	2.00	5.00
豌豆	豆粒	3.09	0.86	2.86
花生	荚果	7.00	1.30	4.00
棉花	皮棉	13.80	4.80	14.40
油菜	菜籽	9.00～11.00	3.00～3.90	8.50～12.80
芝麻	籽粒	9.00～10.00	2.50	10.00～11.00
向日葵	籽粒	6.22～7.44	1.35～1.86	14.60～16.60
胡麻	籽粒	6.20	1.25	2.75
黄麻	纤维	1.94	0.80	4.50
红麻	纤维	3.00	1.00	5.00
苎麻	纤维	10.00～15.60	2.60～3.8	13.60～19.40

（续）

作物	收获物	形成 100kg 经济产量所吸收的养分数量 （kg）		
		氮（N）	磷（P$_2$O$_5$）	钾（K$_2$O）
咖啡	咖啡豆	7.00	1.40	7.60
啤酒花	球果	16.00	8.00	15.00
甘蔗	茎	0.15～0.20	0.10～0.15	0.20～0.25
甜菜	块根	0.50	0.15	0.60
烟草	烟叶	4.10	1.0～1.6	4.80～6.40
苹果	果实	0.55～70	0.30～0.37	0.60～0.72
梨（二十世纪）	果实	0.47	0.23	0.48
樱桃	果实	0.25	0.10	0.30～0.35
核桃	果实	2.80	—	—
葡萄	果实	0.38	0.20～0.25	0.40～0.50
猕猴桃	果实	0.18	0.02	0.32
柿子	果实	0.80	0.30	1.20
枣	果实	1.50	1.00	1.30
柑橘	果实	0.18	0.05	0.24
菠萝	果实	0.35	0.11	0.74
菜豆	荚果	0.80	0.25	0.70
大白菜	地上部	0.15	0.07	0.20
花椰菜	全株	2.00	0.67	1.65
萝卜	肉质根	0.40～0.50	0.12～0.20	0.40～0.60
胡萝卜	肉质根	0.41	0.17	0.58
韭菜	地上部	0.15～0.18	0.05～0.06	0.17～0.20
大葱	全株	0.30	0.12	0.40
芹菜	全株	0.40	0.14	0.60
番茄	果实	0.36	0.10	0.52
茄子	果实	0.30～0.43	0.07～0.10	0.40～0.66
辣椒	果实	0.34～0.36	0.05～0.08	0.13～0.16
黄瓜	果实	0.28	0.09	0.39

（续）

作物	收获物	形成100kg经济产量所吸收的养分数量（kg）		
		氮（N）	磷（P$_2$O$_5$）	钾（K$_2$O）
冬瓜	果实	0.13	0.06	0.15
西瓜	果实	0.18	0.04	0.20
甜瓜	果实	0.35	0.17	0.69
洋葱	葱头	0.27	0.12	0.23
卷心菜	叶球	0.41	0.05	0.38
菠菜	全植株	0.36	0.18	0.52
架芸豆	果实	0.81	0.23	0.68

备注：引自高祥照、申眺、郑义编著，《肥料实用手册》，中国农业出版社，2002.

附录6　有机肥三要素含量表

肥料名称	氮（N,%）	磷（P$_2$O$_5$,%）	钾（K$_2$O,%）
饼枯类			
菜籽饼	4.98	2.65	0.97
黄豆饼	6.3	0.92	0.12
柏籽饼	1.35	0.99	0.36
棉籽饼	4.10	2.50	0.90
棉仁饼	4.98	3.00	1.60
芝麻饼	6.69	0.64	1.20
桐籽饼	2.19	1.30	0.50
茶籽饼	0.90	0.47	1.40
蓖麻饼	4.00	1.50	1.90
花生饼	6.39	1.10	1.90
粪肥类			
人粪尿	0.60	0.30	0.25
人　尿	0.50	0.13	0.19
人　粪	1.04	0.50	0.37
猪粪尿	0.48	0.27	0.43
猪　尿	0.30	0.12	1.00
猪　粪	0.60	0.40	0.14
猪厩肥	0.45	0.21	0.52
牛粪尿	0.29	0.17	0.10
牛　尿	0.95	0.03	0.24
牛　粪	0.32	0.21	0.16
牛厩肥	0.38	0.18	0.45
羊粪尿	0.80	0.50	0.45

（续）

肥料名称	氮（N,%）	磷（P$_2$O$_5$,%）	钾（K$_2$O,%）
粪肥类			
羊　尿	1.68	0.03	2.10
羊　粪	0.65	0.47	0.23
鸡　粪	1.63	1.54	0.85
鸭　粪	1.00	1.40	0.60
蚕　沙	1.45	0.25	1.11
鹅　粪	0.60	0.50	1.00
兔　粪	1.92	0.92	0.80
绿肥类（鲜草）			
紫云英	0.33	0.08	0.23
紫花苜蓿	0.56	0.18	0.31
黄花苜蓿	0.54	0.14	0.40
苕　子	0.51	0.12	0.33
箭苦豌豆	0.54	0.06	0.30
大荚箭苦豌豆	0.51	0.12	0.26
红三叶	0.36	0.06	0.24
绿　豆	0.52	0.12	0.93
蚕　豆	0.58	0.15	0.49
豌　豆	0.51	0.15	0.52
印度豇豆	0.36	0.10	0.13
花生蔓	0.53	0.09	—
肥田萝	0.36	0.05	0.36
油菜青	0.46	0.12	0.35
大麦青	0.39	0.08	0.33
黑麦草	0.52	0.11	1.19
小麦草	0.48	0.22	0.63
玉米秆	0.48	0.38	0.64
稻　草	0.63	0.11	0.85

附　　录

（续）

肥料名称	氮（N,%）	磷（P₂O₅,%）	钾（K₂O,%）
绿肥类（鲜草）			
满 江 红	0.19	0.03	0.08
细 绿 萍	0.26	0.09	0.21
水 葫 芦	0.12	0.06	0.36
水 花 生	0.21	0.09	0.85
水 浮 莲	0.09	0.10	0.35
水　草	0.87	0.59	2.36
堆肥类			
稻秕豆壳堆肥	2.0	0.89	0.77
麦秆堆肥	0.88	0.72	1.32
玉米秆堆肥	1.72	1.10	1.16
棉秆堆肥	1.05	0.67	1.82
稻草堆肥	1.35	0.80	1.47
草皮泥	0.14	0.02	0.25
生活垃圾	0.37	0.15	0.37
草 塘 泥	0.29	0.02	0.69
泥　炭	1.80	0.15	0.25
灰肥类			
棉秆灰	—	—	3.67
稻草灰	—	1.10	3.67
草木灰	—	2.00	4.00
骨　灰	—	40.0	—
杂肥类			
生骨粉	5.0	25.00	—
陈墙土	0.09	痕量	0.10
阴沟泥	0.35	0.03	0.10
炕　土	0.28	0.33	0.76
酒　糟	0.78	0.39	0.40

注：有"—"者，未经分析。资料来源：农业部1989年编《配方施肥》。

附录 7　农作物秸秆（藤）元素含量（烘干物）

	大量及中量元素（%）							微量元素（mg/kg）					
	N	P	K	Ca	Mg	S	Si	Cu	Zn	Fe	Mn	B	Mo
稻草	0.91	0.13	1.89	0.61	0.22	0.14	9.45	15.6	55.6	1 134	800	6.1	0.88
小麦秸	0.65	0.08	1.05	0.52	0.17	0.10	3.15	15.2	18.0	355	62.5	3.4	0.42
玉米秸	0.92	0.15	1.18	0.54	0.22	0.09	2.98	11.8	32.2	493	73.8	6.4	0.51
高粱秸	1.25	0.15	1.43	0.46	0.19		3.19	14.3	46.6	254	127	7.2	0.34
红薯藤	2.37	0.28	3.05	2.11	0.46	0.30	1.76	12.6	26.5	1023	119	31.2	0.67
大豆秸	1.18	0.20	1.17	1.71	0.48	0.21	1.58	11.9	27.8	536	70.1	24.4	1.09
油菜秸	0.87	0.144	1.94	1.52	0.25	0.44	0.58	8.5	38.1	442	42.7	18.5	1.03
花生秆	1.82	0.163	1.09	1.76	0.56	0.14	2.79	9.7	34.1	994	164	26.1	0.59
棉秆	1.24	0.15	1.02	0.85	0.28	0.17			39.1	1463	54.3		14.2
杂豆秸	2.45	0.236	1.17	0.62	0.29	0.32	2.03	24.7	51.6	1240	323	7.4	1.16

（续）

	大量及中量元素（%）							微量元素（mg/kg）					
	N	P	K	Ca	Mg	S	Si	Cu	Zn	Fe	Mn	B	Mo
谷子秸	0.82	0.101	1.75					9.9	24.9	111	62.2		
大麦秸	0.56	0.086	1.37	0.35	0.09	0.10	2.73	10.1	32.1	179	66.4	4.7	0.30
荞麦秸	0.80	0.191	2.12	1.62	0.37	0.14	0.97	4.9	27.9	772	102	13.1	0.31
马铃薯茎	2.65	0.273	3.96	3.03	0.58	0.37	2.43	14.3	53.0	1952	145	17.4	0.67
向日葵秆	0.82	0.112	1.77	1.58	0.31	0.17	0.62	10.2	21.6	259	30.9	19.5	0.37
芝麻秆	1.31	0.060	0.50										
甘蔗秆	1.10	0.140	1.10	0.88	0.21	0.29	4.13	6.8	21.0	271	140	5.5	1.14
烟草秆	1.44	0.169	1.85	1.49	0.19	0.27	1.59	14.9	33.5	616	50.7	16.8	0.48
西瓜藤	2.58	0.229	1.97	4.64	0.83	0.24	3.01	13.0	43.6	2045	140	17.0	0.49
辣椒秆	3.27	0.299	4.49										

注：摘自《中国有机肥料养分志》。说明：杂豆指绿豆、蚕豌豆。

附录8　湖南省主要作物推荐施肥量表

区域	作物名称	产量水平（kg/亩）	推荐施肥量（kg/亩）			
			有机肥	化肥		
				N	P_2O_5	K_2O
湘东湘中区	早稻	≤375	1 000	8.0～8.3	4.0～4.2	4.0～4.3
		375～450		8.3～9.0	4.2～4.5	4.3～4.5
		≥450		9.0～9.5	4.5～4.8	4.5～4.7
	中稻	≤450	1 500	9.0～10.0	4.2～4.5	4.0～4.3
		450～550		10.0～11.0	4.5～4.8	4.3～4.5
		≥550		11～12.0	4.8～5.0	4.5～4.8
	晚稻	≤400	折干稻草300	9.0～9.3	0～2	3.0～3.5
		400～450		9.3～9.5	0～2	3.5～4.0
		≥450		9.5～10.0	0～2	4.0～4.5
湘南区	早稻	≤375	1 000	8.3～8.6	4.2～4.5	4.0～4.3
		375～450		8.6～9.0	4.5～4.7	4.3～4.5
		≥450		9.0～9.5	4.7～5.0	4.7～5.0
	中稻	≤450	1 500	9.5～10.5	4.4～4.7	5.0～5.2
		450～550		10.5～11.5	4.7～5.0	5.2～5.5
		≥550		11.5～12.5	5.0～5.2	5.5～5.7
	晚稻	≤400	折干稻草300	9.3～9.5	0～2	3.2～3.5
		400～450		9.5～9.8	0～2	3.5～4.2
		≥450		9.8～10.5	0～2	4.2～4.5
湘北洞庭湖区	早稻	≤375	1 000	7.5～8.0	3.5～3.8	3.5～4.0
		375～450		8.0～8.5	3.8～4.0	4.0～4.3
		≥450		8.5～9.0	4.0～4.2	4.3～4.5
	中稻	≤450	1 500	8.5～9.0	4.0～4.2	3.8～4.3
		450～550		9.0～10.0	4.2～4.5	4.3～4.0
		≥550		10.0～11.0	4.5～4.8	4.0～4.5
	晚稻	≤400	折干稻草300	8.5～8.8	0～2	3.0～3.2
		400～450		8.8～9.0	0～2	3.2～3.5
		≥450		9.0～9.5	0～2	3.5～4.0

（续）

区域	作物名称	产量水平（kg/亩）	推荐施肥量（kg/亩）			
			有机肥	化肥		
				N	P$_2$O$_5$	K$_2$O
湘西南区	中稻	≤450	1 500	9.5～10.5	4.5～5.0	4.3～4.8
		450～550		10.5～11.5	5.0～5.5	4.8～5.0
		≥550		11.5～12.5	5.5～6.0	5.0～5.5
	棉花	≤150	2 000	14～15	5.0～5.5	8～9
		150～200		11～16	5.5～6.0	9～10
		≥200		16～17	6.0～6.5	10～11
	油菜	≤120	1 500	6.0～6.5	3.0～3.5	4.0～4.5
		120～160		6.5～7.0	3.5～4.0	4.5～5.0
		≥160		7.0～8.0	4.0～5.0	5.0～5.5
	花生	≤150	1 000	4.0～5.0	3.5～4.0	4.0～4.5
		150～200		5.0～6.0	4.0～4.5	4.5～5.0
		≥200		6.0～7.0	4.5～5.0	5.0～0.5
	烤烟	≤100	1 500	8.5～9.0	6.0～6.5	13.0～14.0
		100～150		9.0～9.5	6.5～7.0	14.0～15.0
		≥150		9.0～10.0	7.0～7.5	15.0～16.0
	茶叶	≤150	2 000	13.0～14.0	5.0～5.5	6.0～6.5
		150～250		14.0～15.0	5.5～6.0	6.5～7.0
		≥250		15.0～16.0	6.0～7.0	7.0～7.5
	柑橘	≤1500	2 000	12.0～130	5.0～5.5	6.0～6.5
		1 500～2 000		13.0～14.0	5.5～6.0	6.5～7.0
		≥2 000		14.0～15.0	6.0～7.0	7.0～7.5
	葡萄	≤1 500	2 000	10.0～11.0	4.5～5.0	8.0～8.5
		1 500～2 000		11.0～12.0	5.0～5.5	8.0～9.0
		≥2 000		12.0～13.0	5.5～6.0	9.0～10.0
	西瓜	≤2 000	2 000	10.0～10.5	4.5～5.0	5.0～5.5
		2000～2500		10.5～11.0	5.0～5.5	5.5～6.5
		≥2 500		11.0～12.0	5.5～6.0	6.5～7.0
	叶菜类蔬菜	≤1 500	2 000	9.0～10.0	4.0～4.5	5.0～5.5
		1 500～2 000		10.0～11.0	4.5～5.0	5.5～6.0
		≥2 000		11.0～12.0	5.0～6.0	6.0～6.5

（续）

区域	作物名称	产量水平（kg/亩）	推荐施肥量（kg/亩）			
			有机肥	化肥		
				N	P₂O₅	K₂O
瓜、茄、果、豆类蔬菜		≤2 000		10.0～11.0	5.0～5.5	6.0～7.0
		2 000～2 500	2 000	11.0～12.0	5.5～6.0	7.0～8.0
		≥2500		12.0～13.0	6.0～6.5	8.0～9.0
根、茎类蔬菜		≤2 000	2 000	8.0～9.0	5.5～6.0	7.0～8.0
		2 000～2 500	2 000	9.0～10.0	6.5～7.0	8.0～9.0
		≥2 500		10.0～11.0	7.0～7.5	9.0～10.0

说明：1. 表中有机肥以我省农村传统腐熟厩肥为标准，即含 N 0.45%、P₂O₅ 0.21%、K₂O 0.52%，各地根据当地有机肥种类及养分含量，以有机肥料中有机氮（N）含量 0.45% 为标准进行换算。

2. 表中红薯、马铃薯产量为鲜重，棉花为籽棉产量，茶叶为干茶叶产量。

主 要 参 考 文 献

主要化肥特性与施用方法

吴礼树．土壤肥料学．北京：中国农业出版社，2004．

陆欣．土壤肥料学．北京：中国农业出版社，2004．

奚振邦．现代化学肥料学．北京：中国农业出版社，2003．

早稻

吴云天，陈本容，等．湖南早稻品种演变分析．湖南农业科学，2002，（4）：13-14．

高永桂，刘大锷，等．杂交早稻金优 706 优化施肥技术研究．杂交水稻，2007，（1）：46-49．

邹长明，秦道珠，等．水稻的氮磷钾养分吸收特性及其与产量的关系．南京农业大学学报，2002，25（4）：8-10．

晚稻

邹长明，秦道珠，等．水稻的氮磷钾养分吸收特性及其与产量的关系．南京农业大学学报，2002，25（4）：8-10．

中稻（含超级稻）

谢卫国．测土配方施肥理论与实践．长沙：湖南科学技术出版社，2006．

袁隆平，马国辉，等．超级杂交稻亩产 800 公斤关键技术．北京：中国三峡出版社农业科教出版中心，2006．

玉米

杨文钰，屠乃美．作物栽培学各论（南方本）．北京：中国农业出版社．2003．

张福锁，等．中国主要农作物指南．北京：中国农业大学出版社．2009．

红薯

姚宝全．甘薯氮×磷钾肥效与适宜用量研究［J］．福建农业学报，2007，22（2）：136-140．

邵春英．甘薯高产施肥技术［J］．麦类文摘·种业导报，2007，（6）：26．

蔡艺艺，陈国防，盛锦寿，等．氮磷钾肥对甘薯养分积累的影响［J］．农技服务，2007，24（11）：21-23．

盛锦寿．氮磷钾肥配合施用对甘薯的增产效果［J］．土壤肥料，

2005，（5）：29 - 31.

大豆

刘庆坤．中国作物栽培．北京：科学技术普及出版社，1991.

刘厚敖．大豆栽培与加工利用．长沙：湖南科学技术出版社 1996.

陕建伟．大豆田测土配方施肥技术要点．中国农村小康科技，2009，（7）：67.

孙广林，等．关于大豆测土配方施肥的研究与应用．土壤通报，2007，38（3）：529.

谢卫国，黄铁平．测土配方施肥理论与实践．长沙：湖南科学技术出版社，2006.

马铃薯

谢贞汉．作物栽培学各论（南方本）．北京：中国农业出版社．1994.

熊兴耀．马铃薯生长发育及长江流域马铃薯高产栽培生产技术．全省马铃薯生产座谈会资料汇编．湖南省农业厅粮油作物处，2009.

油菜

谢卫国主编．测土配方施肥理论与实践．长沙：湖南科学技术出版社，2006.

鲁剑巍主编．测土配方与作物配方施肥技术．北京：金盾出版社，2006.

黄花菜

徐明岗，文石林，李菊梅，等．红壤特性与高效利用．北京：中国农业科学技术出版社，2005.

油料作物

李林，袁正乔．湖南花生优势及生产现状与发展［J］．花生学报，2002（4）．

孙彦浩．花生高产种植新技术．北京：金盾出版社，2004.

Sharma B D, Kar S, Cheema S S. Yield, Water use and nitrogen uptake for different water and N Levels in winter wheat ［J］. Fert. Res.，1990，22：119 - 127.

Lahiri A N. Interaetion of water stress and mineral nutrition on growth and yield ［A］. Turner N C (ed). Adaption of plant to water and high temperature stress ［M］. New York：A Wiley - Intersei. Pub. ，1980. 38 - 136.

赵秀芬，房增国．大豆、花生固氮与施氮关系的研究进展［J］．安徽农学通报，2005，11（3）：48 - 49.

谢卫国，黄铁平，等．测土配方施肥理论与实践．长沙：湖南科学技术出版社，2006.

李向东，万勇善，于振文，等．花生叶片衰老过程中氮素代谢指标变化［J］．植物生态学报，2001，25（5）：549 - 552.

棉花

孙福来、韩学斌等．棉花需肥规律及高产施肥技术．农业科技通讯，2002，8：31.

李俊义、刘荣荣等．棉花需肥规律研究．中国棉花，1990，4：24.

苎麻

中国农业科学院麻类研究所．中国麻类作物栽培学．北京：中国农业出版社，1993.

李宗道．现代苎麻高产栽培．上海：上海科学技术出版社，1997.

程乐根，等．洞庭湖区苎麻施肥技术研究．中国麻业科学，2008，30（5）：256 - 260.

曾建国，等．"中苎一号"快速丰产稳产栽培技术．中国麻业科学，2006，28（6）：313 - 314.

徐勋元，等．苎麻高产优质模式栽培总结．中国麻业科学，2007，29（1）：32 - 34.

张从勇．"华苎五号"新蔸麻速生丰产栽培技术学习．中国麻业科学，2007，29（3）：145 - 146.

藠头

李明章等，一季稻 - 藠头水旱轮作栽培技术〔J〕作物研究，2009，（1）：57 - 58.

殷日佳等，湘阴县绿色食品藠头生产实践与技术探讨〔J〕湖南农业科学，2009，（9）：83 - 85.

图书在版编目（CIP）数据

湖南省主要农作物推荐施肥手册／湖南省土壤肥料
工作站编著．—北京：中国农业出版社，2011.12
ISBN 978-7-109-16467-3

Ⅰ．①湖…　Ⅱ．①湖…　Ⅲ．①施肥-湖南省-手册
Ⅳ．①S147.2-62

中国版本图书馆 CIP 数据核字（2011）第 275993 号

中国农业出版社出版
（北京市朝阳区农展馆北路 2 号）
（邮政编码 100125）
责任编辑　刘爱芳

中国农业出版社印刷厂印刷　　新华书店北京发行所发行
2012 年 2 月第 1 版　　2013 年 8 月北京第 2 次印刷

开本：889mm×1194mm 1/32　印张：13.125
字数：400 千字
定价：45.00 元
（凡本版图书出现印刷、装订错误，请向出版社发行部调换）